Kraftstoffe
Schmieren und Schmiermittel

von

Wa. Ostwald und H. Waldmann

Sonderdruck aus

Bussien, Automobiltechnisches Handbuch

17. Auflage

Herausgegeben von Richard Bussien

1953

Technischer Verlag Herbert Cram · Berlin W 35

Kraftstoffe

Wa. Ostwald, Heppenheim a. d. B.
und H. Waldmann, Dipl.-Ing., Bochum[1])

1. Wesen der Kraftstoffe und der motorischen Verbrennung

Ein in bezug auf die Erdoberfläche bewegtes Ding unterscheidet sich von einem relativ ruhenden dadurch, daß es Wucht enthält und bei Steigungen oder Gefällen seinen Inhalt an Energie der Lage verändert. Um Bewegung zu erzeugen, muß eine Kraft über einen Weg, also eine Energie aufgewendet werden, welche sich als Wucht ($mv^2/2$) quadratisch mit dem Tempo steigert, während die Energie der Lage sich nur verhältig mit der Höhenveränderung ($m \times \Delta h$) abwandelt. Diese beiden Energiebeträge sind reversibel und könnten also wiedergewonnen werden, während sie tatsächlich meist durch Bremsen zu Abwärme vernichtet werden. Aller sonstiger tatsächlicher Energieaufwand geht irreversibel als Reibungs- oder andere Abwärme verloren.

Fahrzeuge, wie der Obus oder Gyrobus, laufen mit stoffloser Energie. Wenn Kraftstoffe aus Energie und Stoff zusammengesetzt sind, dann

Bild 1. Der Weg der Kraftstoffkalorien

etwa 30 % Auspuffwärme
etwa 30 % Kühlwasserwärme
etwa 10 % sonstige Motorabwärme
etwa 5 % Wärmebildung der Kraftübertragung
etwa 10 % über Räder und Reifen an die Fahrbahn
etwa 15 % Luftwiderstand, Erwärmung der Luft

100 %

(Aus dem BV-Film: „Wärme, Kraftquell des Motors".)

[1]) Wie von je unter gütiger Mithilfe zahlreicher Fachgenossen; dieses Mal besonders von Dr. Theodor Hammerich, Otto Purpus, Harald Schulze, Dr. Rudolf Weller und Dr. Rossenbeck.

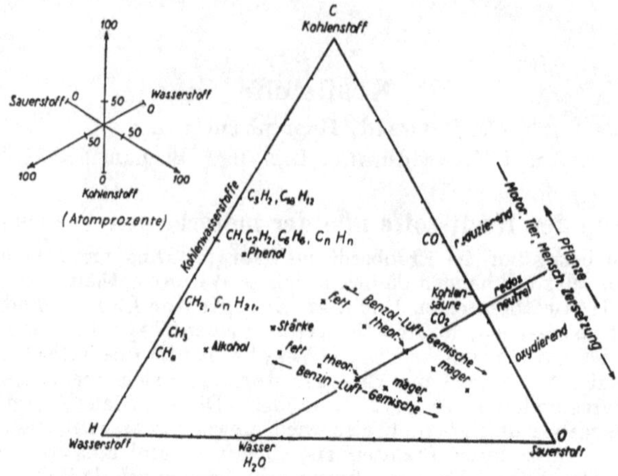

Bild 2. Das Redoxsystem der lebenden Natur
Motor, Tier und Mensch leben oxydierend von der durch die Pflanze reduzierend gebundenen Sonnenenergie

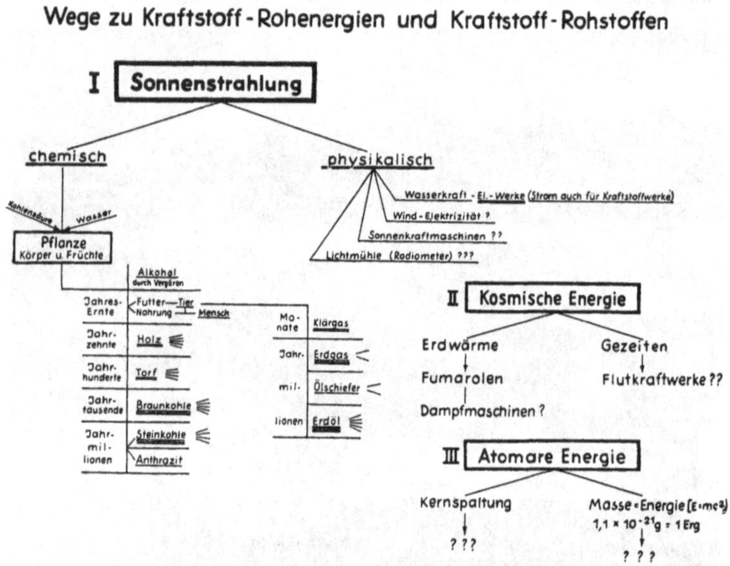

Bild 3. Übersicht über die energetischen Möglichkeiten des Menschen

deshalb, weil freie Energien sich schlecht lagern und sonst hantieren lassen. Der Stoff hat nur die Aufgabe, bequemer Energieträger zu sein. Im Kraftstoff findet sich die Energie als chemische Energie, meist als Verbrennungswärme.

Die Energie der Kraftstoffe stammt letzten Endes von der Sonne her, — meist direkt oder indirekt von der reduzierenden Tätigkeit der Pflanze, welche aus dem kleinen Kohlensäuregehalt der Luft (0,035% CO_2) die 50% Kohlenstoff ihrer Trockensubstanz mit Hilfe des Chlorophylls und der

Sonnenstrahlung, sowie des Wassers, sammelt. Der Motor — ebenso Mensch und Tier — sind umgekehrt oxydierend, also das Gegenteil der Pflanzen, von deren Energie sie leben.

Energieträger in den Kraftstoffen pflegen Kohlenstoff und Wasserstoff zu sein. Andere wärmespendende Reaktionen könnten auch in Betracht kommen, — haben sich aber bisher nicht eingeführt. Aus den von der Pflanze herrührenden Energierohstoffen, wie Erdöl, Kohle usw., werden die Gebrauchskraftstoffe hergestellt. Wesentlich für die Gebrauchskraftstoffe ist das Verhältnis Wasserstoff zu Kohlenstoff (H/C), die Molekülgröße (Flüchtigkeit und Zersetzlichkeit) und der Molekülcharakter (aromatisch, aliphatisch).

In unseren Verbrennungsmotoren werden die Kraftstoffe mit Luft über den beweglichen Kolben zur Verbrennung gebracht, wobei hochtemperiertes Brenngas von hohem Druck entsteht, dessen Moleküle den Kolben betrommeln und ihn so arbeitsleistend sich bewegen lassen. Für die rasche Verbrennung in Ottomotor benötigt man kleine und chemisch feste Kraftstoffmoleküle, welche „genau nach der Vorschrift" abbrennen, — klopffeste, leichtflüchtige Kraftstoffe. Für die Selbstzündung und folgeweise Verbrennung im Dieselmotor benötigt man zündwillige Kraftstoffe, welche große und labile Moleküle haben. Die Verbrennung erfolgt in beiden Fällen zu Kohlensäure und Wasserdampf.

Unter „Verbrennungsmotoren" versteht man nur solche mit Innenheizung, wie ja die Verbrennungsmotoren ursprünglich ihr Entstehen überhaupt der Absicht verdanken, „Dampfmaschinen mit Innenheizung" zu schaffen.

Zum Zünden, welches im Ottomotor durch den Zündfunken, beim Dieselmotor durch Selbstzündung erfolgt, müssen bestimmte Bedingungen (Zündbereich, Selbstzündungstemperatur usw.) erfüllt sein, welche durch die Eigenart des Kraftstoffs bestimmt werden.

Das Verbrennen kann in ein, zwei oder drei Dimensionen sowie homogen erfolgen. Eindimensionale Verbrennung (z. B. in Rohren) steigert sich einleuchtenderweise am leichtesten von der nach Metern je Sekunde zu bemessenden üblichen Flammenwandergeschwindigkeit bis zur nach Kilometern je Sekunde ablaufenden Detonationsgeschwindigkeit bzw. der homogenen Detonation. Im Motor beobachtet man Verbrennungsgeschwindigkeiten von $\sim$ 20 m/sec.

Logisch kann man Kraftstoffe nur nach folgenden drei Möglichkeiten mit Luft verbrennen:

1. $a + b$ = Gemischverbrennung, Ottomotor,
2. a in b = Kraftstoffeinspritzung in Luftüberschuß, Dieselmotor,
3. b in a = Lufteinblasung in Kraftstoffdampfüberschuß, Glühkopfmotor.

Das ist in Übereinstimmung mit der Dreifaltigkeit der in Wirklichkeit vorhandenen Verbrennungsmotoren gemäß nachstehender Tabelle.

Der Unterschied der drei Grenzfälle und insbesondere der Großzahl von zwischen diesen Grenzfällen liegenden Motorbauarten und Verbrennungsweisen liegt in

1. Gemischbildung und Regelung des Verbrennungsablaufs durch sinnvolle Zerklüftung,
2. Verbesserung der Spülung und Erhöhung des Füllungsgewichtes durch akustische Harmonie zwischen Saugsystem, Brennraum und Auspuffsystem,
3. Verbesserung des Energieumsatzes, erhöhte Wirtschaftlichkeit und Leistung — durch Erhöhung der Verdichtung (Ottomotor, Aufladung und ähnliche Mittel bei allen Motoren).

System der Motoren
Die drei Grundarten der motorischen Verbrennung

	Ottomotor	Dieselmotor	Glühkopfmotor
Übliche Verdichtungsverhältnisse	3 bis 13	12 bis 20	5 bis 10
Verdichtungssteigerung bringt	Klopfen	weicheren Gang	Klopfen
Temperatursteigerung bringt	Klopfen	weicheren Gang	Klopfen
Überlast bringt	Klopfen	weichen Gang[1])	Klopfen
Leerlauf bringt	weichen Gang	Klopfen	weichen Gang
Klopfen tritt ein am	Ende der Verbrennung	Anfang der Verbrennung	Anfang der Verbrennung? und Ende?
Unvollständige Verbrennung führt zu	Kohlenoxyd	Ruß	Qualm
Das Redoxverhältnis im Brennraum ist bei Vollast	etwa neutral und bleibt unverändert	stark oxydierend, wird im Laufe der Verbrennung weniger stark oxydierend (auch bei Überlast Sauerstoffüberschuß)	stark reduzierend, wird im Laufe der Verbrennung oxydierend (auch bei Überlast Sauerstoffüberschuß)
Bei Teilleistungen und Leerlauf	Redoxverhältnis unverändert annähernd neutral	stark oxydierend[2])	oxydierend
Zündung	örtlich an einer oder mehreren Stellen (durch Funken oder Glühstelle)	ausgehend vom Kraftstoffmantel des Strahles nach Überwindung des Zündverzugs	im Glühkopf durch Zusammentreffen von Luft mit Kraftstoff-Krackprodukten bei genügend hoher Temperatur (wie weit an einer Stelle der heißen Wand und wie weit in der Gasphase, ist nicht erforscht). Zwei Arten von Glühkopf: Hohe u. niedere Temperatur (Dampf- und Flüssigphase)
Theoretischer Verbrennungslauf	wandernde Flammenfront	Erfassen der Luftladung durch den Strahl von Kraftstofftröpfchen	Einwirbeln von Luft in Kraftstoffdampf und Kraftstoffnebel
Im Grenzfall angestrebter Verbrennungsablauf	zeitlose Gleichraumverbrennung	Gleichdruckverbrennung nach dem Einspr.-Düsengesetz	theoret. unbekannt, praktisch ottoähnlich
Verbrennungsprodukte	farblos, geringer Geruch, oft CO, kein Ruß	Neigung zur Rußbildung, starker Geruch, kein CO	Neigung zu Qualm, starker Geruch, CO-Bildung
Besondere Eignung	hohe Hubraumleistung, kleines Leistungsgewicht	niedriger Verbrauch, geringe Feuergefährlichkeit	Kraftstoffgleichgültigkeit, Unempfindlichkeit

[1]) Das umgekehrte Verhalten des MAN-Diesels zeigt, daß bei diesem die anteilige Ottoverbrennung in der Kolbenhöhle für den Klopfvorgang bestimmend wird.

[2]) Bei dem pneumatischen Bosch-Mercedes-Regler ist wegen Drosselung der Luft bei Teilleistung und Leerlauf der Luftüberschuß kleiner und gleichmäßiger.

Unsere Verbrennungskraftmaschinen sind Wärmekraftmaschinen und unterliegen deshalb nach dem zweiten Hauptsatz der Thermodynamik dem thermodynamischen Zwangsverlust T_2/T^1)[1]. Isotherme Maschinen, zu denen überraschenderweise auch der menschliche und tierische Organismus gehören, unterliegen nicht diesem Zwangsverlust und können infolgedessen den Wirkungsgrad 1 anstreben.

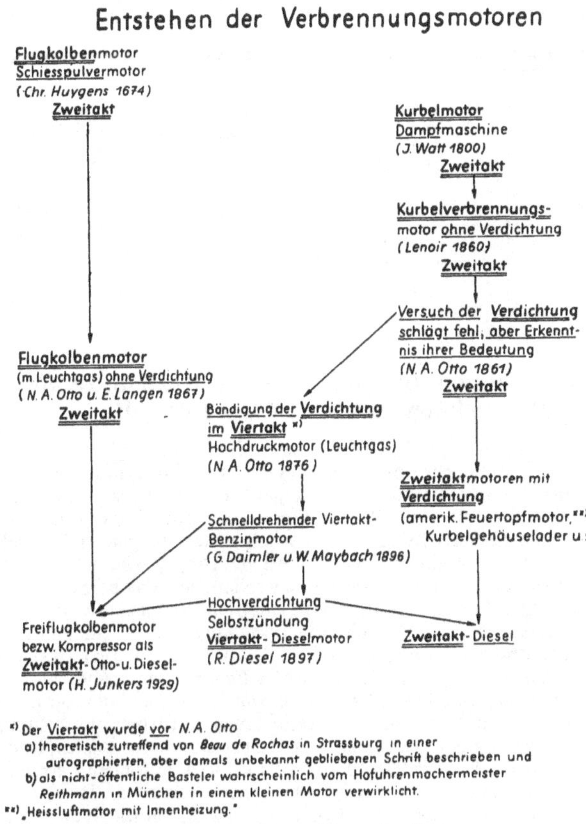

Bild 4. Übersicht über die Entwicklung der Verbrennungsmotoren

Außer den drei Grenzfällen Ottomotor (dessen Gemischbildung neuerdings vorteilhaft auch durch Einspritzen erfolgt), Dieselmotor und Glühkopfmotor gibt es noch eine Reihe interessantester anderer Motoren, von denen die Einspritzmotoren mit Fremdzündung von Hesselman und Barber-Texaco („Mitteldruckmotoren") bei etwa 7—10facher Verdichtung genannt seien, welche auf Siedelage, Klopffestigkeit und Zündwilligkeit unempfindlich sind. Zu erwähnen ist ferner der gemischverdichtende Selbstzünder, den Daimler in seinem Glühröhrchen-Patent theoretisch angegeben und den Taegen bei Lohmann in seinem 18-ccm-Fahrrad-Hilfsmotor erstmalig praktisch verwirklicht hat. Interessant sind

[1]) Dieser ist, wie ein Vergleich etwa mit der Energie der Lage zeigt, welche man sowohl auf die Erdoberfläche, wie auf den Gravitationsmittelpunkt beziehen kann, eine Sache des Ansatzes.

die Versuche von Prof. Terres mit einem Sechstaktmotor mit doppelter Verbrennung, wobei man das Prinzip sowohl so verwirklichen kann, daß die volle Kraftstoffmenge in zwei Stufen folgeweise mit Luftnachladung verbrennt — oder umgekehrt zuerst die volle Luftladung angesaugt und der Kraftstoff in zwei Etappen zugeführt wird. Besonders wichtig dürfte weiter das Schmidtrohr (V_1) mit seiner ganz neuartigen motorischen Verbrennung sein. Erwähnt sei endlich auch die Gasturbine, welche auch das Differenzgeschäft aller Verbrennungsmotoren[1]) ohne Kolben ausführt.

Tempo und Wucht je Tonne Bruttogewicht von Fahrzeugen

Tempo in km je Stunde	Wucht in Metertonnen (1 Metertonne = 1/270 PSh ∼1 g Kraftstoff)	Tempo in km je Stunde	Wucht in Metertonnen (1 Metertonne = 1/270 PSh ∼1 g Kraftstoff)
10	0,39	70	19,2
20	1,57	80	25,1
30	3,53	90	31,8
40	6,25	100	39,3
50	9,8	110	43,2
60	14,1	120	56

2. Rohenergien und Rohstoffe für Kraftstoffe und Herstellungsverfahren der Kraftstoffe

Freie Rohenergien für Kraftstoffe, wie Erdwärme, Elektrizität, hochtemperierte künstliche Wärme usw., dienen mit Ausnahme des Sonnenlichtes, welches über die Pflanze die eigentliche Energiequelle fast aller unserer Kraftstoffe ist, verhältnismäßig wenig zur Herstellung unserer Gebrauchskraftstoffe. Allerdings ist es auch schon längst nicht mehr so, daß von der Natur dargebotene verbrennliche Dinge, wie etwa das Erdöl, so ohne weiteres als Kraftstoff verwendet werden, wie das beim rohen Erdöl im amerikanischen Feuertopfmotor vor ziemlich 100 Jahren möglich und üblich gewesen ist. Das ist ähnlich, wie man Feuerungen auch nicht mehr mit Rohkohle zu betreiben pflegt, sondern Braunkohle zu Briketts veredelt, Dampfheizungen mit Koks und industrielle Feuerungen vielleicht mit Gas betreibt. Unsere Kraftstoffe sind heute in der Regel Erzeugnisse nicht nur eines Herauslösens bestimmter Anteile eines natürlich vorkommenden Rohstoffs und Reinigung desselben von unerwünschten Bestandteilen — wie etwa das „straight distillate Benzin" aus Erdöl, sondern Erzeugnisse eines Zusammenwirkens der verschiedensten Verfahren, Rohstoffe und Energien, — von Wandlungen. Entsprechend bilden die heutigen Kraftstoffe sozusagen Punkte in einem ganzen Netz von Rohstoffen, Rohenergien und Arbeitsverfahren. Es sei versucht, die Rohstoffe und die in diesem Netz die Rohstoffe zu Kraftstoffen zusammenführenden Arbeitsverfahren kurz zu schildern.

I. Kraftstoff-Rohstoffe

1. Pflanzenstoffe

Fast unser ganzes Kraftstoffwesen beruht, wie wiederholt erwähnt, auf der reduzierenden Tätigkeit der Pflanzen. Torf, Braunkohle, Steinkohle und Erdöl sind ja auch nichts anderes als „gewesene Pflanzen".

Gegenwärtige Pflanzenernten werden für Kraftstoffe verhältnismäßig wenig verwendet.

[1]) „Expandieren bringt als Folge der motorischen Verbrennung mehr ein, als Komprimieren kostet."

Hauptbeispiel dafür ist die Umwandlung pflanzlicher Stoffe durch Vergärung in Spiritus bzw. Alkohol. In der deutschen Landwirtschaft werden Abfälle und Überschüsse der Kartoffelernten in landwirtschaftlichen „Brennereien" in großem Umfange (etwa 300000 t im Jahr) zu Spiritus „verbrannt"[1]), wobei die anfallende Schlempe als Viehfutter das volkswirtschaftlich wichtigere, der Alkohol hingegen dank einer sehr hohen Monopolbesteuerung das geldlich einträglichere Erzeugnis ist. Ohne den Schlempevorteil werden auch Zuckerfabrikabwässer, durch Säureaufschluß von Holzabfällen hergestellte Holzzuckerlösungen, Sulfitablauge der Papierindustrie usw. auf Alkohol verbrannt — in tropischen Gegenden auch Abfälle der Zuckerrohrverarbeitung und andere pflanzliche Stoffe und Abfälle.

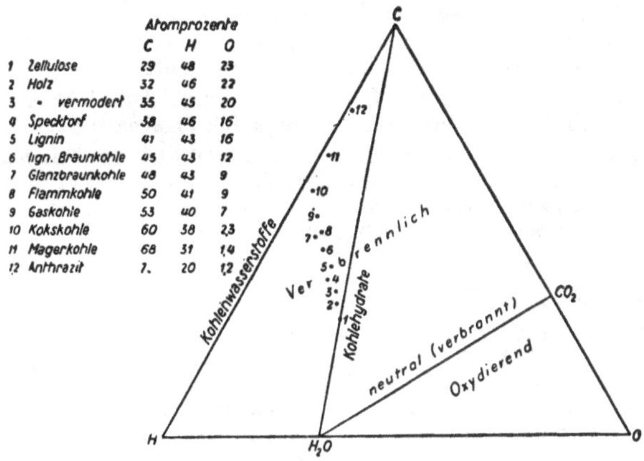

Bild 1. Mit Ausnahme des Erdöls lassen sich die wesentlichen Rohstoffe für Kraftstoffe als Produkte der Zellulose bzw. des Holzes verstehen

Die Vergärung erfolgt durch zwischen Pflanze und Tier stehende kleine Lebewesen (Hefen) bei sehr hoher Verdünnung. Der schwierigste Teil der Brennereiindustrie ist also das Herausdestillieren der kleinen Spiritusmengen aus den großen Maischemengen — in anderen Worten die Wärmewirtschaft.

Das besonders Reizvolle an diesem „biologischen" Verfahren ist das kostenlose Arbeiten der Lebewesen, — das besonders Schwierige die geringe Reaktionsgeschwindigkeit und eben das Arbeiten in sehr niedrigen Konzentrationen.

Außer Alkohol kann man durch Gärung z. B. auch Buttersäure gewinnen, welche man nach Franz Fischer durch Elektrolyse in Hexan (also Leichtbenzin) oder durch Cracken in ein sehr klopffestes benzinähnliches Keton verwandeln kann[2]).

Synthetische Herstellung von Alkohol z. B. mit im Elektroofen aus Kalk und Koks hergestelltem Karbid als Grundstoff ist möglich und sehr viel vorteilhafter, so daß die biologische Alkoholgewinnung wohl nur Bedeutung erhalten sollte, wo entweder in Gestalt von Schlempe ein zusätzlicher wertvoller Anteil entsteht oder es sich, wie bei der Alkoholgewinnung aus Holzabfällen, Sulfitablauge usw., um die Beseitigung von Abfallstoffen handelt[3]).

---

[1]) Die Stärke der Kartoffeln, Maiskörner usw. wird durch Malz (Diastase) oder Schwefelsäure in der Wärme zu Dextrose verzuckert und dann kalt (23° C) mit Hefe vergoren, wobei Kohlensäuregas weggeht und Alkohol in der Maische entsteht und bis zum Abdestillieren bleibt.

[2]) Bislang technisch nicht genutzt.

[3]) Über Alkoholgewinnung aus Äthylen (Koksofengas). Vgl. S. 152.

Spiritus hat die Besonderheit, sich ohne weiteres durch Destillationen von Wasser bis auf etwa 95% Gehalt (Primasprit) trennen zu lassen. Solcher wasserhaltiger Spiritus ist nicht in allen Verhältnissen mit Benzin mischbar, neigt außerdem zu Korrosion von Metall. Statt nun durch Lösungsvermittler (Benzol, Isobutylalkohol, Schwefeläther usw.) Umwege zu gehen[1]), entwässert man den Alkohol auf 99 und mehr v. H., wodurch er in allen Verhältnissen mischbar wird. Die Entwässerung („Hochstärkung") erfolgt in besonderen Fabriken unter Zuhilfenahme von gebranntem Kalk, Gips oder durch das seltsame Verfahren der sogen. azeotropischen Gemische. Wenn wasserhaltiger Sprit mit passenden Mengen Benzin, Benzol, Chlorkohlenstoffverbindungen usw. gemischt und mit oder ohne Druck destilliert wird, dann bleibt interessanterweise der hochgestärkte „absolute" Alkohol in der Blase zurück, während das Wasser zusammen mit den Zusatzstoffen und einem kleinen Teil des Alkohols sich bei niedrigeren Siedetemperaturen als der des wasserfreien Alkohols (73,5° C) entfernt.

Wo, wie in Südamerika und Südafrika, Spiritus und nicht Alkohol als Kraftstoffzusatz benutzt wird, braucht man Lösungsvermittler.

85%igen Brennereirohsprit kann man in landwirtschaftlichen Lanz-Bulldogs bei kleinen Veränderungen der Einrichtung sehr gut verarbeiten, wie durch praktische Prüfungen auf Brennereigütern nachgewiesen werden konnte. Obwohl eine solche Betriebsweise volkswirtschaftlich sehr einleuchtet, ist sie wegen der Schwierigkeiten des Branntweinmonopols praktisch nicht durchzuführen.

In Deutschland gab es jahrelang den Spiritusbeimischungszwang, welcher finanziell die Kraftverkehrswirtschaft zugunsten der Landwirtschaft belastete. Eine ähnliche Einrichtung ist im Kriege in der Schweiz entstanden, wo allerdings nicht landwirtschaftlicher Spiritus, wohl aber ein spiritusähnliches Erzeugnis der chemischen Industrie (Lonza-Werke), der Paraldehyd, dem Benzin zwangsweise zugesetzt wird („Emser Wasser"), um für den Kriegsfall die betreffenden Anlagen finanziert sein zu lassen.

Manche Pflanzen liefern beim Auspressen ihrer Früchte verbrennliche Öle, so Rizinusöl, Eukalyptusöl usw. In tropischen Gegenden kann es interessant sein, solche Öle als Kraftstoffe zu verbrennen. Das ist aber ähnlich schwierig wie das motorische Verbrennen tierischer Fette und gelingt eigentlich nur in den unempfindlichen Glühkopfmotoren.

Unmittelbar aus Pflanzenstoff, nämlich aus Holz[2]), werden durch das Verfahren des Verkohlens Kraftstoffe, nämlich Holzgeist (Methylalkohol, Methanol), Azeton, verbrennliche Holzteeröle und Holzkohle[3]) gewonnen. Das Holzverkohlen in Meilern ist ein aussterbendes Gewerbe. Zur Herstellung von Holzkohle für den Sauggasbetrieb von Kraftfahrzeugen werden in Notzeiten außer den üblichen Waldmeilern gemauerte und (auch transportable) eiserne Meiler angewendet (so in Deutschland im zweiten Weltkrieg). Sachgemäß ist natürlich nur das neuzeitliche industrielle Verfahren der Holzverkokung in Retorten durch äußere Hitze — Meiler arbeiten mit anteiliger Selbstverbrennung —, bei welchem die Erzeugnisse vollständig und in zuverlässiger Beschaffenheit gewonnen werden. Praktische Bedeutung hat eigentlich nur die Holzkohle als besonders bequemer Sauggas-Festkraftstoff. Holzgeist, d. h. Methanol, wird durch Hochdruckhydrierung von Kohlenoxyd nach einem Leuna-Verfahren der B.A.S.F. sehr viel besser und billiger im Großen hergestellt[4]). Als Kraftstoff hat Methanol aber nur für Rennmotoren, als Kraftstoffbestandteil nur für Notzeiten bzw. als Klopfbremse Bedeutung.

---

[1]) Wie man es nach dem 1. Weltkriege tun mußte.

[2]) Baumharz, das abdestillierte Terpentinöl und der Rückstand Kolophonium sind motorisch unbrauchbar, obwohl Kolophoniumstaub beim Einblasen in Flammen ähnliche Blitzverpuffungen liefert wie Bärlappsamen (Lycopodium).

[3]) Auch Holzessig usw.

[4]) Holzteer ist motorisch ohne Bedeutung.

Holz selbst wird in Notzeiten ja auch zum Kraftfahrzeugbetrieb mit Sauggas als Kraftstoff benutzt. Die Firma Imbert hatte die Holzvergasung hoch entwickelt. Holz ist an sich ein sauberer Kraftstoff (schwefelfrei, Asche unter 1% als verhältnismäßig friedfertige Pottasche [Kaliumkarbonat]). Trotzdem ist der Sauggasbetrieb weder mit Holz, noch mit Holzkohle, noch übrigens auch mit Torfkoks, Braunkohlenschwelkoks oder Anthrazit in Deutschland heute vernünftig[1]). Wenn es nicht gelingt, die Gasreinigung wesentlich zu verbessern (Kraftwäsche?, — aber das Geheimnis der Kieselsäureabscheidungen), die Ansprechzeiten der Generatoren zu verringern (Krümelvergaser nach dem Prinzip von Winkler bei Imbert mit Erfolg versucht) und (z. B. durch Aufladung) für volle Leistung, im übrigen auch für normale Motorlebensdauer zu sorgen, ist für die Zukunft des Sauggasbetriebes in der Kraftfahrt wenig Hoffnung[2]).

Bei der Holzvergasung (übrigens auch bei der Holzverkohlung und bei der Torfschwelung) sind interessante Verhältnisse zu beobachten: Es ist klar, daß kaltes Holz zum Heißwerden Wärme verbraucht, und daß genügend heißes Holz bei Luftzufuhr brennt, also Wärme abgibt. Zwischen diesen beiden Zuständen findet sich beim Erhitzen des Holzes ein Weggehen von Wasserdampf, Essigsäure usw., das natürlich auch Wärme kostet, aber von etwa 350° C an ein weiteres Weggehen von Dämpfen unter gleichzeitig selbsttätiger weiterer Erhitzung des Holzes, also bereits kräftiger Wärmeabgabe noch längst vor Auftreten von Flammen und auch in Abwesenheit von Luft. Die Köhler müssen bei ihren Meilern diese interessanten Umstände sorgfältig berücksichtigen.

Ganz allgemein werden pflanzliche Abfallstoffe möglicherweise künftig einmal durch das Terres-Verfahren[3]) auf Kraftstoffe verarbeitet werden können.

2. Torf

Es gibt sehr viel Torf in der Welt. Etwa 4% der deutschen Bodenfläche sind Torfmoore, welche 10000 Millionen t Torf (auf 25% Feuchtigkeit berechnet) enthalten mögen und von denen jährlich kaum eine halbe Million t gefördert und genutzt werden dürften. Den Weltvorrat schätzt man auf 11800 Milliarden t, und die Weltförderung auf 18 Millionen t.

Es wäre von größter Bedeutung, wenn man die in den Torfmooren ruhenden sehr großen Vorräte von Sonnenenergie[4]) als Kraftstoff nutzbar machen könnte. Darum bemüht sich die Menschheit seit langer Zeit. Die Schwierigkeit dabei liegt darin, daß der Torf so außerordentlich viel Wasser enthält und einen großen Teil dieses Wassers kolloid in sehr fester Bindung.

Ein frisch gestochener Torf enthält 90% Wasser. Anders ausgedrückt — bei Torf muß man in der Prozentrechnung sehr aufpassen — heißt das aber, daß auf die Trockensubstanz bezogen frischer Torf nicht weniger als 900%, das 9fache Gewicht der Trockensubstanz, an Wasser enthält. Läßt man den Torf, wie dies zur Verwendung als häuslicher Brennstoff geschieht, an der Luft trocknen, dann enthält er nur mehr etwa 30% Wasser — also auf 70 Teile Torfsubstanz 30 Teile oder 43% der Torfsubstanz an Wasser. Interessant ist, daß es auf trocknenden Torf ruhig regnen darf, weil oberflächlich abgetrockneter Torf oder lufttrockener Torf Wasser abstößt. Zur Verwendung für die Torfschwelung muß der Wassergehalt noch weiter — auf etwa 25% — herabgesetzt werden.

Das Verfahren der Lufttrocknung ist für industrielle Zwecke natürlich ebensowenig einsatzfähig wie das mühselige Abstechen einzelner „Torfsoden“ zur Torfgewinnung. Die Torfgewinnung ist mit Baggern und ähnlichen Behelfen verhältnismäßig leicht zu industrialisieren. Von all den

[1]) Ganz abgesehen von Teer, Asche, Schlacke.
[2]) Beim heutigen Entwicklungsstand muß man mehrere Sauggasfahrzeuge einsetzen, um die volle Transportleistung eines Diesel- oder Benzinwagens zu ersetzen.
[3]) Vgl. S. 112.
[4]) Entsprechend immerhin 5000000000 t Steinkohle für Deutschland.

zahllosen Verfahren industrieller Torftrocknung, deren Aufzählung hier zu weit führen würde, hat sich aber bisher keines als durchschlagend wirtschaftlich erwiesen.

An sich ist die Weiterverarbeitung des einmal getrockneten Torfes bekannt und günstig: Ebenso wie die Holzverkohlung wird auch die Torfschwelung oberhalb von 350° C exotherm. Es entstehen dabei außer Brenngasen Torfteer, welcher auf Dieselkraftstoff verarbeitet werden kann, und ein sehr leichter und poröser Torfkoks, der für viele Zwecke nutzbar zu machen ist. Besonders schön an den Torfprodukten ist die Tatsache, daß Torf weniger als $2^1/_2$% recht gutartiger Asche hat und vor allem mit weniger als 0,1% Schwefel praktisch schwefelfrei genannt werden kann. Unter den verschiedenen Verfahren der Torfverkokung ist die Lurgi-Spülgasverkokung wahrscheinlich die fortschrittlichste.

Torf enthält, wenn man das chemisch gebundene Wasser in Abzug bringt, Kohlenstoff und Wasserstoff etwa in gleichem atomprozentischen Verhältnis — so wie im Benzol. Er ist für Hydrierzwecke also als besonders vorteilhaft anzusehen (Kohlen sind vergleichsweise viel wasserstoffärmer).

Augenblicklich hat es den Anschein, wie wenn es Prof. Dr.-Ing. Ernst Terres im Bunte-Institut der Technischen Hochschule Karlsruhe gelungen wäre, auf durch Einfachheit ganz überraschende Weise die Fragen der Entwässerung und zugleich sogar der Hydrierung von Torf zu Kraftstoff zu lösen. Ob dies tatsächlich der Fall ist, muß die Fortsetzung der bisher geglückten Laboratoriumsversuche und dann die Übersetzung in die industrielle Fabrikation lehren.

Das Verfahren besteht darin, daß der nasse Torf — oder nasse Braunkohle oder andere pflanzliche Stoffe — mit noch mehr Wasser angemaischt wird und dieser wasserreiche Schlamm in Autoklaven unter hohem Druck auf hohe Temperatur und hohen Druck gelangt. Dadurch werden kolloide Bindungen und kolloide Stoffe zerstört, so daß beim Ablassen des Schlamms die Feststoffe sich freiwillig vom Wasser absetzen und z. B. durch Zentrifugieren auf sehr niedrigen Wassergehalt gebracht werden können.

Tut man das aber nicht, sondern steigert im Autoklaven Druck und Temperatur noch weiter, dann treten weitere Zersetzungen ein, welche bei Torf zunächst dahin führen, daß eine reaktionsfähige Torfkohle entsteht[1]). Noch weitere Steigerung von Druck und Temperatur führt folgeweise zur Bildung von Brenngasen und schließlich von Kraftstoffkohlenwasserstoffen[2]).

Der Torf stellt die jüngsten der vom Pflanzenwuchs hergestellten Vorratslager dar. Er entsteht auch noch heute auf den Mooren, und das Alter der untersten, ältesten Schichten, des sog. „Specktorfs“, mag sich nach Jahrhunderten, allenfalls Jahrtausenden bemessen.

3. Braunkohle

Die Braunkohle ist geologisch älter als der Torf. Ihr Alter mag sich nach Zehn -und Hunderttausenden von Jahren berechnen. Sie kommt in sehr verschiedenen Formen, von mulmigem Pulver bis zu wachsartigem Pyropissit (selten geworden) und zu nassen holzähnlichen Arten vor. Deutschland hat mit geschätzt 29000 Millionen t an Braunkohlenvorräten im Vergleich zu anderen Ländern nicht allzu viel, bezogen auch auf die große jährliche Förderung von vielleicht 150 Millionen t aber doch immerhin sehr erhebliche Vorräte, und im übrigen eine besonders hochentwickelte Braunkohlenindustrie. Grubenfrische Braunkohle enthält meist 30—60% Wasser —

[1]) Eigene Reaktionswärme — wie bei der Holzvergasung S. 111 — verringert dabei den Wärmebedarf.

[2]) Vgl. Abschn. 4, S. 145.

mithin bezogen auf Trockenkohle 40—150% Wasser. Für die nassen Kohlen sind mithin auch die Möglichkeiten des Terres-Verfahrens[1]) interessant.

Die Schwelung von Braunkohle, d. h. die Erhitzung auf mäßige Temperatur (450—500°), ist das von je bevorzugte und in den letzten Jahrzehnten durch Anwendung von Spülgas, Wasserdampfzusatz usw. vielfach modernisierte Verfahren. Es führt zu Brenngasen und Schwelteer, aus

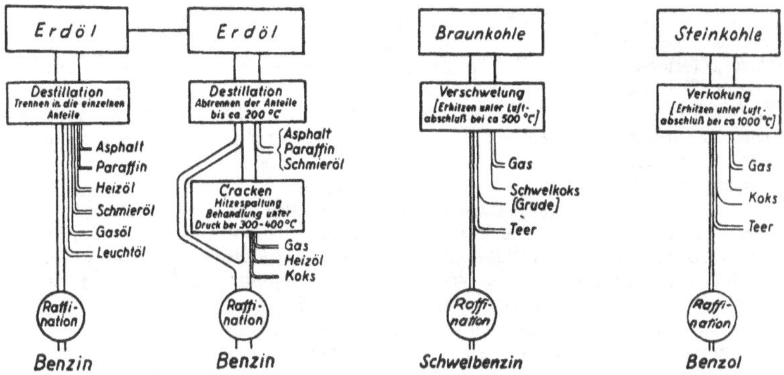

Bild 2. Übersicht über die Verarbeitung von Erdöl, Braunkohle und Steinkohle zu Kraftstoffen

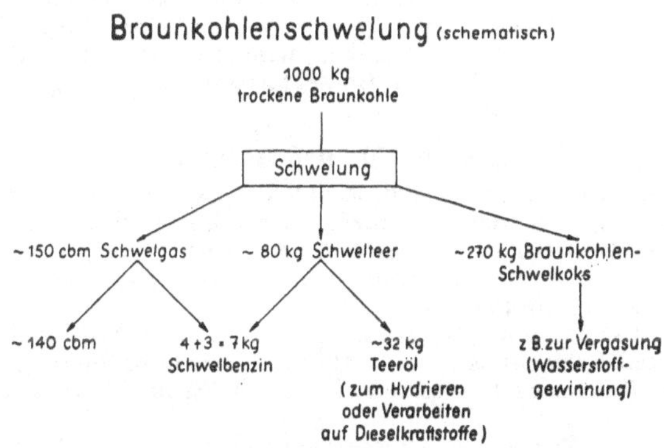

Bild 3. Die Verschwelung von Braunkohle

welchen sich ein Braunkohlenbenzin (sehr mit Unrecht „Braunkohlenbenzol" genannt) für Ottomotoren und wenig brauchbare Dieselkraftstoffe herstellen lassen, welche aber beide wegen Geruch, Korrosionsneigung, Neigung zu Harzbildung und Raffinationsschwierigkeiten nicht besonders wertvoll genannt werden können. Die bei der Schwelung des wachsartigen Pyropissit früher im Vordergrund stehende Herstellung von Hartparaffin (für die Kerzenfabrikation usw.) ist durch Erschöpfung der Pyropissitvorkommen stark zurückgegangen.

Beim Schwelen der Braunkohle entsteht ein sehr reaktionsfähiger Schwelkoks, welcher sich gut zum Sauggasbetrieb eignet, allerdings oft viel und leicht schlackende Asche hat (Kohlen aus Kölner Revier in beiden Hinsichten günstig).

---

[1]) Vgl. S. 112 und 145.

Im mitteldeutschen Braunkohlengebiet wird der Rückstand der Verschwelung als „Grude" für eigenartige glimmende Dauerbrandöfen in Küchenherden und Zimmerheizungen verwendet. In der Großtechnik dient der Schwelkoks durch Vergasung zur Herstellung von Brenngasen.

Schwelteer und Schwelgase sind sehr wertvolle Rohstoffe für die Hochdruckhydrierung. Das Schwelbenzin als solches taugt wenig und wird besser hydriert.

Die zweite Hauptverwendung von Braunkohle für Kraftstoffzwecke — von der durch Kriegsnot im zweiten Weltkrieg erzwungenen Herstellung von „Generatorbriketts" für Sauggasbetrieb sei abgesehen — geschieht durch Vergasen der Braunkohle, d. h. durch ihre Halbverbrennung mit Luft oder Sauerstoff und Wasserdampf zu Brenngas (und wertloser Asche)[1]. Diese Brenngase dienen der Hochdruckhydrierung — soweit sie nicht als Brenngase direkt Verwendung finden — nämlich zur Gewinnung des für die Hydrierung erforderlichen Wasserstoffgases.

Das eleganteste Vergasungsverfahren für Braunkohle dürfte dasjenige von Winkler sein, bei welchem in einem riesigen Eisenbehälter feinkörnige Braunkohle oder Schwelkoks durch einen Luft-Wasserdampf- oder Sauerstoff-Wasserdampf-Gasstrom sozusagen im Kochen gehalten wird, wobei das gesamte brodelnde Haufwerk-Bad hellglühende Reaktionstemperatur hat. Diese Winkler-Vergaser haben etwa die zehnfachen Leistungen für den gleichen Querschnitt, wie die gewöhnlichen Generatoren. Bei Imbert wurde von Dipl.-Ing. Böttger ein kleiner derartiger Winkler-Vergaser für Krümelkohle entwickelt, welcher zum Betrieb eines 3-t-Lastwagens nur die Größe einer Konservendose hatte.

Insgesamt ist aber vom Kraftstoffstandpunkte aus die Braunkohle wesentlich nur als Lieferantin von Schwelteer und von Gas für die Hochdruckhydrierung interessant. Die bei manchen Arten von Braunkohle-Generatorvergasung anfallenden Generatorteere sind wenig wert, zumal sie viel Asche zu enthalten pflegen.

4. Steinkohle und Anthrazit

Steinkohle und Anthrazit sind, wie pflanzliche Reste in ihnen beweisen, vor sehr langer Zeit, die man nach Jahrmillionen bemessen kann, aus pflanzlichen Rückständen entstanden. Die meisten derjenigen Pflanzen, welche man in den Steinkohlenflözen nachweisen kann, sind längst aus unserer Flora verschwunden[2].

Deutschland ist mit 87000 Millionen t sicheren Steinkohlenvorräten günstig gestellt, obwohl es mit 100 Millionen t Jahresförderung einen sehr erheblichen Teil seines Energiebedarfes durch Steinkohle decken muß — aber auch kann.

Während der Torf an der Erdoberfläche bis zu einer Tiefe von wenigen Metern sich findet und die Braunkohle meist auch im Tagebau oder nur wenige 100 m unter Tage abgebaut wird, finden Steinkohle und Anthrazit sich in der Hauptsache in großen Tiefen, welche in unserem wichtigsten Steinkohlengebiet, dem Ruhrgebiet, heute 800—900 m Tiefe für wertvolle Flöze betragen. In dieser Tiefe macht sich bereits die Erdwärme sehr bemerkbar (geothermische Tiefenstufe etwa 1° je 20—35 m). Um bei den hohen Temperaturen die ohnehin trotz aller Mechanisierung körperlich so schwere Arbeit des Bergmanns zu ermöglichen, ist Abkühlung durch starke Ventilation (Wetterführung) erforderlich. Diese Wetterführung ist auch deshalb nötig, weil — besonders bei Druckwechsel aus verlassenen Stollen[3]) — brennbare und mit Luft gemischt explosive Gase (Methan; „schlagende Wetter"[4])) auftreten und weil außerdem der unvermeidliche Kohlenstaub in Luft auf-

[1]) Meist mit vorgeschaltetem Abschwelen.
[2]) Z. B. große Schachtelhalme.
[3]) „Altem Mann".
[4]) Vgl. S. 119 (Methan für Kraftfahrzeuge aus schlagenden Wettern).

gewirbelt ebenfalls äußerst explosiv ist. Durch Naßhalten des Kohlenstaubs (neuerdings mit „nassem“ Wasser, d. h. Wasser mit Netzmitteln) und Gesteinstaubsperren, welche von einer Explosionswelle verstäubt werden und dadurch löschen, bekämpft man die hier vorliegenden Gefahren.

Die Steinkohle wird verlesen und in der sog. „Kohlenwäsche“ in einem Flüssigkeitsbad durch Auswirkung der verschiedenen Schwere von totem Gestein, durchwachsenen „Bergen“ und massiver Kohle getrennt „gewaschen“, wodurch der Aschegehalt stark verringert wird. Die Verwendung der Berge mit verhältnismäßig kleinem Gehalt an Verbrennlichem geschieht neuerdings auf verschiedene Arten zu Kraftgas (vgl. Abschnitt 5). Früher schüttete man die Berge auf Halden, in denen es oft ebenso interessante[1]) wie unheimlich glimmende Brände gab.

Man unterscheidet bei der Steinkohle Flammkohle, Gaskohle, Kokskohle, Magerkohle und Anthrazit. Für Kraftstoffzwecke interessiert in erster Linie die Kokskohle als Mutterkohle des Benzols, und beiläufig auch noch Anthrazit bzw. Magerkohle, weil sie in Notzeiten zum Generatorbetrieb von Kraftfahrzeugen gedient haben und dienen können.

Die verschiedenen Kohlensorten unterscheiden sich nach ihrer chemischen Zusammensetzung und ihrem Verhalten in der Wärme. Bei der Aufbereitung (Wäsche) wird die Kohle gleichzeitig nach der Korngröße („Nuß“) sortiert. Nach Art der Kohle und Korngröße müssen alle Kohlensorten sinngemäß Verwendung finden, was manchmal zu Schwierigkeiten (Sortenproblem) führt. Der Aschegehalt beträgt zwischen 1 und 12%, der Wassergehalt der lufttrockenen Kohle 1—6%.

Die Steinkohle wird auf 4 verschiedene Weisen für Kraftstoffzwecke behandelt:

a) Schwelen, d. h. Erhitzen mit oder ohne Spülgas- oder Wasserdampfstrom bis auf 500° C, wobei der sogen. „Urteer“ „Tieftemperaturteer“ („TTT“) entsteht. Dieses Verfahren führt zu besonders reaktionsfähigen und teils paraffinösen Teeren, welche sich weniger zur direkten Aufarbeitung auf Ottokraftstoffe und Dieselkraftstoffe, als vielmehr als Rohstoff zum katalytischen Hochdruckhydrieren eignen. Das Schwelbenzin taugt als solches nichts, weil es schwer raffinierbar ist. Es dient ebenso wie das Schwelgas als Rohstoff für die Hydrierung. Das Verfahren, welches als Rückstand einen sehr leicht rauchlos verbrennlichen Steinkohlenschwelkoks liefert, der für Hausbrand und metallurgische Zwecke geeignet ist und sich

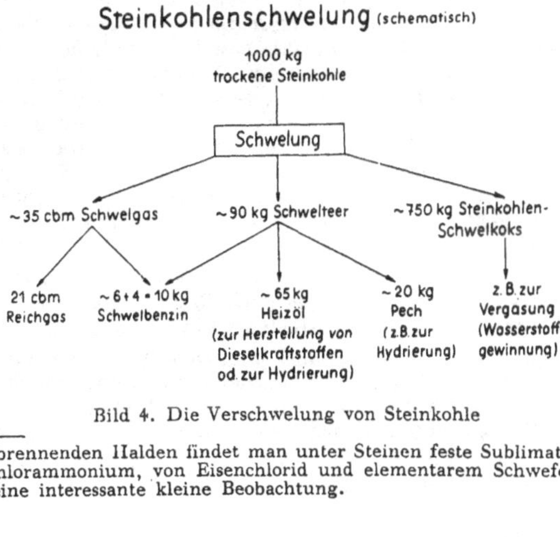

Bild 4. Die Verschwelung von Steinkohle

[1]) Auf brennenden Halden findet man unter Steinen feste Sublimate von kristallisiertem Chlorammonium, von Eisenchlorid und elementarem Schwefel — für den Chemiker eine interessante kleine Beobachtung.

auch im Fahrzeuggenerator gut verwenden läßt, ist für sich allein nur in geringem Umfange bisher genutzt. Hingegen wird beim Vergasen der Steinkohle (vgl. Abschnitt d) die Schwelung häufig in der gleichen Apparatur vorgeschaltet.

b) Verkoken.

Das Verkoken von Steinkohle besteht im Erhitzen der Steinkohle unter Luftabschluß auf 1000—1200° C in den gemauerten Kammern der Koksofenbatterien. Dieses Verfahren wird in größtem Umfange ausgeführt, um Koks für die Eisenindustrie, auch für Dampfheizungen usw. herzustellen. Wesentlich ist dabei, daß die entweichenden Dämpfe und Gase den Glut-

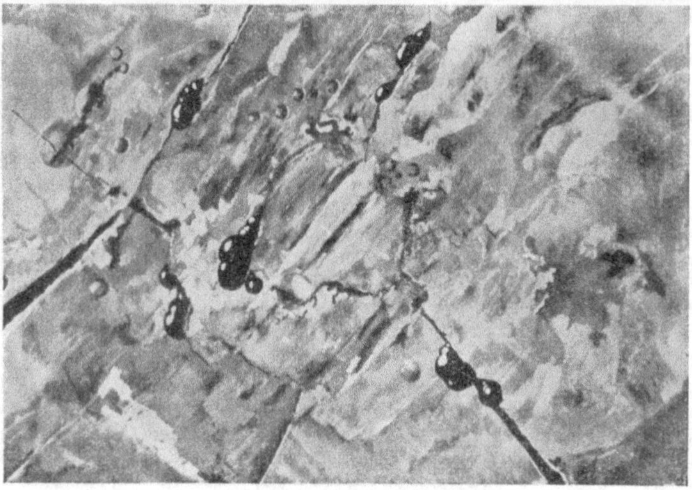

Bild 5. Mikrophoto des Verkokungsvorgangs von Steinkohle (aus einem BV-Lehrfilm von Harald Schulze)

mantel des aus der geschmolzenen Kohle entstandenen weiß glühenden Koksschwammes passieren müssen. Hierbei zersetzen sich temperaturempfindliche Stoffe, und es passieren nur die sehr temperaturfesten („feuerfesten") sogen. aromatischen Kohlenwasserstoffe, von denen die Benzole und das Naphthalin besonders wichtig sind. Aus den entweichenden Dämpfen und Gasen werden Teer und Ammoniak gewonnen, — wird im übrigen aber vor allem das Benzol herausgewonnen, welches bei diesem Verfahren in einer Menge von rd. 1% der eingesetzten Kohle anfällt. Die Gewinnung des Benzols geschieht dadurch, daß man die Gase mit Steinkohlenteeröl, Tetralin oder einem anderen flüssigen Lösungsmittel für Benzol wäscht oder das Benzol mit Aktivkohle, Silikagel oder endlich durch Ausfrieren herausgewinnt.

Die Koksofengase dienen im übrigen teilweise zur Wasserstoffherstellung für die synthetischen Verfahren. Aber auch Bestandteile des Teeres werden als Rohstoffe für die katalytische Hochdruckhydrierung benutzt.

Zur Zeit werden an der Ruhr jährlich etwa 400000 t Benzol hergestellt, von denen erhebliche Mengen motorische Verwendung finden. Steigende Mengen von Benzol werden von der chemischen Industrie zur Herstellung von Farben, Medikamenten, Kunststoffen, Buna, Nylon usw. beansprucht.

Durch Absaugen aus dem Inneren des Kokskuchens kann man die Menge des je Kilo eingesetzte Kohle gewonnenen Benzols erhöhen.

Auch aus dem Steinkohlenteer wird ein wenig Benzol[1]) und im übrigen in großer Menge Steinkohlenteeröl gewonnen, von dem eine Sorte zum Antrieb ortsfester Großdieselmotoren hergestellt wird.

Der Teer wird hierzu in 4 Fraktionen abdestilliert (Leichtöl bis 170° C, Mittelöl bis 230° C, Schweröl bis 270° C und dann Anthrazenöl). Leichtöl und die leichtesten Fraktionen von Mittelöl liefern die erwähnten (verhältnismäßig sehr kleinen) Benzolmengen. Das Mittelöl wird weiter auf Karbolöl bis 195° C, Naphthalinöl bis 220° C und das überbleibende Schweröl fraktioniert.

c) Extrahieren.

Von Pott-Broche ist ein Verfahren zum Extrahieren von Kohle entwickelt worden. Dabei entsteht ein fester asphaltähnlicher aschefreier Extrakt, der als Rohstoff für die katalytische Hochdruckhydrierung dienen kann und vielleicht noch andere Verwendung finden wird (vgl. S. 145).

d) Das Vergasen der Kohle erfolgt unter Zuführung von Luft und nach Bedarf Wasserdampf bei Gluttemperaturen, so daß nur Kraftgas und Asche sich ergeben. Vorgeschaltet ist häufig eine Schwelung zur Gewinnung von „Ur-

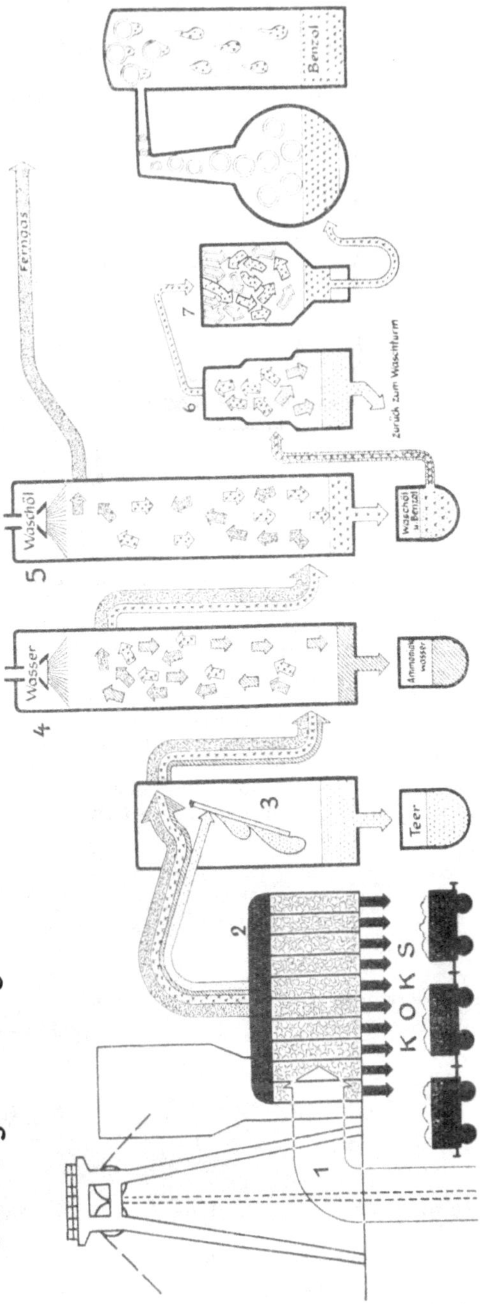

Benzolgewinnung

[1]) Nach Dr. R. Weller (Zerbe, S. 1144) weniger als 2 %.

teer" als Rohstoff für die katalytische Hochdruckhydrierung. Das Kraftgas bzw. Wassergas dient zur Synthese von Kohlenwasserstoffen nach Fischer-Tropsch, zur I.G.-Synthese von Methanol und anderen Alkoholen oder zur Wasserstoffgewinnung für die katalytische Hochdruckhydrierung, außerdem natürlich für andere industrielle Zwecke.

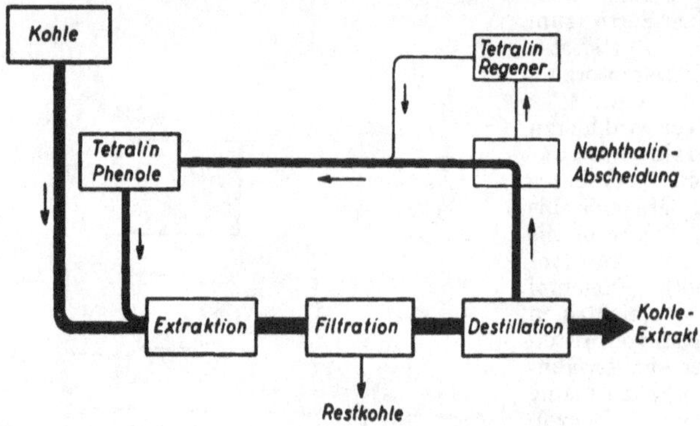

Bild 7. Schema der Kohle-Extraktion nach Pott und Broche

5. Erdgas und andere Brenngase

Brenngase sind einmal interessant, weil sie als Hochdruckgas oder Flüssiggas in Druckflaschen[1]) unmittelbar als Kraftstoff dienen. In weitaus größerem Umfange aber spielen Brenngase in der Kraftstoffabrikation eine Rolle. Besieht man sich eine moderne Kraftstoffabrik, welche etwa nach dem Syntheseverfahren von Fischer und Tropsch oder der katalytischen Hochdruckhydrierung, dem sogen. „Leuna-Verfahren", arbeitet, dann ist das vielfältige Netz riesiger geräuschloser Rohrleitungen und das Vorhandensein zahlreicher großer Gasbehälter besonders eindrucksvoll.

Bei den Brenngasen kann man natürlich vorkommende und „künstlich" hergestellte unterscheiden. Dazwischen sei noch eine seltsame Klasse der „halbnatürlichen" eingeschaltet, welche allerdings noch keine große wirtschaftliche Bedeutung gewonnen hat.

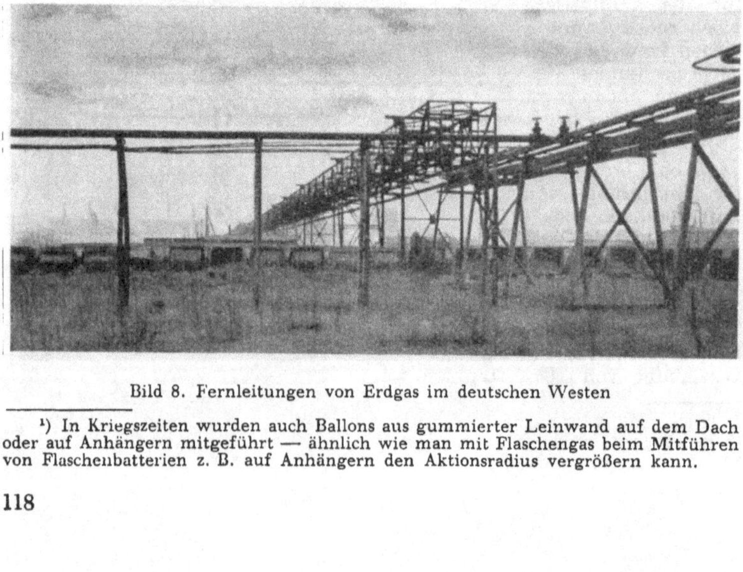

Bild 8. Fernleitungen von Erdgas im deutschen Westen

[1]) In Kriegszeiten wurden auch Ballons aus gummierter Leinwand auf dem Dach oder auf Anhängern mitgeführt — ähnlich wie man mit Flaschengas beim Mitführen von Flaschenbatterien z. B. auf Anhängern den Aktionsradius vergrößern kann.

a) Natürliches Erdgas

An vielen Stellen der Erde, so etwa in Neuengamme bei Hamburg, in Bentheim an der holländischen Emslandgrenze, neuerdings in Wolfskehlen bei Darmstadt[1]), erbohrt man „trockenes" Erdgas, meist nahezu reines Methan[2]). Es steht in der Regel unter sehr hohem Druck, so daß man es in geeigneten Fällen unmittelbar in Hochdruckfernleitungen zu chemischen Fabriken — z. B. von Bentheim zu Werk Hüls — und anderen Großverbrauchern führen kann. Auch wird es Ferngas oder Stadtgas zugesetzt, wozu es sich seines hohen Heizwertes wegen besonders gut eignet. Auch als Flaschengas findet es Verwendung, — bedarf allerdings zuvor noch der chemischen Reinigung, besonders von Schwefel.

Das sogen. „nasse" Erdgas enthält außer Methan auch höhere Kohlenwasserstoffe, meist der aliphatischen Reihe, also Propan, Butan usw. Man kann durch Abkühlen, Adsorptionsverfahren und auf andere Weise Gasolin (sehr leichtflüchtiges Benzin) und Flüssiggas gewinnen und das Methan übrig behalten. Nasses Erdgas geht meist in die Kraftstoffabriken, wo es einen Grundstoff für die ungemein vielseitig gewordene Erdölchemie bildet. Nasses Erdgas ist im Erdöl gelöst und ist auch das Treibmittel, welches das Öl aus dem Ölsand in die Bohrung treibt — es manchmal als „Springer" aus dem Bohrloch unter Druck heraustreibt.

b) Halbnatürliche Brenngase

Schon der englische Entdecker der Edelgase, Sir William Ramsay, schlug im vergangenen Jahrhundert vor, arme, nicht abbauwürdige Kohlenflöze und Brandschieferlager in situ, d. h. an Ort und Stelle unter Tage zu vergasen, d. h. anzustecken und auszusaugen. Bekanntlich sind Brände in Kohlenbergwerken oder Brände von Kohlenbergehalden sehr schwer zu löschen. Durch Aussaugen solcher unabsichtlich vorgekommener Brandstellen konnte man sich darüber vergewissern, daß man tatsächlich so ein zwar armes, aber doch brennbares Kraftgas in ungeheuren Mengen erhalten kann. In England, Rußland, U.S.A. und Deutschland sind nach den verschiedensten Verfahren derartige Versuche angestellt worden, ohne daß bis heute eine Industrie sich daraus entwickelt hätte. Sehr befriedigend verliefen z. B. im zweiten Weltkrieg Versuche, welche Kurt Hübner mit der Untertage-Schwelung und -Vergasung von Ölschiefer bei Schörzingen an der Schwäbischen Alb zum Zwecke der Ölgewinnung anstellte. Von größter Bedeutung könnten derartige Verfahren auch auf verlassenen Ölfeldern werden, in denen jetzt bekanntlich bis zu $^1/_3$ des Ölvorrates als wirtschaftlich noch ungewinnbar zurückbleibt.

Nahe verwandt der Untertagevergasung ist das Abschwelen und Vergasen von ruhenden Haufwerken durch Aussaugen, wie es im zweiten Weltkrieg mit Ölschiefer nicht ohne Erfolg bei Balingen (Württemberg) verwirklicht worden ist (sog. „Meiler"-Schwelung und -Vergasung).

c) Künstliche Brenngase

Beim Schwelen, Verkoken oder Vergasen von Ölschiefer, Holz, Torf, Braunkohle, Steinkohle entstehen die mannigfachsten Brenngase, welche zum großen Teil in der Kraftstoffindustrie sinngemäß verwendet werden. Beim Vergasen sind die wichtigsten entstehenden Gasbestandteile Wasserstoff, Kohlenoxyd und Methan. Die Hauptmenge des BV-Methans wird durch Tieftemperaturzerlegung von Koksofengas (das 25% Methan enthält) auf den Stickstoffwerken des Ruhrgebietes gewonnen.

---

[1]) Neuestens auch linksrheinisch bei Worms.

[2]) Auch auf der Steinkohlengrube Mansfeld (Ruhrgebiet) wird Methan (schlagende Wetter) bereits gewonnen, verdichtet und als Kraftstoff verfahren (vgl. S. 114). Hierzu werden durch den Bergbau bereits beunruhigte Flöze angebohrt. Die erste Anlage lieferte im ersten Betriebsjahr 0,5—0,8 cbm je Minute = 3264000 cbm/Jahr (vgl. Bergassessor K. Erlinghagen, Bergbau-Archiv, 1947)

Zu den künstlichen Brenngasen, die allerdings nur direkt verwendet werden, gehört auch das durch Gärung von städtischen Abwässern hergestellte „Klärgas", welches nach Entfernen von Kohlensäure und Schwefelwasserstoff[1]) im wesentlichen aus Methan besteht, und das diesem nahe verwandte „Mistgas", welches durch Gären von Dung hergestellt wird, um abgelegene landwirtschaftliche Betriebe mit einem eigenen Brenngas zu versorgen.

Künstliche Brenngase entstehen aber in der Kraftstoffindustrie und in der chemischen Industrie sehr häufig als „Abfälle" von irgendeinem bestimmten Verfahren, um in einem anderen Verfahren als wertvoller Rohstoff aufzutreten. Die moderne Kraftstoffabrikation — besonders auch im Rahmen der Erdölchemie — beruht wesentlich auf geschicktem Zusammenweben von Vorkommen dieser Art.

Ein künstliches Brenngas ist auch das Azetylen, die Grundlage der sogen. Reppe-Chemie.

6. Erdöl

Erdöl ist der wichtigste Kraftstoffrohstoff. Erdöl liefert zugleich Schmieröl, welches Maschinen leichter laufen läßt und dadurch ein Kraftstoffsparmittel ist. So wie Benzin stoffgebundene Energie ist, so ist Schmieröl ein Energie-Dichtungsmittel.

Um die Schätze in der Erde — also Erdöl, Kohlenlager, Erzvorkommen usw. — hat es Teufeleien und Kriege gegeben.

Erdöl war lange eines der stärksten Mittel zur Vergrößerung von Macht. Deutschland wurde nach Aussage entscheidender Leute auf einer „Woge von Öl" schon im ersten Weltkrieg besiegt. Man wollte politisch Öl höher einschätzen als Blut. Kurzum, um das Erdöl rankt sich viel Romantik, viel Verbrechen, viel Machthunger.

All dies wird möglicherweise besser werden in dem Maße, als das Erdöl seine Einzigartigkeit verliert. Die neuzeitlichen Verfahren zur Synthese energieträchtiger Stoffe und zur Umwandlung verbrennlicher Stoffe ineinander „demokratisieren" sozusagen die Welt der Energieträger. Hinzu kommt vielleicht, daß maßgebenden Politikern für die Machtverhältnisse augenblicklich Uranvorkommen[2]) noch wichtiger erscheinen, als Erdölgebiete — so wie bislang die Ölfelder politisch als wichtiger im Vergleich zu den Steinkohlengebieten, und diese als politisch bedeutungsvoller gegenüber den Braunkohlenfeldern galten.

Die Tatsache, daß sich in der Erde — offenbar tierischen[3]) Ursprungs (Seewasserfische, Muscheln, Plankton usw.) — riesige Vorkommen von Erdöl finden — aufgesaugt von porösen Sanden, häufig unter Druck von Erdgasen, so daß beim Anbohren des Vorkommens freiwilliger Austritt erfolgt —, ist doch äußerst erstaunlich. Immer wieder hat man Erschöpfung der Erdölvorkommen angekündigt, und immer wieder hat man — in den letzten Jahrzehnten besonders im nahen Orient, aber auch z. B. bei Wien (Zistersdorf) oder im Emsland[4]) — ganz unerwartet große neue Vorkommen entdeckt. Behauptet wird allerdings, daß ungefähr ebensoviel Geld vergeblich verbohrt wird, als tatsächlich durch Fündigwerden erbohrt werde. Das dürfte ja aber wohl übertrieben sein.

Um Erdöl zu finden, muß man nach Meinung der Geologen einen unterirdischen „Salzdom" entdecken. „Primäres" Erdöl kommt immer rings um einen Salzdom herum vor; aber nicht um jeden Salzdom herum findet sich primäres Erdöl. Auch ist „sekundäres", d. h. gewandertes, Erdöl manchmal ganz fern von Salzdomen zu finden.

---

[1]) Durch Druckwäsche mit Wasser.

[2]) Oder auch Stahlproduktionen?

[3]) Also indirekt pflanzlicher Herkunft. Diese Theorie von Engler darf heute als sicher, die von Mendelejeff (anorganisch über Karbide) als unwahrscheinlich angesehen werden

[4]) Neuestens im hessischen Ried (Stockstadt, Wolfskehlen, Pfungstadt).

Aber die unterirdischen Salzdome, die kann man heute recht gut finden. Es gibt dazu zwei neuzeitliche Mittel, welche sich zunehmend bewähren. Das eine ist das „Echolot“: Es werden in Bohrlöchern kleine Detonationen erzeugt, und es wird der von der unterirdischen Bodenbeschaffenheit abhängende Verlauf der Schallspiegelungen gemessen. Das zweite Mittel ist die „Schwerewaage“, ein außerordentlich zartes Instrument, mit welchem man Aussagen über die Wichte unterirdischer Bodenteile machen kann.

Nur selten — z. B. Teerkuhlen von Hänigsen in der Lüneburger Heide — tritt Erdöl freiwillig zutage. Manchmal (z. B. Kalibergwerk Volkenroda) begegnet man ihm zufällig. Manchmal kann man ölhaltigen Sand bergmännisch gewinnen (Lüneburger Heide und Pechelsbronn im Elsaß).

Verwandt dem bergmännisch gewinnbaren Erdöl ist der Ozokerit (Bergwachs), sind Asphaltsand, Ölschiefer und sogar Kieselgur (vgl. Abschnitt 7). Üblicherweise wird Erdöl aber flüssig erbohrt. In günstigen Fällen wird es von Erdgas als „Springer“ aus dem Bohrloch herausgetrieben. Normalerweise muß man es herauspumpen bzw. „schöpfen“, wozu es ebenso wie zum Bohren raffinierte technische Methoden gibt. Freiwillig kommt aber höchstens $^2/_3$ des Erdöls aus dem erdölgefüllten porösen Sand oder Gestein heraus. Man versucht durch Sprengungen in der Tiefe sowie durch sinngemäßes „Treiben“ aus konzentrischen Bohrlöchern mit eingepumptem Gas oder Wasser die Ausbeute zu erhöhen. Die Erdölbohrungen sind im Laufe der Jahre erstaunlich tief geworden, heute 2—3 km Tiefe als Spitzenwerte.

Zunehmend ist aus dem Erdöl ein chemischer Rohstoff geworden. Den Unterschied der einfachen Verarbeitung durch Destillation, des entwickelteren Verfahrens durch neuzeitliches Cracken (Wärmezersetzung) und des heutigen Hochstandes durch katalytische Hochdruckhydrierung mögen die Zahlen veranschaulichen, daß z. B. Emsland-Rohöl bei Destillation nur 27%, bei Cracken 66%, durch Hydrieren 90% Kraftstoff liefert. Während früher die großen qualitativen Verschiedenheiten der Erdöle („Provenienzen“) Sortenprobleme in den Vordergrund treten ließen — also die Aufgabe, Anfall der einzelnen Erzeugnisse mit Absatz in Einklang zu bringen, ist durch die neuzeitliche chemische Verarbeitung die Provenienz weniger wichtig geworden[1]).

Im einzelnen kann man an ohne weiteres durch Destillation gewinnbaren Bestandteilen des Erdöls etwa folgende unterscheiden:

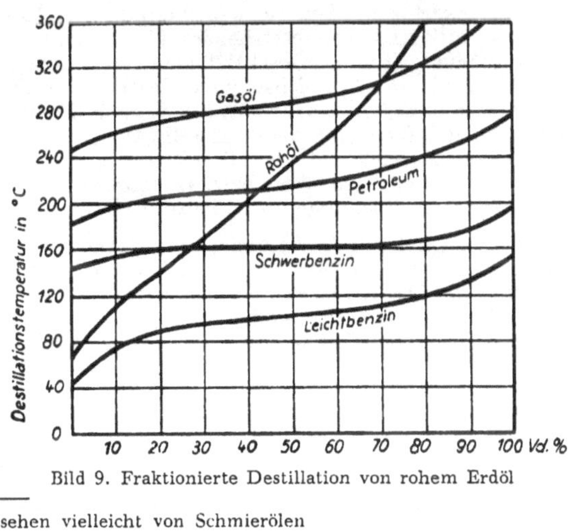

Bild 9. Fraktionierte Destillation von rohem Erdöl

[1]) Abgesehen vielleicht von Schmierölen

1. Methan (trockenes Erdgas).
2. Hochwertiges Brenngas (nasses Erdgas).
3. Gasolin (Leichtbenzin, Gasbenzin).
4. Benzin.
5. Lösungsbenzin.
6. Leuchtpetroleum und Traktorentreibstoff.
7. Motorpetroleum und Dieselkraftstoff.
8. Spindelöl.
9. Maschinenöl.
10. Heizöl.
11. Viskose Schmieröle.
12. Rückstand (bright stock).

Wie erwähnt, hat sich die Erdölindustrie zur sehr vielseitigen chemischen Industrie entwickelt, und sind die Herstellungsweisen auch von Kraftstoffen aus Erdöl heute im wesentlichen recht komplizierte chemische Verfahren geworden. Geht die chemische Verarbeitung des Erdöls ja doch sogar so weit, daß man selbst Benzol aus Erdöl herzustellen versteht (neuestens Shell in USA).

7. Ölschiefer, Ölsand, Asphaltsand und Kieselgur

Als „Ölschiefer" wird u. a. auch der eigenartige, im Tagebau der Grube Messel bei Darmstadt anstehende Rohstoff bezeichnet. Er ähnelt anderen Ölschiefern wenig und könnte vielleicht besser als Braunkohle bezeichnet werden. Verarbeitet wird er durch Schwelen, wobei Brenngas und Teere anfallen, aus denen sich benzinähnliche Kraftstoffe, Dieselkraftstoff, im übrigen auch Hartparaffin u. a. herstellen lassen.

Üblicher Ölschiefer, allerdings mit sehr bescheidenem organischen Gehalt von um die 20%, steht in sehr großen Mengen an der Schwäbischen Alb an. Ein kleineres Vorkommen befindet sich östlich von Braunschweig bei Schandelah[1]). Man versuchte im zweiten Weltkrieg auf viele Weise, Ölschiefer zur Kraftstoffgewinnung heranzuziehen; so durch Schwelen in Haufwerken oder auch unter Tage, Schwelen in Retorten, durch Entgasen und Vergasen in Generatoren verschiedener Art usw. (vgl. 5b). Die seit Jahrhunderten immer wieder angestellten Versuche und Bemühungen haben auf die Dauer noch keinen Erfolg gebracht. Einmal kann ein wirtschaftlicher Erfolg nur dann erwartet werden, wenn die ungeheuren Massen des im wesentlichen aus Kalk und Ton bestehenden Rückstandes irgendwelche vorteilhafte Verwendung (für Bauzwecke) finden. Außerdem zeigt der Ölschiefer seine Herkunft aus Tierleichen (von Muschel und Fisch bis zum Ichthyosaurus[2]) durch äußerst unangenehmen Geruch der beim Schwelen entstehenden Gase und Teere (Ichthyol). Eine Schwierigkeit für sich bildet auch der sehr hohe Schwefelgehalt der Ölschieferprodukte. Versuche, den Ölschiefer anders als durch Verschwelen bzw. Vergasen auszuwerten — etwa durch Extrahieren oder Ausdampfen —, blieben bislang ohne Erfolg.

Hingegen kann man durch Ausdampfen oder Extrahieren Ölsand mit Erfolg auf Kraftstoff, Bitumen usw. als Rohstoff verarbeiten. Ölsand wird bergmännisch z. B. in der Lüneburger Heide gewonnen. Ölsand liegt aber auch in für die heutigen technischen Mittel als erschöpft geltenden verlassenen Erdölfeldern. Durch Treiben mit Gas, Wasserdampf und Lösungsmitteln wird auch versucht, Öl aus dem Ölsand in situ zu mobilisieren[3]).

[1]) In Estland steht hochprozentiger Ölschiefer an. Besonders reich an Ölschiefer sind die USA.

[2]) Ölschiefermuseum von Dr. e. h. Bernhard Hauff in Holzmaden bei Kirchheim/Teck; von der Autobahn Stuttgart—Ulm leicht zu erreichen (sehr sehenswert).

[3]) Sogar Ent- und Vergasen durch Feuer in der Tiefe und Einblasen von Luft oder Sauerstoff) mit Wasserdampf wird versucht (vgl. auch 5b).

Auch Asphaltsand, welcher sich z. B. westlich von Braunschweig findet, läßt sich mit ähnlichen Mitteln verarbeiten.

Interessant ist übrigens, daß Kieselgur, wie es in der Lüneburger Heide gefunden und hergestellt wird, in frischem Zustande ebenfalls erhebliche Mengen verbrennlicher einst tierischer Substanz enthält, welche erst durch Brennen entfernt werden muß, so daß nur die Kieselsäureskelette, eben die bekannte Kieselgur, übrig bleiben.

3. Ein wenig Kraftstoffchemie

Rohstoffe und Energien finden sich, wie vorstehend berichtet, durch Herauslösen erwünschter oder unerwünschter Bestandteile, durch Umwandeln, durch Aufbau und durch Mischen zueinander, wobei diese vier Möglichkeiten in zahlreichen Formen heute so ineinander verstrickt sind, daß es praktisch nicht möglich ist, für irgendeinen Kraftstoff des Gebrauchs ein bestimmtes zugeordnetes Herstellungsverfahren anzugeben. In erster Linie pflegt es darum zu gehen, Asche, Schwefel, Sauerstoff und andere unerwünschte Bestandteile zu beseitigen, die für die Verwendung des Kraftstoffs passende Molekülgröße und chemische Konstitution herzustellen, insbesondere auch den Wasserstoffgehalt richtig abzustimmen, meist zu erhöhen („hydrieren").

Vom chemischen Standpunkt aus kann man die heute wichtigen Kraftstoffe einteilen in Kohlenwasserstoffe (Benzin, Benzol, Traktorentreibstoff, Dieselkraftstoff) und (von geringer Bedeutung) Alkohole (Äthanol, Methanol, Isobutylalkohol usw.). Kohlenwasserstoffe bestehen lediglich aus Kohlenstoff und Wasserstoff. Alkohole und die gelegentlich als Kraftstoffanteile benutzten Äther und Ketone enthalten außerdem noch Sauerstoff.

Bei den Kohlenwasserstoffen kann man verschiedenen chemischen Aufbau unterscheiden. Jedes Kohlenstoffatom hat 4 „Valenzen", jedes Wasserstoffatom eine. So kann man sich die verschiedenen Sorten von Kohlenwasserstoffen aus Kohlenstoff- und Wasserstoffatomen sinnvoll zusammengesetzt vorstellen. Sind an einem Kohlenstoffatom alle 4 Valenzen mit Wasserstoffatomen besetzt, dann haben wir Methan. Sind 6 Kohlenstoffatome zu einer Kette zusammengesetzt und die 14 nicht von den Kohlenstoffatomen selbst besetzten Valenzen mit Wasserstoff abgesättigt, so erhalten wir C_6H_{14} oder Hexan. So entsteht, zunächst auf dem Papier, eine gesetzmäßige Reihe von Kohlenwasserstoffen (siehe unten und S. 126).

Von diesen „Paraffinen" sind diejenigen bis etwa Propan und Butan die Bestandteile des Flüssiggases (Treibgases), Pentan bis etwa Nonan Bestandteile von Benzinen — noch höhere Glieder Bestandteile von Schwerbenzin, Petroleum, Gasöl bis zum festen wachsähnlichen Hartparaffin.

Paraffin-Kohlenwasserstoffe:

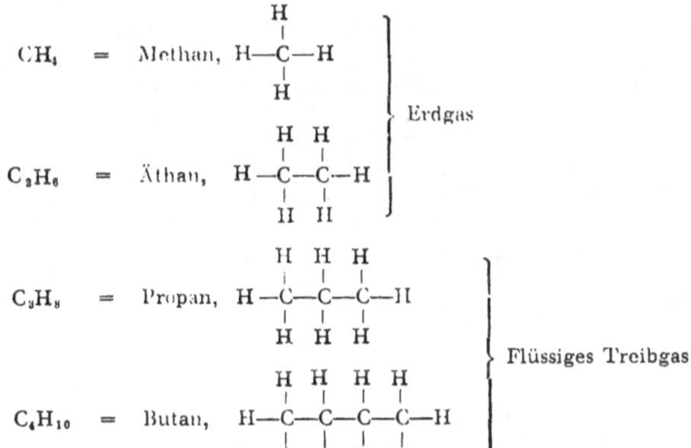

CH_4 = Methan — Erdgas

C_2H_6 = Äthan — Erdgas

C_3H_8 = Propan — Flüssiges Treibgas

C_4H_{10} = Butan — Flüssiges Treibgas

C_5H_{12} = Pentan,

C_6H_{14} = Hexan,

C_7H_{16} = Heptan,

C_8H_{18} = Oktan,

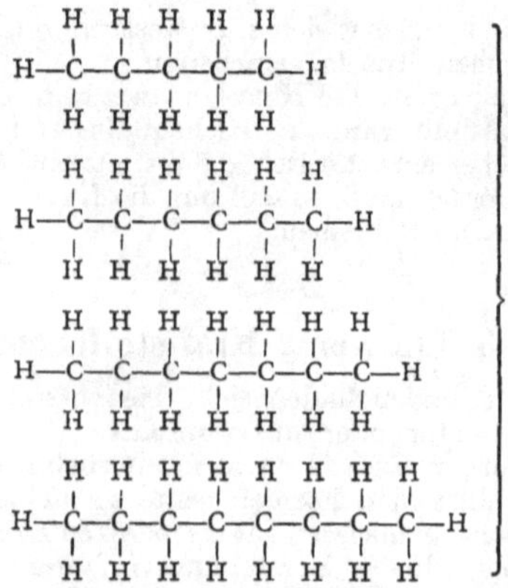

Benzinbestandteile

C_nH_{2n+2} = allgemeine Formel der aliphatischen Kohlenwasserstoffe

Solche Paraffin-Kohlenwasserstoffe finden sich in erster Linie im pennsylvanischen Erdöl und in den Produkten der Synthese von **Fischer** und **Tropsch**[1]). Sie sind die wasserstoffreichsten Kohlenwasserstoffe, die es gibt. Die niedrigsten (gasförmigen) Glieder sind hochklopffest, die mittlerer (flüchtigen) klopfend und die höheren (hochsiedenden) hochklopfend. Paraffinische Gasöle sind darum sehr zündwillig.

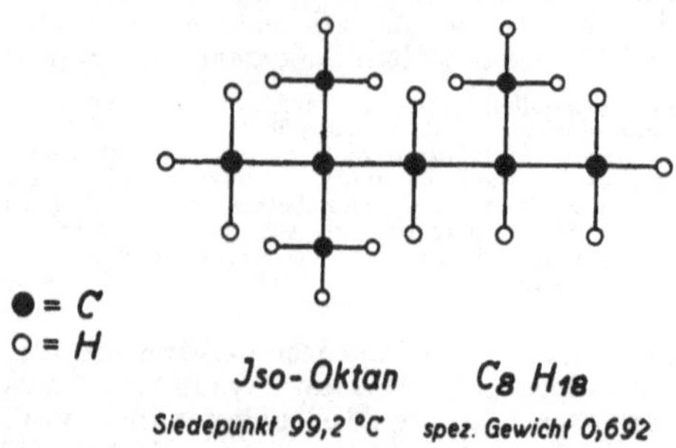

Bild 1. Isooktan

Nun reihen sich aber die Kohlenstoffatome keineswegs immer zu einer langen Kette an. Sie können vielmehr auch verzweigte Ketten bilden. Eine besonders schöne solche Verzweigung zeigt das 2-2-4-Trimethylpentan oder Isoctan, das sich in Bild 1 wiedergegeben findet. Es bildet eine Grundlage unserer Klopfleiter, weil es sehr klopffest (O.Z. 100) ist[2]), während man als Nullpunkt der Klopfleiter das aus einer einzigen Kette von 7 Kohlenstoffatomen bestehende Normal-Heptan benutzt, welches kräftig klopft und in seiner Flüchtigkeit etwa durchschnittlichem Benzin entspricht. Das gleiche Heptan ist übrigens eben wegen seiner Klopfneigung im Dieselmotor sehr zündwillig. Sein naher Verwandter Cetan ($C_{16}H_{34}$)[3]) ist so zündwillig, daß man ihn als obersten Grenzpunkt der Zündwilligkeitsleiter benutzt hat.

[1]) Vgl. S. 150ff

[2]) Das normale kettenförmige Oktan ist dagegen natürlich sehr klopffreudig und zündwillig

[3]) Cetan wird an Stelle des früher benutzten Ceten ($C_{16}H_{32}$) benutzt, das wegen seiner Doppelbindung im Verhältnis 1 : 0,862 weniger zündwillig, übrigens aber auch weniger beständig ist. 100 CaZ = 116 CeZ.

Verzweigte Paraffine sind ganz allgemein viel klopffester als die Kettenparaffine. Bei der Fabrikation ist man also darauf aus, solche verzweigten Paraffine herzustellen, die Benzine zu „alkylisieren“. Besonders schön verzweigte Paraffine bilden die überklopffesten Kraftstoffe, welche man in der Natur gar nicht findet und die heute (zunächst für Flugmotoren) synthetisch hergestellt werden.

Auch die verzweigten Paraffine folgen hinsichtlich ihrer Zusammensetzung der allgemeinen Formel C_nH_{2n+2}. Auch ihr Siedepunkt steigt mit der Zahl der Kohlenstoffatome.

Nun können sich aber zwei Kohlenstoffatome nicht nur mit einer Valenz, sondern auch mit 2 oder 3 Valenzen aneinanderhängen. Dann bleibt natürlich die entsprechende Paarzahl von Valenzen nicht mehr für die Absättigung mit Wasserstoff frei. Solche Kohlenwasserstoffe, die eine solche „Doppelbindung“ enthalten, nennt man „Olefine“ oder deshalb ungesättigt, weil bei Aufsprengen einer solchen Doppelbindung zur einfachen Bindung 2 Atome Wasserstoff neu eingefügt werden könnten. Die Doppelbindung hält im übrigen nicht etwa fester als die einfache Bindung, sondern neigt geradezu zu allen möglichen Zersetzungen (z. B. Harzbildung). Die Doppelbindung bedeutet einen Mehrgehalt des betreffenden Kohlenwasserstoffs an Energie[1]), wie man z. B. an dem dreifach gebundenen Azetylen C_2H_2 sieht, welches chemisch labiler (explosiv) und viel energiereicher ist als das gesättigte, sonst entsprechende Äthan C_2H_6.

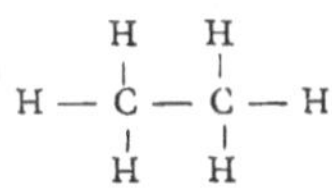

Äthan

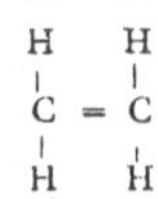

Äthylen

$$H-C\equiv C-H$$ Azetylen

Ungesättigte Kohlenwasserstoffe finden sich in vielen Erdölen und entstehen besonders beim Crackverfahren, auch bei manchen synthetischen Verfahren. Soweit die ungesättigten Kohlenwasserstoffe chemisch einigermaßen beständig sind[2]), sorgt man gern für ihr Entstehen in Otto-Kraft-

Bild 2. Der Benzol-Sechs-Ring

[1]) Vgl. Bildungswärmen, Abschnitt 1.

[2]) Durch kleine Zusätze bestimmter Chemikalien kann man die Beständigkeit, d. h. Lagerfestigkeit, erhöhen oder in anderen Worten ihre Neigung zur Harzbildung abbremsen („Stabilisatoren“).

stoffen, weil sie vergleichsweise klopffest zu sein pflegen. Ungesättigte Kohlenwasserstoffe können ihrerseits wieder Kettenkohlenwasserstoffe oder auch mehr oder weniger verzweigte Kohlenwasserstoffe sein. Die Zusammensetzung ungesättigter Kohlenwasserstoffe richtet sich nach der Zahl der Doppel- und Dreifachbindungen. Bei einer Doppelbindung ist die allgemeine Formel C_nH_{2n}, bei einer Dreifachbindung C_nH_{2n-2} usw.

Noch weiter können die Kohlenwasserstoffe sich aber auch zu Ringen zusammenschließen, indem die beiden Enden einer Kette sich unter Verlust von 2 Atomen Wasserstoff zusammenkleben. Besonders gern bilden sich Sechserringe — es kommen aber auch Fünferringe und Sechsermehrfachringe vor. Ringe können auf die verschiedenste Weise miteinander verkoppelt

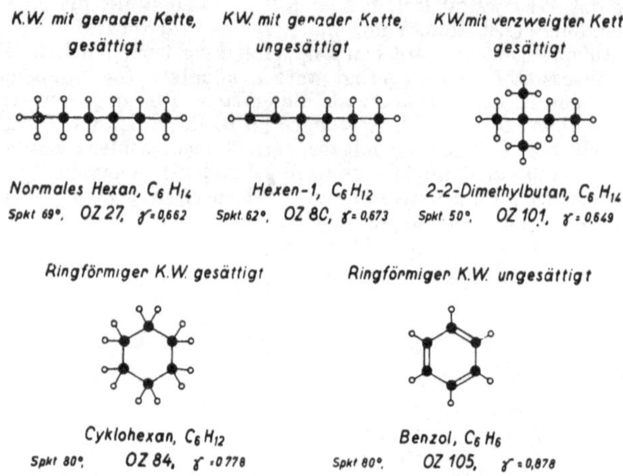

Bild 3. Aufbau und Oktanzahl einiger Kohlenwasserstoffe

und mit Abzweigungen versehen sein, so daß die ganze Angelegenheit sehr unübersichtlich für den Nichtsonderfachmann wird. Ist der Ring gleichsam aus einer Paraffinkette durch Zusammenkleben der Enden[1]) entstanden, so daß seine chemische Zusammensetzung C_nH_{2n}, d. h. bei dem üblichen Sechserring C_6H_{12} ist, dann ähnelt ein solcher Kohlenwasserstoff in seinem Verhalten den Paraffinen und Olefinen, d. h. dem Benzin. Man nennt diese Stoffe Naphthene. Enthält er aber nur die Hälfte Wasserstoff, was man sich durch drei Doppelbindungen erklären kann (also C_nH_{2n-6}, z. B. C_6H_6), dann zeigt der betreffende Kohlenwasserstoff vollkommen neuartige Eigenschaften. C_6H_6 ist z. B. Benzol, welches beim Abbrennen in offener Flamme rußt und im Ottomotor sich sehr klopffest verhält.

„Aromatische" Kohlenwasserstoffe, wie man solche Kohlenwasserstoffe mit einem und mehreren Ringen nennt, sind wenig zündwillig und entsprechend klopffest. Man findet sie in der Hauptsache in Steinkohlenölen und erzeugt sie absichtlich bei der Benzinsynthese („aromatisieren"). Die zyklischen Kohlenwasserstoffe mit voller Sättigung (Naphthene) finden sich hingegen in manchen als klopffest bekannten Erdölbenzinen.

Tritt in die Kohlenwasserstoffe der zweiwertige Sauerstoff chemisch ein, dann entstehen je nachdem Alkohole, Äther, Ketone oder Säuren.

---

[1]) Unter Verlust von 2 H.

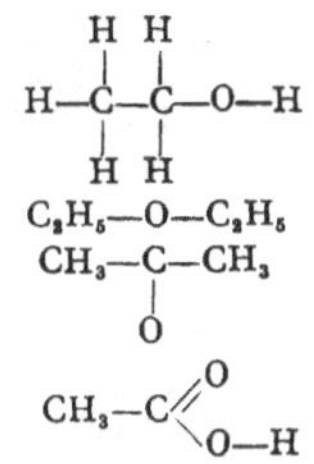

(Äthylalkohol)

(Äthyläther)

(Aceton)

(Essigsäure)

Der Eintritt von Sauerstoff in ein Molekül bedeutet eine Verringerung des Energiegehaltes und eine Steigerung der Klopffestigkeit, sowie eine Neigung zu rußfreier, bei niedrigen Gliedern sogar blauer, nichtleuchtender Verbrennung.

In diesem Zusammenhang sei auch erwähnt, daß der Name des bekannten Bibo-Gemisches „Aral" von den beiden Worten „aromatisch und „aliphatisch" abgeleitet ist, weil der Grundgedanke des Arals eben die Veredelung der klopfenden aliphatischen Kohlenwasserstoffe durch die klopffesten, ausgiebigen und leichtflüchtigen aromatischen Kohlenwasserstoffe des Benzols ist.

Auch sei die häufig gestellte und selten beantwortete Frage nach der Herkunft der Worte „Benzin" und „Benzol" erörtert. Sie haben natürlich mit dem Autoerfinder Karl Benz nicht das Geringste zu tun.

Wohl aber nannte man im Mittelalter „Benzin" alle möglichen flüchtigen „Geiste", so daß der Wortstamm eine ähnliche Bedeutung hat wie seinerzeit das Wort „Spiritus".

Die Herkunft des Wortstammes „Benz-" ist offenbar der tunesische Hafen „Bizerta" welcher früher „Benzert" (übrigens vorher bei den alten Karthagern „Hippo-Zarytos") hieß. Über diesen Hafen kam schon im Altertum das hochgeschätzte Benzoeharz, ein Styraxharz, von Indien her. Dieses diente zur Herstelluüg von Benzoe-Tinktur, Räuchermitteln und für viele andere Zwecke.

Die Geschichte des Benzins, beginnend mit den heiligen Feuern von Baku, dem als Heilmittel benutzten, aus der Erde ausschwitzenden Erdöl am Tegernsee, den Teerkuhlen von Hänigsen in der Lüneburger Heide, der ersten Erdölbohrung bei Titusville in Pennsylvania durch den amerikanischen Colonel E. L. Drake 1859 und dem Aufstieg Rockefeller sen., ist sehr bekannt. Hingegen dürfte über die ältere Geschichte des Benzols wenig in weitere Kreise gedrungen sein:

1420 erschien ein „Feuerwerksbuch" (Neudruck mit Erläuterungen von Wilhelm Hassenstein, München, 1941) in welchem Benzol zwar nicht genannt wird, aber in zwei krassen Beispielen zur praktischen Verwendung empfohlen ist. Es hieß damals „Oleum benedictum" (gesegnetes Öl). Beschrieben wird, „wie man aus einer Büchse schiessen kann mit Wasser ohne Pulver, so dass das Wasser das Pulver ersetzt und Du so weit und stark damit schiessest, wie mit dem Pulver". Hierzu wird Salpeterwasser (= Salpetersäure), Schwefelwasser (= Schwefelsäure) und Oleum benedictum (=Benzol) miteinander vereint: „Sieh, dass die Büchse sehr stark sei. Mit einer gemeinen Büchse schiesst Du mit diesem Wasser 3000 Schritt. Es ist aber gar köstlich."

Beschrieben wird weiter: „Wie man einen Pfahl im Wasser verbrennen kann, wie tiefer auch drin steht" (hier wird die Tränkung von Hadern mit dem Oleum benedictum, d. h. benzolhaltigem Teeröl, und Aqua salniter (= Salpetersäure), das Bewinden des Pfahls mit diesen Ludern und Anzünden durch einen Feuerpfeil empfohlen).

Als „Steinkohlenbenzin" begegnet man dem Benzol Anfang des 19. Jahrhunderts bei Freiherr Karl von Reichenbach (1788—1869), der in Villingen, Hausach und Böhmen Eisenwerke betrieb. Seine Od-Lehre durchnäht leider seine ausgezeichneten naturwissenschaftlichen und technischen Entdeckungen mit recht phantastischen Ideen.

Schon vor Reichenbach, ja schon im 16. Jahrhundert, hatte man versucht, die teure Holzkohle durch die billigere Steinkohle im Eisenwesen zu ersetzen und zur Vermeidung des lästigen Teeres die Steinkohle vorher „abzuschwefeln", d. h. in Koks zu verwandeln. Am Meißner soll dies im 16. Jahrhundert erstmals geschehen sein. Herzog Julius von Braunschweig und Stumpfelt haben es dann (1584) im Anhaltischen empfohlen. In England führten Procter (1589) und Dudley die Steinkohlenverkokung durch. Im Großen wurde Koks für Hochofen- und Lokomotivheizung in Deutschland erst Mitte des 19. Jahrhunderts gewonnen. Zur Herstellung dienten damals die sog. Bienenkorböfen, bei denen Teer, Ammoniak und Benzol nur in geringem Umfange oder gar nicht gewonnen wurden.

Als chemischer Stoff wurde Benzol 1825 von Faraday aufgefunden und identifiziert, allerdings nicht im Steinkohlenteer oder im Kokereigas, sondern in den Kondensaten von Ölgas. Faraday nannte das Benzol „bicarburet of hydrogen". Mitscherlich gewann 1833 Benzol durch Erhitzen von benzoesaurem Kalk und nannte es „Benzin". De Marignac gewann Benzol 1842 aus Phthalsäure (Naphthalinsäure) und nannte es „phène". Den Namen „Benzol" führte Justus von Liebig ein. Heute noch ist in der angelsächsischen Sprache zwischen Benzin und Benzol allerlei Verwirrung[1]).

---

[1]) Vgl. VI S. 227

Für den Chemiker wurde das Benzol 1845 sozusagen von A. W. Hoffmann neu entdeckt, wobei der Weg zu der wichtigen Industrie der sog. Anilinfarben sich eröffnete. 1865 gab Kekulè von Stradonitz dem Benzol seine heute noch maßgebende sechseckige Strukturformel („Benzolring") und seinen Ehrenplatz als Grundstoff der aromatischen Kohlenwasserstoffe. Von dieser Sechseck-Formel her datiert, so seltsam das klingen mag, die große technische Geschichte des Benzols.

Die sechszählige Konstitution des Benzols findet sich übrigens im BV-Zeichen der BV-Aral A.-G. in Bochum.

Um die Einführung des Benzols als Motorkraftstoff in den ersten Jahren des 20. Jahrhunderts sind Prof. Dr. Karl Dieterich, Helfenberg-Dresden, ein hervorragender Pharmazeut, und Prinz Heinrich von Preußen sehr verdient. Prof. Dr. Dieterich gab in der Dracorubin-Probe (mit einem bestimmten rotbraunen Palmenharz getränktes Reagenzpapier) einen einfachen, heute noch benutzten Weg an, Benzol von Benzin zu unterscheiden.

IV. Brennen

Unter Brennen, Verpuffen, Explodieren, Detonieren usw. versteht man Erscheinungen, welche vorzugsweise Oxydationen sind[1]), mit erheblicher Wärmeentwicklung und entsprechender Temperaturerhöhung, auch Drucksteigerung verbunden zu sein pflegen, meist Lichterscheinungen hervorrufen und entweder im Rahmen eines stationären Gleichgewichtes (Flamme) oder wandernder Reaktionsflächen (Otto-Verbrennung) oder auch homogener Reaktionen (Detonation) erhebliche Geschwindigkeiten entwickeln. Langsame Reaktionen ähnlicher Art, wie das Rosten des Eisens oder das Vermodern von Holz, pflegt man anders zu bezeichnen. Brennen erfolgt entweder, wie schon angedeutet, in (meist zu Bündeln zusammengeschlossenen) Linien, in Flächen (welche entweder konzentrisch durch wachsende Brennkreise bestrichen werden können oder als Flächen durch den Raum wandern) — oder drittens (durch wandernde Flächen erfolgende oder homogen ablaufende Verbrennungen) im Raum.

Der Zündung (gemäß Abschnitt III) geht sehr häufig eine Voroxydation, das Entstehen der „Verbrennungsreife" nach Aufhäuser, zuvor. Solche Vorreaktionen schießen nach dem bekannten energetischen Prinzip, daß das Unbeständigste zuerst entsteht[2]), regelmäßig über das Ziel hinaus, so daß z. B. bei der Verbrennung anteiligen Wasserstoffs zuerst nicht Wasser, sondern Wasserstoffsuperoxyd, bei der Verbrennung von Kohlenwasserstoff zunächst nicht Wasser und Kohlensäure, sondern verzwickte Peroxyde entstehen usw. Solche Vorreaktionen treten in unseren Motoren allein schon durch Verdichtungswärme und Verdichtungsdruck auf. Wenn man beispielsweise einen Ottomotor fremdangetrieben ohne Zündung laufen läßt, dann enthält das lediglich mit Verdichtungsdrucken abgestempelte Kraftstoff-Luft-Gemisch des Vergasers beim Verlassen des Motors erhebliche Mengen von Peroxyden und anderen Produkten einer flammenlosen, nicht arbeitsleistenden, stillen „Verbrennung" durch sozusagen chemisch-pneumatische Punktschweißung[3]).

a) Chemisches vom Brennen

Chemische Voraussetzung für das Brennen ist vorbereitetes oder ausreichend rasch geschehendes Zusammenkommen der Reaktionspartner, die sogen. Gemischbildung, außerdem die Vermeidung solcher Mengenverhältnisse, welche außerhalb der Zündbereiche für die betreffenden Temperaturen und Drucke liegen. Dabei ergeben sich für den Fall fortschreitender Verbrennung oder den entsprechenden Fall der mit einem von der Brenngeschwindigkeit abhängigen Winkel ausgestatteten stationären Flamme sehr verschiedene Brenngeschwindigkeiten je nach Kraftstoff und Mischungsverhältnis.

[1]) aber auch die Chlorknallgasexplosion $H_2 + Cl_2 = 2\,HCl$ und andere exotherme Reaktionen mit Leuchterscheinungen werden hierher gezählt.

[2]) Was keineswegs eine Selbstverständlichkeit, ein Truismus, sondern ein wichtiges Naturgesetz ist.

[3]) Bisherige Versuche zur technischen Auswertung solcher „chemischen Punktschweißung" sind noch nicht geglückt.

Bild 4 zeigt die Brenngeschwindigkeiten verschiedener Kraftstoffe bei gewöhnlichem Druck in Luft, abhängig vom Mischungsverhältnis, Bild 5 die Brenngeschwindigkeiten von Benzin und Methanol in Luft, abhängig vom Mischungsverhältnis. Diese Brenngeschwindigkeiten zeigen, daß vergleichsweise höchste Brenngeschwindigkeiten nicht beim theoretischen Mischungsverhältnis erreicht zu werden pflegen, sondern bei verhältnis-

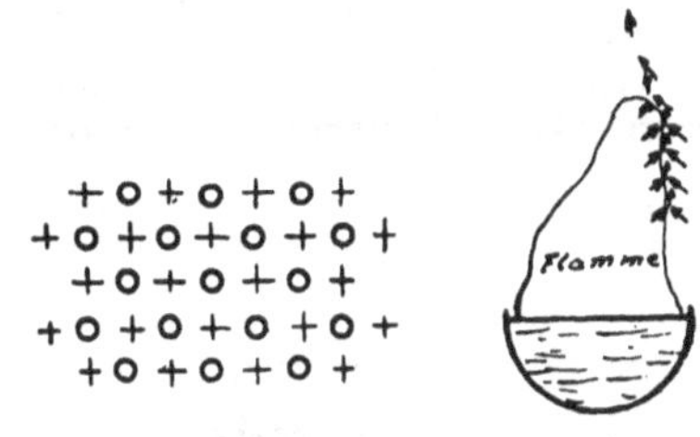

Bild 4a. Verbrennung von Kraftstoff-Luft-Gemisch und Verbrennung mit Flamme

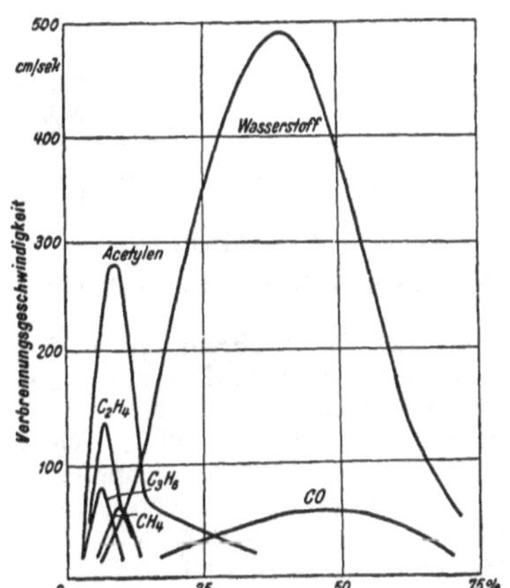

Bild 4b. Brenngeschwindigkeiten verschiedener Kraftstoffe

mäßig fetten Gemischen mit etwa 10% Luftmangel. Im übrigen betragen diese Brenngeschwindigkeiten für unsere normalen Kraftstoffe nur um die 2 m/sek und selbst für so wilde Kraftgase, wie Azetylen und Wasserstoff, nur 3 bzw. 5 m/sek, sind also ganz erheblich kleiner als die in unseren heutigen Verbrennungsmotoren üblichen Kolbengeschwindigkeiten (3 bis 18 m/sek in Krad-, PKW-, LKW- und Flugzeugmotoren, selbst rd. 5 m/sek in Glühkopfmotoren und 6—12 m/sek in Dieselmotoren verschiedener Art). Hieraus ergibt sich, daß in unseren Motoren durch Wirbelung, Gasbewegungen infolge sinnvoller Zerklüftung der Brennräume und andere Umstände die Brenngeschwindigkeit ruhender Gemische stark überschritten wird. Man kann in unseren Motoren mit etwa 20 m/sek durchschnittlicher Brenngeschwindigkeit bei nichtklopfendem Betrieb rechnen.

Um auf diesem Gebiet zur Klarheit zu kommen, hat man systematisch Verbrennungen homogener Gemische zunächst in Rohren, also eindimensional, angestellt und den Verlauf der Verbrennung zeitlupenmäßig aufgenommen (Dixon, neuerdings E. Schmidt). Dabei haben sich sehr merkwürdige Tatsachen herausgestellt: Solange in einem Rohr die Flammenwand friedlich wandern kann, bestehen die erwähnten niedrigen Brenngeschwindigkeiten. Sehr bald aber neigen die wandernden Flammenwände dazu — rauhe Wandungen befördern das — Wirbel zu bilden, wodurch ihre Wandergeschwindigkeit sich erheblich erhöht. Wenn es sich um solche Brenngemische handelt, deren Reaktionswärme für Fortzünden reichlich ist, steigern sich solche Erscheinungen. Ist gar das Rohr an einem oder beiden Enden verschlossen, so daß die fortschreitende Verbrennung Steigerung von Temperatur und Druck des noch unverbrannten Gasteils bedingt, wird

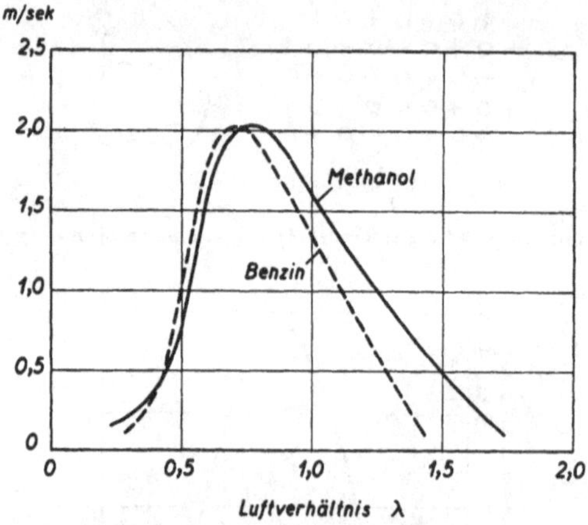

Bild 5. Brenngeschwindigkeit und Mischungsverhältnis

das Tempo noch höher. Aus der Verbrennung wird allmählich eine Verpuffung und schließlich eine homogene Detonation, kurz vor welcher die Brenngeschwindigkeit als Detonationswelle etwa den 1000fachen Wert der gewöhnlichen Brenngeschwindigkeit annimmt, sich nach Kilometern je Sekunde bemißt und dabei entsprechend den Sprengstoffen durch zeitliche Konzentration der Energieentfaltung[1]) äußerst energische Eigenschaften bekommt. Homogene Detonation bedeutet, daß Druck- und Temperaturverhältnis so gestaltet sind, daß das betreffende Gemisch chemisch einfach nicht bestehen kann, durch Temperatur und Druck die Schwelle der Aktivierungsenergie überschritten ist, mithin homogenes, praktisch zeitloses Abreagieren die Folge sein muß[2]).

Diese Vorgänge werden noch dadurch kompliziert, daß Wellen von hohem Druck mit Eigenschaften des Ultraschalls entstehen und mit der bei diesen Temperaturen und Drucken sehr hohen Schallgeschwindigkeit wandern und reflektiert werden. Das ist sozusagen die laboratoriumsmäßige Verwirklichung des Klopfvorganges, welcher nach amerikanischen fotografischen Aufnahmen[3]) von laufenden Motoren durch Quarzfenster ent-

[1]) Ultraschall-Effekt.

[2]) Daß auch bei Zündung im freien Raum eine Verpuffung sich bis zur Detonationsgeschwindigkeit mit katastrophalen Kräften zu entwickeln vermag, veranschaulicht ein schweres Unglück, welches sich vor einigen Jahren in einer großen chemischen Fabrik ereignete. Ein Kesselwagen mit einem verflüssigten verbrennlichen Gas war leckgesprungen, so daß in scharfer Julihitze eine riesige Wolke verbrennlichen Gases in die Höhe stieg und mit Luft ein explosives Gemisch bildete. Durch einen ungeklärten Zufall entzündet, erfolgte im freien Raum eine gewaltige Explosion, von der unten dicke Betonfußböden in großer Zahl von oben nach unten durchschlagen wurden.

[3]) Withrow und Boyd; Schnauffer hatte schon vorher durch Ionisierungsfühler den zeitlichen Mechanismus der Flammenfront bei klopffreier und klopfender Verbrennung nichtoptisch vergewissert.

sprechend der Vermutung von **Whatmough** u. a. dadurch gekennzeichnet ist, daß in durch die fortschreitende Verbrennung gepreßten und erhitzten unverbrannten Gemischrest an der heißesten Stelle, auf der anderen Seite ein den ganzen Ablauf der Reaktion aufputschendes Gegenfeuer von allein entsteht.

Diese Betrachtung läßt sogleich den tieferen Sinn von Klopffestigkeit und Zündwilligkeit, anders ausgedrückt, des Verbrennungscharakters verstehen:

Ein Ottokraftstoff muß chemisch friedfertig sein und unbeschadet hoher Temperatur und hohen Druckes so lange warten, bis der Zündfunke das Kommando liefert.

Umgekehrt muß ein Dieselkraftstoff chemisch so labil sein, daß beim Eintreten der ersten Tropfen in die hochverdichtete heiße Luft mit möglichst kleinem Zündverzug die Verbrennung beginnt, Temperatur und Druck im Brennraum dadurch steigen und die weitere Verbrennung unverzüglich dem Einspritzgesetz von Pumpe und Düse folgt. Interessant, daß wir noch keine Dieselmotoren haben, welche das Kogasin der Fischer-Tropsch-Synthese (Ca Z ∼ 100) auszunutzen oder auch nur klaglos zu verarbeiten vermögen. Normale Diesel arbeiten „hart" mit diesem „zu guten" Dieselkraftstoff.

Daraus ergibt sich die **begriffliche Gleichheit von Klopffestigkeit und Zündwilligkeit.** Es handelt sich um die gleiche physikalisch-chemische Eigenschaft von Kraftstoffen, nur mit entgegengesetztem Vorzeichen betrachtet. Man mißt Klopffestigkeit in Oktanzahlen verschiedener Art, Zündwilligkeit in Cetanzahlen [1]). Nach Prof. Dr. W. **Wilke** kann man Oktanzahlen und Cetanzahlen durch folgende Formeln:

$$\mathrm{CaZ} = 60 - 0{,}5\ \mathrm{OZ},$$
$$\mathrm{OZ} = 120 - 2\ \mathrm{CaZ}$$

zahlenmäßig ineinander umrechnen [2]). Sobald es einmal gelingen wird. die unteren Grenzwerte von Zündwilligkeit [3]) und Klopffestigkeit [4]), in anderen Worten **die Grenzen chemischer Labilität und Stabilität** vom Begriff des Kolbenmotors zu trennen und vom Technologischen auf das Physikalisch-Chemische abzustellen, wird es möglich werden, den Begriff von Verbrennungscharakter = Klopffestigkeit/Zündwilligkeit seines technologischen Charakters zu entkleiden und für die hier vorliegenden Erscheinungen wissenschaftliche Begriffe und Meßwerte einzuführen [5]).

Die Brenngeschwindigkeit ist, wie erwähnt, abhängig von Druck, Temperatur, Mischungsverhältnis, alles natürlich unter der Voraussetzung einer ausreichenden **Mischungsgüte**, kurzer Wege zwischen Kraftstoff- und Sauerstoffmolekülen. Für solche Homogenität haben bei Ottokraftstoffen der Vergaser, bei Kraftstoffgasbetrieb die Mischdüsen und bei Dieselverbrennung die -Zerstäubungsdüsen zu sorgen, stets unterstützt von Wärmestrahlung, Wärmeleitung und Luftbewegung (Wirbelerzeugung) im Brennraum.

---

1) Cetenzahlen sind veraltet, Umrechnungsformel:

$$\mathrm{CaZ} = 0{,}862\ \mathrm{CeZ}.$$

2) Das stimmt nicht genau, zumal Oktanzahlen durch verschiedene Arbeitsbedingungen (alte Research-OZ, neue Reseacch-OZ, Motor-OZ, Misch-OZ, Straßenklopffestigkeit usw.) sehr verfeinert worden sind.

3) In der Nähe von: Methanol OZ 140 (CaZ ∼ — 10).

4) In der Nähe von Divinyläther: CaZ 160! (= OZ ∼ — 200).

5) Das kann gerade deshalb interessant und praktisch folgenreich werden, weil die stereometrischen und sozusagen akustischen Beeinflussungen der motorischen Verbrennung (Hesselman, Texaco), aber auch Brennraumformen und — bei Dieselmotoren Luftspeicher, Vorkammern usw. — zunehmend an Bedeutung gewinnen und hierbei Klärung der Grundbegriffe auf rein stofflicher Ebene förderlich sein wird. — Die Kraftstoff-Klopffestigkeit möchte hiernach als durch die Konzentration des labilen Bestandteils im verdichteten Grenzgemisch (mit Temperatur-Korrektur) bestimmbar erscheinen.

Bei der „Vergasung“ hat sich, abgesehen von den Maßnahmen zur Herstellung verhältnismäßig fetter Gemische für das Starten und raffinierten Einrichtungen für die richtige Dosierung von Kraftstoff und Luft, vor allem das Prinzip der Herstellung kurzlebigen „Schaums“ aus

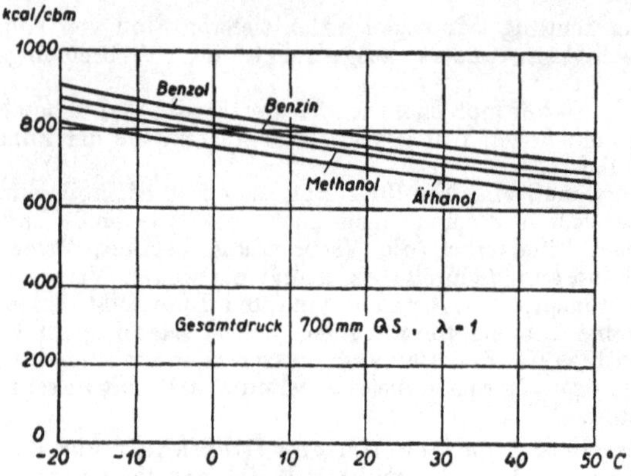

Bild 6. Gemisch-Heizwerte und Vorwärmung

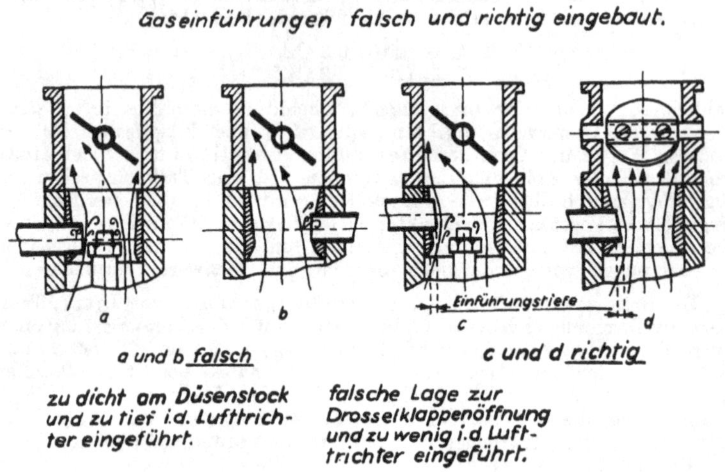

Bild 7. Mischung von Gas und Luft

Luft und Kraftstoff durch sog. Bremsluftdüsen bewährt, welches zu besonders feiner Vernebelung[1]) des flüssigen Kraftstoffs in der angesaugten Luft führt. Bei verhältnismäßig wenig flüchtigen Kraftstoffen hat sich außerdem das Prinzip des „Register-Vergasers“ und mehrfacher enger Saugleitungen als nützlich erwiesen, welche je nach Drosselöffnung alternativ und kumulativ eingeschaltet werden. Vorwärmung von Kraftstoff oder Luft zwecks besserer Verdampfung schädigt das Füllungsgewicht und

[1]) Zerplatzende Blasen verschießen Tröpfchen (an allen moussierenden Getränken zu beobachten).

damit die Leistung (vgl. Abb. 6). „Wandkondensate“ in der Saugleitung kann man durch „Abreißkanten“ und ähnliche Maßnahmen verringern.

Beim Gasbetrieb ist es so, daß bei genügend Zeit Luft und Brenngas sich vermöge der Diffusion von selbst miteinander homogen vermischen würden. Da aber beim Motorbetrieb die Mischung sehr rasch erfolgen muß, können tatsächlich „Gasfäden“ sehr leicht entstehen; man muß deshalb (vgl. Abb. 7) sehr sorgfältig die richtige Ausbildung der Mischdüsen beachten. Bei der Gemischbildung im Diesel handelt es sich darum, daß in sehr kurzer Zeit der aus der Düse austretende Flüssigkeitsnebel möglichst vollständig und gleichmäßig die ganze Luftladung durchschlagen und erreichen soll, eine Aufgabe, welche durch Beeinflussung der Luftbewegung im Brennraum erleichtert werden kann.

N. A. Otto hatte Vorstellungen über die Schichtung verschieden zusammengesetzter Ladungsanteile im Motor, die ihm später patentrechtlich tragische Schwierigkeiten machten. Seine Denkrichtung war aber vollkommen zutreffend. Pneumatik und Akustik spielen bei Gemischbildung und Verbrennung heutiger Kolbenmotoren eine ausschlaggebende Rolle.

Die Zündbereiche werden besonders stark durch Druck und Temperatur beeinflußt, so daß man sagen kann, durch Quetschen werde eine Flamme wild. Dies traf beim alten amerikanischen Feuertopfmotor zu, einem sehr einfachen Zweitaktmotor, bei welchem in einer Art Glühtopf ein größerer Vorrat von Rohöl schwelend brannte. Sobald der Kolben eine frische Ladung Luft in den Feuertopf einpreßte, wurde die Flamme wild und warf den Kolben arbeitsleistend zurück. Entsprechend beobachtet man auch bei neuzeitlichen Glühkopfmotoren[2]), daß sich im Glühkopf Kraftstoffvorrat für mehr als einen einzigen Arbeitshub findet, nach Abstellen der Einspritzpumpe mithin noch einige Arbeitshube ohne jede Einspritzung erfolgen. Dies führt zu der Auffassung, daß auch bei unseren neuzeitlichen schnelllaufenden Otto-Zweitaktmotoren mindestens das sog. „Dieseln“ durch Funktionieren einer sozusagen fortwährenden, jeweils „gequetschten“ Flamme erfolgt. Im gemischverdichtenden selbstzündenden kleinen „Lohmann“-Fahrrad-Hilfsmotor, der Verwirklichung von Gottlieb Daimlers Glühröhrchen-Patent, ist diese Auffassung vielleicht bis auf die Spitze getrieben.

Wenn ein Kraftstoff mit Luft ordnungsgemäß verbrennt, dann entstehen aus ihm nur Kohlensäure und Wasserdampf. Im Kraftstrom schon vorhandener Sauerstoff bedingt eine Verringerung des Sauerstoffbedarfes. Folgende Formeln auf Seite 134 stellen den theoretischen Verbrennungsvorgang (ohne Luftmangel oder -überschuß) dar:

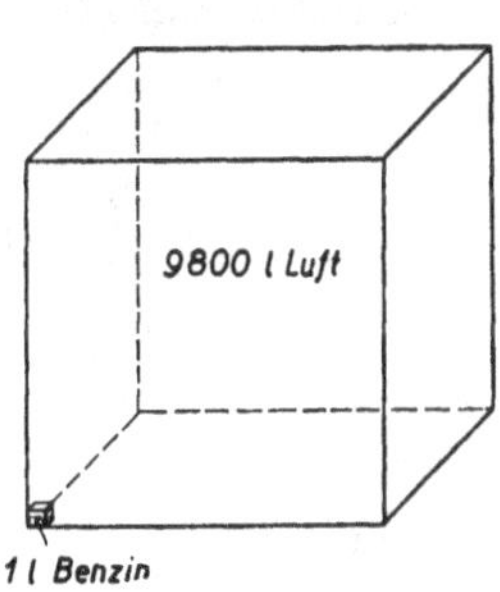

Bild 8a. Veranschaulichung des theoretischen Luftbedarfs zur Verbrennung von Kraftstoff

[2]) Erster Art, mit Voreinspritzung und Kraftstoffverdampfung (alter, nicht neuer Lanz-Bulldog).

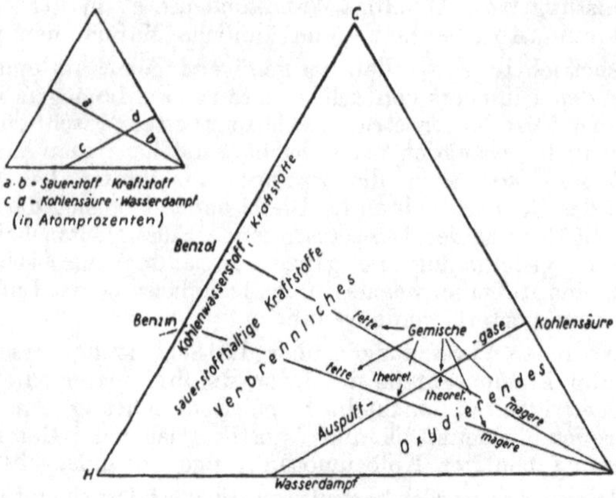

Bild 8b. Verbrennung von Benzin und Benzol in theoretischem Mischungsverhältnis im CHO-Dreieck

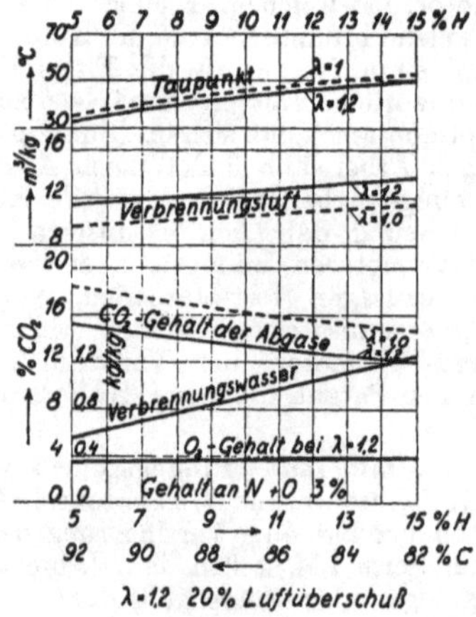

Bild 9. Auspuffanalytische Übersicht

$$C_xH_yO_z + \left(x + \frac{y}{4} - \frac{z}{2}\right) O_2 + \left(x + \frac{y}{4} - \frac{z}{2}\right) \frac{15^{2)}}{4} N_2$$
$$= x\, CO_2 + \frac{y}{2} H_2O + \left(x + \frac{y}{4} - \frac{z}{3}\right) \cdot \frac{15^{3)}}{4} N_2{}^{2)}\,.$$

²) $^{15}/_{4}$ nur für Volumenprozente, bei Gewichtsprozenten $^{53}/_{10}$.

³) Zur Berechnung für Abgasdreiecke und -nomogramme formt man die rechte Seite für mehr oder weniger unvollständige Verbrennung um, z. B. wie folgt:

$$= x\, CO + \frac{x}{2} O_2 + \left(\frac{y}{2} H_2O\right) + \left(x + \frac{y}{4} - \frac{z}{2}\right) \frac{15}{4} N_2$$

$$\left(\text{für den Punkt } CO_2 = 0;\ O = \frac{1}{2} CO_{2max} : V_{ges}\right)$$

oder

$$= \frac{x}{2} CO_2 + \frac{x}{2} CO + \frac{x}{4} O_2 + \text{usw.}$$

$$\left(\text{für den Punkt: } CO_2 = \frac{\frac{1}{2} CO_{2max}}{V_{ges}}\ ;\ O = \frac{\frac{1}{4} CO_{2max}}{V_{ges}}\right)$$

(Vgl. auch: Wa. Ostwald, Graphische Feuerungstechnik, Leipzig, Spamer.)

Der Luftbedarf ohne Überschuß oder Mangel beträgt ungefähr für

Kraftstoff	cbm/kg	kg/kg
Benzin und Dieselkraftstoff	11,5	14,8
Benzol	10,2	13,2
Kraftsprit	7,0	9,0

So kann man u. a. den Luftbedarf errechnen, der zur vollständigen Verbrennung eines Kraftstoffes mindestens erforderlich ist.

Nur bei Luftüberschuß kann die Verbrennung vollständig sein (und z. B. Schmieröl im Verbrennungsraum verbrennen). Sie kann aber auch bei Luftüberschuß unvollständig sein, indem fette und magere Oasen abwechseln oder die Verbrennung nicht ganz zu Ende geht[1]. Tatsächlich wird die Verbrennung auch bei Luftüberschuß oft unvollständig gefunden. Bei Luftmangel muß die Verbrennung natürlich unvollständig sein.

Unvollständige Verbrennung kann „auswählend" (selektiv) unvollständig sein, d. h. die Gesamtmenge des Kraftstoffs brennt an, aber z. T. nicht zu Ende, — oder „kollektiv" unvollständig sein, d. h. der Kraftstoff verbrennt z. T. ganz, zum anderen gar nicht. Im Ottomotor überwiegt die selektiv unvollständige Verbrennung — im Diesel die kollektive[2]. Im Diesel tritt leicht, im Otto gelegentlich unvollständige Verbrennung bei Luftüberschuß ein.

In chemischer Hinsicht führt im Ottomotor unvollständige Verbrennung — gleichgültig welcher Ursache — zunächst dazu, daß zwar der Wasserstoff vollkommen verbrennt, ein Teil des Kohlenstoffs aber statt zu Kohlensäure zu dem farblosen, giftigen Gas Kohlenoxyd verbrennt:

$$2\,C + O_2 = 2\,CO.$$

Erst bei sehr schlechter Verbrennung treten außerdem noch Wasserstoff, Methan, Ruß, ja unverbrannter Kraftstoff selbst in den Auspuffgasen auf. Für die Vergasereinstellung von Ottomotoren handelt es sich um die Beantwortung der folgenden zwei Fragen:

1. Ist die Vergasereinstellung richtig (d. h. liegt Luftüberschuß und in richtiger Menge vor)?
2. Ist etwa trotz richtiger Vergasereinstellung die Verbrennung unvollständig (z. B. durch falschen Zündzeitpunkt, Überkühlung, od. dgl.)?

Man kann nun einfach die Abgase auf Gehalt an brennbaren Bestandteilen untersuchen, wie dies z. B. zur Dauerüberwachung mit Glühdrahtinstrumenten geschieht. Hierbei erfährt man aber nur, daß bzw. wie sehr die Verbrennung schlecht ist. Das merkt man aber schon an der schlechten Motorleistung und dem großen Verbrauch. Auf die Frage, inwieweit der Vergaser richtig eingestellt ist oder andere Ursachen vorliegen, kann das Glühdrahtinstrument keine Antwort geben. Auf dem Vergleich der Wärmeleitfähigkeit von Auspuffgas mit Luft in einem tragbaren Gerät beruht der „Abgas-Analyser" von Hartmann und Braun, Frankfurt a. M., welcher für Ottomotoren sich gut bewähren, auch Analysen während der Fahrt gestatten soll und Kraftstoffüberschuß bzw. -mangel unmittelbar ablesen läßt.

Beide Fragen lassen sich leicht und mit ausreichender Genauigkeit durch das sehr einfache Verfahren der „Auspuffanalyse" beantworten.

[1]) Die motorische Verbrennung führt oft nicht „zu Ende", d. h. zu chemischen Gleichgewichten.

[2]) Während des Ablaufs der Dieselverbrennung verkleinert sich zunehmend das Verhältnis H : C des unverbrannten Restes, was das Entstehen von Ruß bzw. Ölkohle bei unvollständiger Verbrennung erklärt. (Vgl. auch die Überlegungen von Aufhäuser, Brennstoff und Verbrennung, 1928.) Otto-Verbrennung bringt bei unvollständiger Verbrennung vornehmlich Kohlenoxyd — Diesel: Ruß und Glühkopf: Qualm.

Man geht dabei davon aus, daß jeder Kraftstoff bei vollständiger Verbrennung mit der berechneten Luftmenge ein Auspuffgas von ganz bestimmtem Kohlesäuregehalt liefert. Diese Zahl nennt man „Maximalkohlensäure", weil auf keine Weise mit dem Kraftstoff ein kohlensäurereicheres Abgas erzielt werden kann. Stellt man fetter ein, entsteht Kohlenoxyd und der Kohlensäuregehalt sinkt. Stellt man magerer ein, tritt Sauerstoffüberschuß auf und die Kohlensäure sinkt. Nachstehend Beispiele für die Maximalkohlensäure:

Kraftstoff	H/C Verhältnis	Maximal-kohlensäure
Benzin	2,15	14,7
Motorenbenzol . .	1,50	16,2
Sprit	2,0	15,1

Man kann die Maximalkohlensäure leicht aus der prozentischen oder chemischen Zusammensetzung eines Kraftstoffs nach der folgenden Formel ausrechnen. Beim Sprit usw. ist der dem im Kraftstoff vorhandene Sauerstoff entsprechende Wasserstoff abzuziehen (d. h. nur der „disponible" Wasserstoff zu berücksichtigen)[1]).

$$CO_2max = \frac{21}{100 + 19{,}7\ H/C} = \frac{21}{-100 + 235\%\ H/\%C}\,.$$

Wenn man die Maximalkohlensäure des Versuchskraftstoffs kennt, ist die Auspuffanalyse leicht gemacht: Sobald man sie im Abgas erreicht, liegen genau theoretisches (also reiches) Gemisch und genau vollständige Verbrennung vor. Man kann also sogar noch etwas magerer einstellen. Findet man dann fast die Maximalkohlensäure und dazu etwas freien Sauerstoff, aber kein Kohlenoxyd, dann stimmt Vergasereinstellung und Verbrennungsgüte. (Auch der Taupunkt der Abgase [Wassergehalt der Luft berücksichtigen!] ist zur Vergaserkontrolle brauchbar — übrigens wegen „Ricardo-Korrosion" auch sonst sehr wichtig.) Offenbar muß es genügen, nur Sauerstoff und Kohlensäure zu bestimmen und das Kohlenoxyd daraus zu berechnen. Das bedeutet praktisch eine große Vereinfachung, da Kohlenoxyd schwierig genau zu bestimmen ist, während die genaue Bestimmung von Kohlensäure und Sauerstoff gar keine Schwierigkeiten macht. Die Rechnung ist jedoch umständlich und wird darum durch Fluchtlinientafeln (Nomogramme) oder auch durch „Abgasdreiecke" mit Punktkoordinaten ersetzt. Man wählt das für den betreffenden Kraftstoff geltende Nomogramm und verbindet die in der Kohlensäure- und Sauerstoffleiter aufgesuchten Punkte der Gasanalyse mit einem Lineal. Wo das Lineal die beiden anderen Leitern schneidet, liest man direkt Luftüberschuß (oder -mangel) in Prozenten und den Kohlenoxydgehalt ebenfalls in Prozenten ab. Hiernach kann man zuverlässig seine Schlüsse ziehen und die Bestimmungen und Nachregelungen für die wichtigsten Drehzahlen und Belastungen so lange wiederholen, bis die Vergasereinstellung und sonstige Einregelung des Motors allen Wünschen gerecht wird. Das Verfahren ist sehr einfach, rasch und vollkommen zielsicher. Näheres darüber findet man in der Literatur.

Die Auspuffanalyse einzelner Zylinder gestattet die — wichtige — Kontrolle ihrer gleichmäßigen Versorgung mit Kraftstoff und Luft (Saugleitung!).

Interessant ist, daß die Auspuffanalyse bei Dieselmotoren bei Vollast selten über 10% CO_2, also sehr unvollständige Luftausnützung, ergibt. (Bei geringer Belastung zeigt der Diesel naturgemäß im Gegensatz zum Vergasermotor besonders große Luftüberschüsse.)

[1]) Das H/C-Verhältnis der Kraftstoffe kann man übrigens nach Wa. Ostwald-Dr. R. Weller ebenfalls abgasanalytisch gelegentlich der Heizwertbestimmung im Junkersschen Kolorimeter bestimmen. Man bestimmt wieder gasanalytisch Kohlensäure und Sauerstoff und entnimmt einem Nomogramm das H/C-Verhältnis. Will man das Verhältnis % H/% C haben, muß man die gefundene Zahl durch 12 teilen.

Mit den gegebenen Formeln kann man auch das Volumen und Gewicht der Auspuffgase errechnen.

Bei der Berechnung des Rauminhaltes von Kraftstoffluftgemischen ist zu bedenken, wie vollständig der betreffende Kraftstoff verdampft ist. Liegt gar keine Verdampfung zunächst vor, wie bei Dieselmotoren und anderen Einspritzmotoren, kann man das Kraftstoffvolumen vernachlässigen. Im anderen Fall hängt die Volumen- bzw. Druckvergrößerung vom Molekulargewicht des Kraftstoffes ab.

Betrachtet man Heizwerte von „trockenen" Kraftstoffluftgemischen unter der Annahme theoretischen Mischungsverhältnisses und eines Ladedrucks von 700 mm Quecksilber, wie dies durchschnittlichen Verhältnissen von Ottomotoren entspricht, dann erkennt man die Tatsache, daß die Heizwerte der Kraftstoff-Luft-Gemische für Kohlenwasserstoffe und Alkohole nicht stark voneinander abweichen, weil bei den heizwertarmen Kraftstoffen entsprechend größere Kraftstoffmengen zur vollen Ladeluftausnutzung nötig sind. Weiter zeigt sich deutlich die Wirkung der Vorwärmung (Volumvergrößerung um $^1/_{273}$ je Grad Celsius) in Richtung Heizwertverringerung, so daß bei starker Vorwärmung wohl gute Wirtschaftlichkeit, nicht aber hohe Leistung eines Motors zu erzielen ist. Die Vorwärmung ähnelt insofern also der Wirkung niedrigen Luftdrucks[1]), während durch Kraftstoffeinspritzung und Aufladung die umgekehrten Verhältnisse gegeben sind.

Man kann auf verschiedene Weise die Ladung aufwerten und dadurch die Leistung von Motoren erhöhen. Wesentlich ist dazu in erster Linie eine quantitativ und qualitativ gute Füllung. Die qualitative Güte hat gute Ausspülung der Verbrennungsgase des vorherigen Arbeitstaktes zur Voraussetzung — eine bei Zweitaktmotoren, gar solchen mit Vergasern, bekanntlich besonders schwierige Sache. Umgekehrt sind aber, wie man seit Ricardo weiß, Abgase ausgezeichnete Klopfbremsen[2]), so daß manchmal absichtlich die Spülung nicht so weit getrieben wird, wie man dies an sich könnte.

Zur quantitativen Aufwertung der Füllung dient außer passender Bemessung, Anordnung und Zeitung der Ansaugventile bei Viertaktern und äquivalenter Maßnahmen bei schlitzgesteuerten Maschinen neuerdings besonders auch die Akustik sowohl des Brennraumes, wie der Saugleitung, wie besonders des Auspuffsystems, wie endlich des Abstimmens aller drei Systeme aufeinander. Erwähnt sei in diesem Zusammenhang das Verfahren von Kadenacy und die neuerliche erfolgreiche Arbeit von Dr. Martin bzw. der Firma Eberspächer. Bei Zweitaktmotoren sind so Leistungserhöhungen um 10% und mehr erreicht worden.

Weiter kann man ein größeres Füllungsgewicht durch Aufladung, Druckerhöhung mit oder ohne gleichzeitige Vergrößerung des Brennraumes erreichen. Mechanisch angetriebene zwangläufige Verdichter nach Roots und Zoller sind üblich für Ottomotoren von Rennfahrzeugen — vom Energiegehalt der Auspuffgase angetrieben Turbolader nach Büchi sind üblich für Dieselmotoren von Lastkraftwagen, Motorbooten usw. Wesentlich ist natürlich die Kühlung, Beseitigung der Verdichtungswärme, so daß man für Rennfahrzeuge zur Erleichterung der Kühlung häufig in zwei Stufen verdichtet.

Daß in der Wirkung ähnliche Erfolge durch Rennkraftstoffe mit großer Verdampfungswärme erzielt werden können, wird S. 162ff. behandelt. Weniger bekannt ist die Leistungserhöhung durch Verringerung des Gehaltes der Ladung an inerten Gasen, also durch teilweisen Ersatz der Luft durch Sauerstoff oder bei Kreislaufmotoren durch höheren Sauerstoffzusatz zum umlaufenden Inertgas.

---

[1]) Z. B. „Nachlassen" des Motors im Hochgebirge.

[2]) So daß man sogar Geräte zum Zusatz gekühlten Abgases zum frischen Gemisch entwickelt hat.

4. Arbeitsverfahren an Kraftstoffen

Die nachstehende — keineswegs ganz vollständige — Liste von Arbeitsverfahren an Kraftstoffen, welche durch das ganze Alphabet führt, gibt eine Vorstellung von der Verzwicktheit der heutigen Kraftstoffindustrie, besonders der Erdölindustrie. Diese erzeugt außer Kraft- und Heizstoffen ja auch noch eine Menge anderer Produkte[1]); aber auch ihre Erzeugung von Vergaser- und Dieselkraftstoff und Schmiermitteln ist kompliziert und für den Außenstehenden ganz unübersichtlich.

a) Vergären

Das Vergären kommt praktisch nur dort in Betracht, wo die Landwirtschaft an der entstehenden Schlempe als Viehfutter interessiert ist — wo pflanzliche Abfälle oder Abwässer beseitigt werden müssen — oder wo, wie in manchen tropischen Ländern, die Herstellung von Alkohol gegenüber dem Antransport von Benzin und Dieselkraftstoff wirtschaftlich vorteilhaft ist. Alle Gärvorgänge müssen in sehr verdünnter Lösung erfolgen. Wesentlich ist auch die genaue Einhaltung der sog. Wasserstoffionenkonzentration P_H, d. h. chemischen Neutralität des Bades gegen Säure und Basen. Je nach der Art und Reinheit der eingesetzten Hefestämme, der Temperatur, der Lüftung und sonstiger Betriebsführung kann man besonders viel Alkohol, besonders viel Hefe (Nährhefe!) oder auch ganz andere Stoffe erhalten (Fetthefe!).

Städtische Abwässer werden bekanntlich auf Klärgas vergoren, welches leichter als Alkohol aus der Maische abzuscheiden und nach Beseitigung von Kohlensäure und Schwefelwasserstoff ein brauchbarer Motorkraftstoff (wesentlich Methan) ist. Die Notwendigkeit und Möglichkeit, auf diese Weise städtische Abwässer hygienisch zu reinigen, läßt die Angelegenheit als wirtschaftlich erscheinen, obwohl die Betriebsführung nicht eben billig und der verlorene Energieaufwand für das Hochverdichten des gereinigten Klärgases auf 350 atü in den Vorratsbehältern zwecks Abfüllung von Gebrauchsflaschen mit 200 atü nicht eben billig ist. — Die Vergärung von Hausabfall und Stallmist zur Gewinnung unabhängigen Brenngases auf abgelegenen Höfen will noch nicht recht überzeugen.

b) Trocknen

Wenn ein Kraftstoffrohstoff, wie regelmäßig Torf und oft Braunkohle, mehr Wasser enthält, als sein eigener Heizwert zu verdampfen vermöchte, dann wird die Trocknungsaufgabe besonders schwierig. Grubenfrische Steinkohle enthält dagegen nur wenig Wasser. Erdöl wird oft zusammen mit viel Wasser, meist Salzwasser, gewonnen, das sich aber in der Hauptmenge durch die Schwere bei der Ruhe in Bunkern — besonders in Wärme — von selbst abscheidet. Um schwere Erdölrückstände — „C-Heizöl" — allerdings für die empfindlichen Pumpen und Düsen von Dieselmotoren brauchbar zu machen, was neuerdings in der Schiffahrt mit großem wirtschaftlichen Vorteil gelungen ist, muß man schon Wärme, Zentrifugen, ja bei manchen Ölen sogar emulsionszerstörende chemische Zusatzmittel anwenden[2]).

Auch Benzin und Benzol, welche an sich als wasserunempfindlich erscheinen mögen, lösen dessen ungeachtet merkliche Mengen an Wasser — bei höherer Temperatur mehr als bei niedriger —, Benzol mehr als Benzin. So kommt es zu Wasserabscheidungen in Kesselwagen und Tanks. Besonders kommt es auch bei der Herstellung von Benzin-Benzol-Gemischen zu Wasserabscheidung, weil das Gemisch geringeres Lösungsvermögen hat, als den beiden Bestandteilen und ihren Mengen rechnerisch entspricht[3]).

---

[1]) Z. B. Flit-Insektentod, Esso-Viehschutz, Lösungsmittel, Plättwachs, Kunstfasern usw.

[2]) Immer wieder werden sowohl für Otto- wie für Dieselmotoren wasserhaltige Kraftstoffemulsionen „erfunden", welche sich bis heute aber noch nicht bewährt haben.

[3]) Vgl. S. 141, 180 und 221.

Trocknen kann man besonders durch Abkühlen und Filtrieren — gegebenenfalls auch durch Anwendung wasserbindender Stoffe, wie gebranntem Kalk, passend gekochtem Gips, entwässertem Kupfervitriol, Chlorkalzium usw.

c) Adsorbieren

Unter Adsorbieren versteht man die merkwürdige Eigenschaft aller Oberflächen, auf sich Gase in einer erstaunlich festsitzenden Schicht zu verdichten und sie festzuhalten. Poröse Stoffe mit besonders stark entwickelter und dazu noch besonders aktivierter Oberfläche, wie Aktivkohle oder Silikagel[1]), vermögen sehr erhebliche Mengen von Gasen oder Dämpfen fliegenfängergleich festzuhalten oder, wenn sie darauf abgestimmt sind, aus Gasen bestimmte Dämpfe zielsicher herauszufischen. So wendet man z. B. im „Benzorbon"-Verfahren eine Aktivkohle dazu an, aus dem Koksofengas die Benzoldämpfe herauszufischen. Wenn die Aktivkohlefüllung eines solchen Adsorptionsturmes mit Benzol gesättigt ist, wird durch heißen Wasserdampf das Benzol aus der Kohle herausgetrieben, wodurch diese zu neuem Einsatz befähigt ist. Ähnliche Verfahren auch mit Silikagel werden vielfach in der Kraftstoffindustrie angewendet. Durch Anwendung niedriger Temperaturen und höherer Drucke kann man natürlich die „Klebkraft" der oberflächenentwickelten Adsorptionsmittel sehr verstärken.

Adsorptionsverfahren in flüssiger Phase dienen oft dazu, irgendwelche Kraftstoffe von höher molekularen Stoffen, insbesondere Harzen, Harzbildnern, Farbstoffen, Geruchstoffen zu befreien — also durch Adsorption zu „raffinieren". Außer Aktivkohle (früher Tierkohle) und Silikagel wird für solche Zwecke besonders auch gebrannte Kieselgur (Fullererde), ein Pulver aus den Kieselsäurepanzern kleinster Lebewesen, benutzt.

d) Absorbieren

Während beim Adsorbieren ein festes Adsorptionsmittel vorliegt und der adsorbierte Stoff gleichsam nur auf der Großoberfläche festgeklebt wird, erfolgt beim Absorbieren oder Auswaschen eine unmittelbare Auflösung des hereingewonnenen Stoffes in dem flüssigen Absorptionsmittel. Beispielsweise wäscht man Koksofengase mit Teeröl oder mit Tetralin oder anderen guten Lösungsmitteln für Benzol im Gegenstrom und erreicht dadurch, daß die Benzoldämpfe im Waschmittel sich lösen. Aus diesen wird das Benzol nach Sättigung des Waschmittels mit Benzol durch Wasserdampf abgetrieben, während das Waschmittel regeneriert zu den Waschtürmen zurückkehrt.

Solches Absorbieren wird auch sonst in der Kraftstofftechnik vielfältig angewendet — oft bei ganz bestimmt ausgewählten Drucken, Temperaturen und Waschmitteln, um aus irgendeinem technischen Gasgemisch einen bestimmten Bestandteil zu entfernen —, sei es, daß man ihn haben will, sei es, daß seine Anwesenheit stört.

So wäscht man aus rohem Klärgas oder aus Generatorgas als unerwünscht Kohlensäure und Schwefelwasserstoff mit Wasser unter Überdruck aus, während man umgekehrt aus kohlenoxydhaltigen Gasen das Kohlenoxyd mit Kupfersalzlösungen herauslöst und so in reiner Form herausgewinnt. Ähnlich werden in der Kraftstoffindustrie, z. B. aus Spaltgasen, durch Lösungsmittel oder auch durch verflüssigte Gase unter Druck bestimmte Anteile herausgewaschen und entweder entfernt oder gewonnen.

e) Extrahieren und selektives Lösen

Man kann es schon Extrahieren nennen, wenn Erdöl aus dem Ölsand durch den Druck der in ihm gelösten Kohlenwasserstoffgase austritt oder durch Wasser eingepumpte Fremdgase usw. ausgetrieben wird. Aus Asphaltsand kann man etwa mit Dampf oder überhitztem Wasser unter Druck Bitumen „extrahieren" — natürlich auch durch Anwendung wirklicher

[1]) 1 g Aktivkohle hat eine Oberfläche von 460 qcm (Silikagel so ähnlich).

Lösungsmittel, wie Benzol oder Trichloräthylen. Überhaupt kann man beim Extrahieren das Treiben ohne gegenseitiges Lösen und das ein- oder mehrfache gegenseitige Lösen einigermaßen unterscheiden. Sauber ist die Unterscheidung allerdings nicht, wie z. B. das Extrahieren in den pharmazeutischen Laboratorien lehrt, welches oft vornehmlich auf der Oberflächenwirkung kondensierenden Wasserdampfes beruht. Die Lösungsverfahren sind besonders durch ihre Anwendung in der Schmierölfabrikation bekannt geworden, wo beim „Duosol"-Verfahren gleichzeitig zwei verschiedene Lösungsmittel ihre Kräfte an dem in Schmierstoffe und Asphalt zu zerlegenden Rohstoffen betätigen, von denen das eine schmierstofffreundlich, das andere asphaltfreundlich ist. Als Extraktion kann man auch die Behandlung von Braunkohlenteer mit Azeton, mit 95%igem Primasprit (Spritwäsche von Riebeck), mit Methanol und Benzin nach dem Lurgi-Verfahren zur Abtrennung von Kreosot und Harz — sowie das mit verflüssigter Schwefligsäure arbeitende Edeleanu-Verfahren zur Abtrennung aromatischer und asphaltischer Kohlenwasserstoffe aus Erdölen, bei der Aufarbeitung von Teerfraktionen mit folgender Dichloräthanwäsche ansehen (vgl. auch II w, Raffinieren). „Extrakte" nennt man auch die festen aschefreien Stoffe, welche nach dem Verfahren von Pott und Broche aus Stein- und Braunkohle gewonnen werden (vgl. Abschnitt n, Hydrieren). Ähnlich wirken auch solche extrahierenden Lösungsmittel, welche azeotropische Erscheinungen[1]) benutzen.

f) Mischen[2])

Daß beim Mischen der Zeitfaktor dasjenige ist, was Aufwand kostet, wird selten bewußt. Tatsächlich ist es ja aber doch so, daß vermöge der Molekularbewegung, der sog. Diffusion, alle gasförmigen Stoffe und auch alle Flüssigkeiten, ja sogar genügend dicht aneinander gebrachte feste Stoffe sich miteinander vermischen. Aber die Diffusionsgeschwindigkeiten sind so gering, daß sie in der Regel praktisch versagen. Wer etwa zuerst Benzol und dann Benzin tankt, wird sich wundern, daß trotz der Erschütterungen der Fahrt genügende Mischung nicht eintritt und zuerst das klopffeste Benzol verfahren wird, worauf das nichtklopffeste Benzin an die Reihe kommt[3]).

Umgekehrt ist es aber ein seeschlangengleich schier unausrottbarer Aberglaube, daß einmal befriedigend erfolgte Gemische von Kohlenwasserstoffen, also z. B. Benzin-Benzol-Gemisch, von allein sich wieder trennen könnten. Das ist ganz ausgeschlossen.

Derartige Entmischungen können nur bei sehr hohen Kältegraden durch Ausfrieren eines Bestandteiles in fester Form, bei weniger hohen Kältegraden bei alkoholhaltigen Gemischen als Trennung in zwei flüssige Schichten und bei alkoholhaltigen Gemischen vor allem durch Wasseraufnahme und Kälte ebenso erfolgen.

Eine auch bei Kohlenwasserstoffkraftstoffen, also Benzin und Benzol, vorkommende „Entmischung" gibt es allerdings, über welche häufig nicht genügend Klarheit besteht — die Abscheidung von Gasen (gelöster Luft, Methan, auch Propan) bei Erwärmen oder Vakuumbehandlung von Kraftstoffen (Luftblasenstörung im Fahrzeug, verwunderliche Blasenbildung bei Flügelpumpenzapfstellen).

Einmal aus Benzin oder anderen Kohlenwasserstoffkraftstoffen abgeschiedene Gase lösen sich freiwillig praktisch überhaupt nicht wieder. Sie bleiben bestehen, bis man sie beseitigt. Die Ursache dafür ist allerdings nur äußerlich; die geringen Oberflächen der Gasblasen würden ein Wiederauflösen der Gase im Kraftstoff nur mit sehr hohem Zeitaufwand gestatten.

Gase mischen sich untereinander schwer. Deshalb müssen die Gas-Luft-Mischvorrichtungen beim Betrieb mit Sauggas, Methan oder

[1]) Siedepunktserniedrigungen bestimmter Mischungen (vgl. S. 165).
[2]) vgl. auch S. 220.
[3]) Entsprechendes gilt verstärkt für die Ölbeimischung zum Kraftstoff der Zweitakter (vgl. „selbstmischende" Zweitakter-Schmieröle).

Treibgas sorgfältig die vorliegenden Erfahrungen berücksichtigen, damit sich nicht störende und den Verbrauch erhöhende Gas- und Luftfäden und Schlieren im Gasstrom bilden.

Daß in der Großtechnik die Schwierigkeiten beim Mischen von Gasen sachgemäß berücksichtigt werden, versteht sich von selbst. Die Aufgabe besteht darin, das „laminare", d. h. schichtenweise Fließen der Gase zu verhindern und durch passend bemessene Geschwindigkeiten, Einbauten, Mischdüsen für „turbulente", wirbelhafte Bewegung zu sorgen, welche selbsttätig die Mischwege verkürzt und dadurch die Mischung bewirkt.

Genau das gleiche gilt für das Mischen von Flüssigkeiten. Benzin und Benzol z. B. sind in allen Verhältnissen miteinander mischbar und ineinander löslich. Sie haben nur etwas verschiedene Wichten von 0,86 kg/l (Benzol) und meist etwa 0,74 kg/l (Benzin). Allein dieser Unterschied der Wichten bewirkt, daß Benzin über einer Benzolschicht tage-, ja wochen- und monatelang unvermischt in Großbehältern lagern kann, und die zwischen den Benzol unten und dem Benzin oben befindliche Mischungsschicht nur sehr langsam an Dicke gewinnt. Zur Mischung von Flüssigkeiten in vernünftiger Zeit sind mithin auch ganz besondere Einrichtungen erforderlich, welche für Untereinanderbringen der zu mischenden Bestandteile, für kurze Mischungswege und turbulente Bewegung sorgen (Umpumpen, Mischdüsen, Rührer usw.).

Beim Mischen kann man manche Überraschungen erleben. So wurde unter b) bereits erwähnt, daß beim Mischen von Benzin und Benzol gelöstes Wasser ausfallen kann. Manchmal gibt es — merkliche — Volumvergrößerungen (Abnahme der Wichte).

Benzin-Benzol[1]) Gew.-% Bo	Δ V in %
10	+ 0,17
40	0,43
50	0,55
60	0,55
90	0,21

Benzin-Alkohol[1]) Gew.-% Alkohol	Δ V in %
10	+ 0,08—0,32[2])
12	0,14—0,32
14	0,20—0,34
16	0,25—0,36

Mischt man z. B. Steinkohlenteeröl (welches im Dieselmotor wenig zündwillig ist) mit dem Kogasin-Dieselkraftstoff aus der Kraftstoffsynthese nach Fischer und Tropsch (vgl. v), welcher extrem zündwillig und sozusagen ein Überdieselkraftstoff ist, um auf diese Weise das Steinkohlenteeröl für gewöhnliche Dieselmotoren brauchbar zu machen, dann fällt das paraffinische Kogasin aus dem aromatischen Steinkohlenteeröl Asphalte aus, eine Erscheinung, welche dem unter e) erwähnten selektiven Löseverfahren ähnelt.

Ein heute wichtig gewordener Mischvorgang ist das Einmischen sehr kleiner Mengen von „TEL" (einem Konzentrat, welches die Klopfbremse Tetraäthylblei und Verflüchtigungsmittel für die Bleiasche enthält) in Benzin zum Zwecke der Hebung der Klopffestigkeit. Da Tetraäthylblei stark giftig ist, sind für diesen Mischvorgang ganz besondere Apparaturen vorhanden und besondere Vorsichtsmaßregeln zu befolgen. Eine Entmischung des einmal verbleiten Benzins ist trotz des starken Unterschiedes der spezifischen Gewichte (TEL-Gr-Fluid für Boden-Benzin ungefähr 1671 g/l, Benzin ungefähr 740 g/l) nicht möglich, wohl aber natürlich eine mehr oder weniger vollständige Ausfällung des Bleies, z. B. durch Schwefelverbindungen, durch starke Belichtung und andere Gegebenheiten.

---

[1]) Vgl. Hammerich, S. 487. (In Zerbe, Mineralöle.)

[2]) Schwerere Benzine (746 g/l) zeigen größere Volumzunahme als leichtere (713 g/l).

g) Toppen

Die meisten -- keineswegs übrigens alle — Erdöle enthalten von trockenem (Methan) und nassem (Flüssiggas) Erdgas bis zum Benzin eine lange, lange Reihe von Kohlenwasserstoffen. Wo es sich lohnt, wird zum bequemeren Hantieren das rohe Erdöl unmittelbar nach dem Lagern (zwecks Absetzen von Sand und Salzwasser) „getoppt". Unter „Toppen" versteht man die Erwärmung des Erdöls auf reichlich 200° C. Dabei gehen die Erdgase und das „straight distillate-Benzin", das fertig im Erdöl vorgebildete Benzin, ab. Dieses wird kondensiert und hat einen Siedebereich von etwa 35—220° C. Das nicht kondensierbare Erdgas wird (vgl. auch i) durch Druck, Kälte und Adsorptionsmittel von einem sehr flüchtigen „Gasbenzin" befreit, um dann als Industrie- und Stadtgas in die Fernleitungen oder als wertvoller chemischer Rohstoff in Kraftstoffwerke abzufließen (in USA).

h) Fraktioniert Destillieren

Unter fraktioniertem Destillieren versteht man die langsame Erhitzung eines teilweise oder ganz flüchtigen Stoffes. Offenbar verdampfen dabei zunächst die Stoffe mit dem niedrigsten Siedepunkt, dem höchsten Dampfdruck. Wenn man diese der Reihe nach unter Abkühlung auffängt und die zugeordneten Dampftemperaturen aufschreibt, erhält man eine Siedekurve und im übrigen die einzelnen Bestandteile des destillierten Stoffes. In genormter Apparatur mit genormter Destillationsgeschwindigkeit hergestellte Siedekurven dienen zur Beurteilung und Kennzeichnung von Kraftstoffen[1]). Um die Trennung der einzelnen Bestandteile zu verbessern, leitet man die entstehenden Dämpfe durch Rücklaufkolonnen, mit vielen „Böden", welche sozusagen die fraktionierte Destillation vervielfachen. Zur Verfeinerung der Destillation werden auch Vakuum und das Durchleiten von Wasserdampf angewendet — insbesondere bei solchen Destillationen, wo eine Wärmezersetzung der höher siedenden Stoffe (ein Zercracken unter Bildung von Asphalt und Koks) zu befürchten steht und nicht erwünscht ist. Für die Schmieröldestillation wurde das Vakuum von dem Amerikaner Everett, dem Gründer der Vacuum Oil Co., eingeführt, wonach die Gesellschaft heute noch ihren Namen trägt.

Die fraktionierte Destillation dient — das Toppen ist ja auch schon eine fraktionierte Destillation — in der Erdölindustrie dazu, die Gesamtheit des Öls in weiter zu verarbeitende Stoffe zu zerlegen — also z. B. in Leichtbenzin, Schwerbenzin, Petroleum, Gasöl und Rückstand für die Heizöl- und Schmierölfabrikation — bei der Aufarbeitung von Steinkohlen- oder Braunkohlenteer ebenso dazu, eine ähnliche Zerlegung vorzunehmen und insbesondere auch Wasserreste zu entfernen, Asche, Asphalt und Pech in dem Rückstand zusammenzufassen.

Auch bei gewöhnlichen, tiefen und sogar sehr tiefen Temperaturen wird fraktioniert destilliert. Beispielsweise wird das Methan für Kraftstoffzwecke[1]) u. a. durch fraktionierte Destillation von Koksofengas gewonnen, welches durch tiefe Temperatur und Druck verflüssigt worden ist. Methan siedet bei —164° C Kälte!

Ein reiner Stoff hat einen Siedepunkt, weil der erste Tropfen dieselbe Zusammensetzung hat, wie der letzte. Wasser siedet z. B. bei 100° C von Anfang bis Ende. Die meisten flüssigen Kraftstoffe sind aber komplizierte Gemische und ergeben infolgedessen bei der fraktionierten Destillation Siedekurven. Die mittlere Höhenlage einer solchen Siedekurve, welche also grob gesprochen dem Siedepunkt entspricht, nennt man Kennziffer, die mittlere Steigung der Siedekurve, welche die Abweichung vom reinen Stoff mit seiner horizontalen Siedelinie bemißt, Fraktionierungsziffer. Näheres darüber S. 184ff.

[1]) Siehe Abschnitt V.

i) fraktioniert Kondensieren

Bei der fraktionierten Destillation ist fraktioniertes Kondensieren sozusagen eine Selbstverständlichkeit. Wenn man von „fraktioniertem Kondensieren" spricht, dann meint man aber damit meist ein Verfahren, bei welchem mehr oder weniger die Gesamtmenge des zu verarbeitenden Stoffes durch plötzliche und eben wegen der kurzen Zeitdauer schonende Erhitzung (z. B. im sog. Pipestill-Röhrenofen) verdampft oder teilweise auch nur vernebelt wurde, worauf durch fraktioniertes Kondensieren — zweckmäßig unter Zwischenschaltung von Rücklaufkolonnen — die Bestandteile einzeln abgefangen werden.

Auch das Herausgewinnen von Gasbenzin aus nassem Erdgas ist ja sozusagen eine fraktionierte Kondensation, soweit sie nicht allein durch Adsorptionsmittel erfolgt, sondern durch Kälte und Druck begünstigt wird.

Ebenfalls als fraktionierte Kondensation kann man die Entfernung von Kohlensäure aus irgendwelchen Gasen auffassen, falls sie durch Abkühlung — mit oder ohne Überdruck — erfolgt.

k) Schwelen

Unter Schwelen versteht man die Erhitzung fester Brennstoffe — Torf, Braunkohle, Steinkohle — auf Temperaturen bis etwa 500°, wobei zur Begünstigung des Schwelvorgangs Spülgas, Wasserdampf und Vakuum angewendet werden können. Die Produkte sind Schwelgas, Schwelteer und Schwelkoks. Schwelteere und Schwelgase dienen mehr oder weniger direkt, Schwelkokse nach Vergasung in der Kraftstoffindustrie als Rohstoffe. Dazu meist „Schwelwasser" mit Ammoniak, Essigsäure und Phenol bzw. Kresolen.

l) Verkoken

Unter Verkoken versteht man die Erhitzung fester Brennstoffe, insbesondere von Steinkohle in dichten Retorten auf Temperaturen von etwa 1200° C, wobei Spülgas und Wasserdampf selten benutzt werden und Absaugen auch nur mit sehr mäßigen Unterdrucken praktisch vorkommt. Die Steinkohlenverkokung ist eine sehr große Industrie. Die gemauerten großen hohen und schmalen Verkokungskammern bilden in den Kokereien der Steinkohlenreviere Koksofenbatterien. Auf den langsam, aber doch aussterbenden städtischen Gaswerken findet die Verkokung von Steinkohle meist noch in eisernen Retorten, stellenweise aber auch schon in gemauerten Kammern statt. Durch die hohe Temperatur, denen die abziehenden Dämpfe und Gase im weißglühenden Koks ausgesetzt werden, erhält das Koksofengas ähnlich dem Stadtgas seine kennzeichnende Zusammensetzung, in welcher neben unerwünschter Kohlensäure Methan, Wasserstoff und Kohlenoxyd die Hauptbestandteile bilden. Die flüchtigen Kohlenwasserstoffe und die Teerbestandteile sind durch die sehr hohe Temperatur mit aromatischem Charakter ausgestattet worden, während beim Schwelen ungesättigte Verbindungen vorherrschen. Die Kokerei bildet bekanntlich die Grundlage der Benzolgewinnung. Dazu: Ammoniakgewinnung.

Außer der üblichen Steinkohlenverkokung gibt es noch Verkokung von Braunkohle, Torf und Holz, sowie eine bei niedrigerer Temperatur erfolgende sog. „Tieftemperaturverkokung" von Steinkohle und Braunkohle (etwa 450° C).

m) Vergasen

Unter Vergasen versteht man in der Technik nicht das, was im „Vergaser" des Ottomotors angeblich geschieht, in Wirklichkeit aber keineswegs vollständig, nämlich die Verwandlung einer Flüssigkeit in einen „trockenen" Dampf bzw. ein Gas — sondern vielmehr die Verwandlung fester oder auch flüssiger Brennstoffe durch Halbverbrennung mit Luft und Wasser bei erhöhter Temperatur in brennbares Gas —, wobei Asche und Schlacke oder bei aschefreien Brennstoffen gar nichts zurückbleibt.

Dieser Vorgang der Vergasung findet außer in der kraftstoffchemischen Industrie, z. B. in der Eisenindustrie, keramischen Industrie usw. in größtem Umfange in sog. Gasgeneratoren[1]) statt. Kleine Generatoren, aber die gleichen Vorgänge, bilden die Grundlage des Sauggasbetriebes von Kraftfahrzeugen.

Auf den ersten Blick möchte es sehr unwirtschaftlich erscheinen, feste Kraftstoffe durch Halbverbrennung in Gase zu verwandeln. Aber abgesehen davon, daß man in der Industrie die Vergasungsabwärme gewinnen und nutzbar machen kann, ist der durch den Vergasungsvorgang eintretende Wärmeverlust im Vergleich zu den Vorteilen der Verwandlung eines festen Brennstoffes in ein Gas und der Befreiung des Kraftstoffs von Asche durch den Vergasungsprozeß doch tragbar[2]).

Man unterscheidet:

1. Vergasung mit Luft,
2. Vergasung mit Wasser,
3. Vergasung mit Sauerstoff.

Vom Vergasen zu unterscheiden ist das Entgasen — Schwelen oder Verkoken — bei welchem in Abwesenheit von Luft durch Wärme flüchtige Teile abgetrieben, auch wenig, jedoch heizkräftige Brenngase gebildet werden, aber brennbare Rückstände als Koks zurückbleiben.

Eine gute Vergasung soll ein teerfreies Kraftgas von möglichst großem Heizwert liefern. Handelt es sich um teerhaltige Brennstoffe, dann wird entweder vorher der Teer abgeschwelt und der entstandene Schwelkoks vergast oder dieser Vorgang findet im Generator selbst vor der Vergasung statt[3]).

Das Vergasen hat den Zweck, brennbare Kraftgase zu gewinnen, welche zur Heizung und als chemische Rohstoffe in der Kraftstoffindustrie dienen. Das Vergasen wird auf sehr verschiedene Weisen durchgeführt, welche aber alle auf sinngemäßer Anwendung und Kombination der folgenden vier chemischen Reaktionen beruhen:

1. $C + O_2 = CO_2 + 97000$ Kcal/Kmol:	Vollständige „trockene Verbrennung des Kohlenstoffs unter größter Wärmeentwicklung. Es entsteht unbrennbares Abgas.
2. $C + \frac{1}{2}O_2 = CO + 29300$ Kcal/Kmol:	Halbverbrennung („trockene Vergasung") unter erheblicher Wärmeentwicklung. Es entsteht brennbares Kraftgas.
3. $C + 2H_2O = CO_2 + 2H_2 - 18200$ Kcal/Kmol:	„nasse Verbrennung" von Kohlenstoff durch Wasserüberschuß mit erheblichem Wärmeverbrauch. Es entsteht ein brennbares Abgas.
4. $C + H_2O = CO + H_2 - 28300$ Kcal/Kmol:	„nasse Vergasung" v. Kohlenstoff mit Wasser unter starkem Wärmeverbrauch. Es entsteht ein sehr heizkräftiges brennbares Gas.

Wenn man diese Gleichungen betrachtet, dann sieht man, daß von dem Heizwert des Kohlenstoffs von 97000 bei der trockenen Vergasung zu Kohlenoxyd mit 29300 Kcal je kg Mol etwa ein Drittel Irrwege geht, falls nicht die fühlbare Wärme des Gases diesen Verlust noch verkleinert. Bei der Vergasung und Verbrennung mit Wasserzusatz ist allerdings sogar im Wärmeaufwand nötig; dafür erhält man aber besonders heizkräftige Kraftgase.

Im einzelnen werden von den zahllosen denkbaren und auch verwirklichten Vergasungsverfahren in der Kraftstoffindustrie nur folgende angewendet:

---

[1]) Ausnahmsweise auch als Untertagevergasung von Ölschiefer, Kohlenschiefer, nicht abbauwürdiger Kohle und verlassenen Erdölfeldern unter Tage, oder auch (Ölschiefer) in Haufwerken.

[2]) Im Sauggasbetrieb erreicht man einen Wirkungsgrad für die Vergasung von etwa 60%, dabei 900—1300 kcal/cbm Gasheizwert, 550—700 kcal/cbm Gemischheizwert (d. h. sehr merkliche Minderleistung gegenüber Benzin mit 900 kcal/cbm).

[3]) Cracken des Teers im Feuerbett des Generators glückt selten ausreichend vollständig.

1. Mischgas

Der feste Kraftstoff wird in einem Gasgenerator von unten durch einen Rost mit Luft angeblasen. Der Luft wird nach Bedarf Wasserdampf zur Erhöhung des Gasheizwertes zugesetzt. Im Generator herrscht hohe Gluttemperatur, die zur Vermeidung der störenden Schlackenbildung durch Regelung des Wasserdampfzusatzes in bestimmten Grenzen gehalten wird. In der neuesten Bauform des Generators, dem Winkler-Generator[1]), ist der Festkraftstoff — z. B. Braunkohlenschwelkoks — fein gekrümelt und bildet ein siedendes Haufwerk.

Das entstehende Gas hat als Folge des Stickstoffs der eingeblasenen Luft nur einen verhältnismäßig geringen Heizwert. Es enthält Wasserstoff, Methan und Kohlenoxyd als brennbare, Kohlensäure und Stickstoff als unbrennbare Bestandteile.

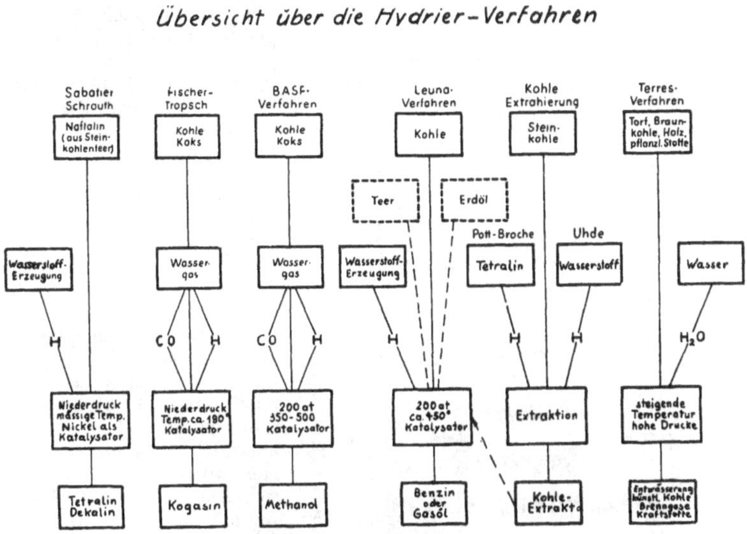

Bild 1. Die Gesamtheit der Hydrierverfahren (zu S. 147ff)

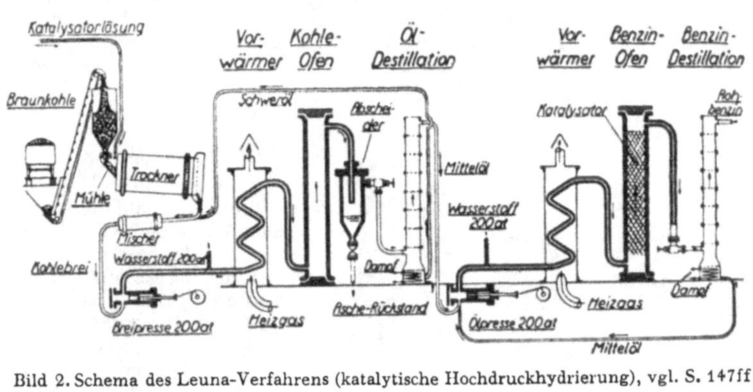

Bild 2. Schema des Leuna-Verfahrens (katalytische Hochdruckhydrierung), vgl. S. 147ff

[1]) Vgl. S. 114, daselbst auch über Krümelvergasung für Fahrzeugbetrieb

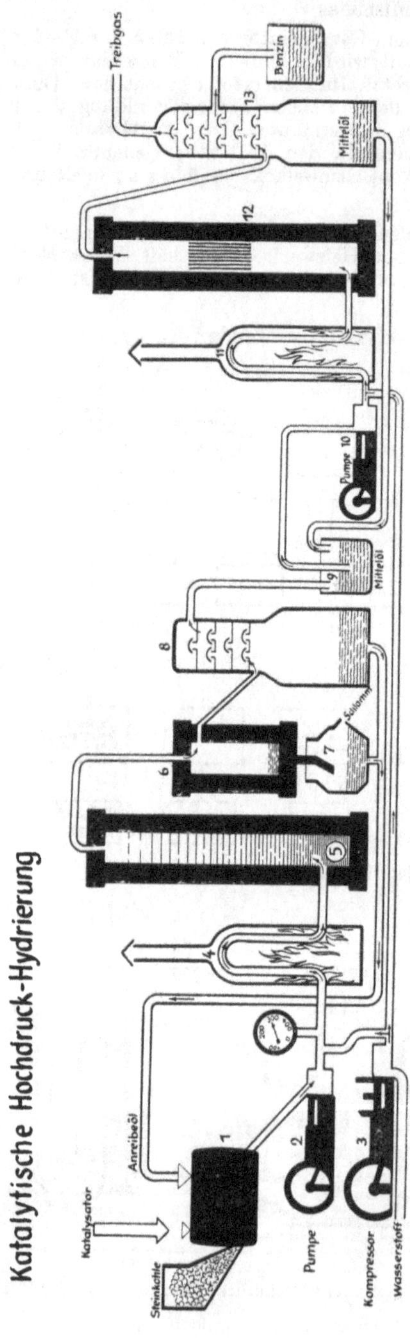

Bild 3. Neue Darstellung der heutigen Hochdruckhydrierung von Erdöl, Teer, flüssigen Rückständen usw.

2. Wassergas

Die Verwandlung von Kohlenstoff in Kohlenoxydgas und Wasserstoffgas nach Gleichung (4) würde für das Fischer-Tropsch-Verfahren die gewünschten „chemischen Bausteine“ H_2 und CO liefern. Auch sonst ist dieses hochwertige „Wassergas“ natürlich sehr begehrt. Aber die Reaktion (4) bedarf gewaltiger Wärmezufuhr. Bei der üblichen Wassergasherstellung geschieht dies in der Weise, daß man den Generator zunächst mit Luft nach Gleichung (1) „heiß bläst“, wobei Kohlenstoff zu wertloser Kohlensäure verbrennt und das entstehende Rauchgas in die Esse geblasen wird. Die im Generator so entstandene hochtemperierte Wärme benutzt man dann zum „Gasmachen“, d. h. Einblasen von Wasserdampf, worauf zunächst das hochwertige „Wassergas“ nach Gleichung (4) und bei Abkühlung das geringwertige Gas nach Gleichung (3) entsteht, das man im übrigen aber auch noch absichtlich entstehen läßt, wenn man für Hydrierverfahren nur Wasserstoff gewinnen will; dazu braucht man dem Gas nach Gleichung (3) nur die Kohlensäure zu entziehen, was durch Auswaschen mit Wasser unter Druck leicht möglich ist.

3. Vergasung mit Sauerstoff

Nachdem auf verschiedene Weise Luft verhältnismäßig billig von dem Ballast des Stickstoffs befreit werden kann, hat die „Sauerstoffvergasung“ an Bedeutung gewonnen. Durch Anwendung von Sauerstoff oder sauerstoffangereicherter Luft, besonders unter Überdruck, gelingt es, Vergasungsvorgänge zu verwirklichen, welche unmittelbar zu hochwertigen Kraft- und Synthesegasen führen, welche wenig oder gar nicht durch den Luftstickstoff verdünnt sind.

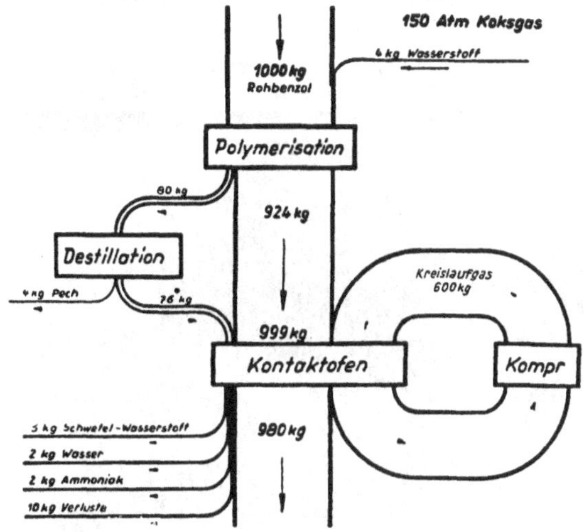

Bild 4. Fließschema der Benzol-Druckraffination (zu S. 149)

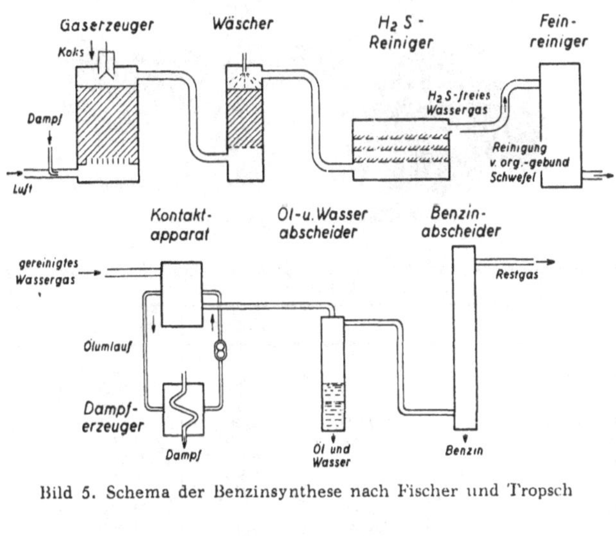

Bild 5. Schema der Benzinsynthese nach Fischer und Tropsch

n) Hydrieren

Es gibt einige Rohstoffe, wie Methan oder nasses Erdgas, welche reichlich Wasserstoff im Verhältnis zum Kohlenstoff enthalten. Weitaus die meisten Kraftstoffrohstoffe aller Art haben aber ein ungünstiges H/C-Verhältnis. Während Methan ein H/C-Verhältnis von 4 und Benzin ein solches von etwa 2,25 hat, sind die H/C-Verhältnisse von Rohölen und Kohlen meist niedrig. Hydrieren besteht darin, das H/C-Verhältnis des betreffenden Stoffs auf einen Wert zu erhöhen, der für seine Verwendung als Kraftstoff günstig ist. Gleichzeitig wird bei den Hydrierverfahren auch die Molekülgröße bzw. die Siedelage des Kraftstoffs passend — d. h. größer oder kleiner als die Ausgangsstoffe — gemacht, während zugleich Verunreinigungen, wie Asche oder Schwefel, beseitigt werden.

Bild 6. Neuzeitliches Kraftstoffwerk

Wasserstoff-Kohlenstoff-Verhältnis und Maximal-Kohlensäure einiger Kraftstoffe

Kraftstoff	Formel	H/C[1])	%H/%C[1])	CO_{2max}[2])
Wasserstoff	H_2	—	—	0,0 %
Methan	CH_4	4,00	0,333	11,7 %
Benzin (Oktan)	C_8H_{18}	2,25	0,188	14,5 %
Alkohol (Äthanol) . . .	C_2H_6O	2,00	0,167	15,1 %
Äthylen	C_2H_4	2,00	0,167	15,1 %
Methanol	CH_4O	2,00	0,167	15,1 %
Dieselkraftstoff (Petroleum)	—	1,93	0,161	15,2 %
Dekalin	$C_{10}H_{18}$	1,80	0,149	15,5 %
Tetralin	$C_{10}H_{12}$	1,20	0,100	17,0 %
Benzol	C_6H_6	1,00	0,083	17,6 %
Azetylen	C_2H_2	1,00	0,083	17,6 %
Naphthalin	$C_{10}H_8$	0,80	0,067	18,2 %
Kohlenstoff	Cx	0,00	0,000	20,3 %

[1]) Bei sauerstoffhaltigen Kraftstoffen ist nur der „disponible“ Wasserstoff berücksichtigt, d. h. eine dem Sauerstoffgehalt entsprechende Menge Wasserstoff in Abzug gebracht worden.

[2]) Bei vollständiger Verbrennung ohne Luftüberschuß enthält das Auspuffgas den höchsten möglichen Gehalt an Kohlensäure, der hier rechnerisch ermittelt ist (vgl. S. 135).

Man kann folgende Hydrierverfahren unterscheiden:

1. Katalytisches Niederdruckhydrieren von Naphthalin zu Tetralin und Dekalin nach Sabatier-Schrauth bei 12—15 atü Wasserstoffdruck und Temperaturen unter 200° C, wie es in Rodleben im ersten Weltkriege eingerichtet wurde. Tetralin und Dekalin waren Notkraftstoffe. Heute finden sie als Lösungsmittel und dgl. Verwendung.
2. Katalytische Hochdruckhydrierung von Erdöl, Teeren, Kohleextrakt und Kohle. Die Hochdruckhydrierung von Kohle (Verflüssigung der Kohle) wurde von Bergius schon vor dem ersten Weltkrieg versucht und nach dem ersten Weltkrieg von der B.A.S.F. (damals im Rahmen der genügend kapitalkräftigen I. G.) von Carl Bosch, Mathias Pier, Schneider, Alwin Mittasch, Müller-Cunradi, Karl Krauch usw. zur katalytischen Hochdruckhydrierung organischer Rohstoffe, dem sog. „Leuna-Verfahren", entwickelt. Vorher schon aber hatte man bei der B.A.S.F. nicht nur nach dem Haber-Bosch-Verfahren die

Bild 7. Befehlszentrale in einem neuzeitlichen Kraftstoffwerk

katalytische Hochdruckhydrierung des Luftstickstoffs zu Ammoniak gemeistert, sondern auch (Mathias Pier) die katalytische Hochdruckhydrierung von Kohlenoxydgas zu Methanol (Holzgeistsynthese), so daß besonders günstige Voraussetzungen für die Entwicklung der Anfänge von Bergius zu einem technischen Verfahren vorlagen. Unter Aufwendung ungeheurer Arbeit und ungeheurer Geldmittel wurde bekanntlich die Aufgabe gelöst. Augenblicklich nutzt nach den Zerstörungen, Demontagen und Verboten seit 1945 in der Bundesrepublik das Leuna-Verfahren als Rohstoffe wesentlich importierte (arabische) und eigene Roherdöle und Rückstände, während in der Sowjet-Zone das Leuna-Werk selbst nach wie vor mit der dortigen Braunkohle als Rohstoff betrieben wird.

Nahe verwandt der katalytischen Hochdruckhydrierung ist die Herstellung von „Steinkohlenextrakt" nach dem Verfahren von Pott und Broche bzw. Uhde. Hier wird Kohle bei etwa 400° C und sehr hohen Drucken mit Tetralin oder Wasserstoffgas und sauren Ölen behandelt, wobei unter schwacher Hydrierung der größte Teil der Kohle als pechähnlicher, aschefreier Extrakt zu gewinnen ist. Das durch das Verfahren dehydrierte Tetralin, welches die schwache Hydrierung bewirkte und dadurch zu Naphthalin oxydiert wurde, kann nach Sabatier wieder zu Tetralin aufgearbeitet werden[1]).

Nahe verwandt der katalytischen Hochdruckhydrierung ist auch die neuerdings im Ruhrgebiet für die Benzolverarbeitung in größtem Umfange eingesetzte Druckraffination. Unter Zusatz von Koksofengas oder Wasserstoffgas wird das Benzolvorerzeugnis bei hohem Druck und hoher Temperatur schwach hydriert, wodurch verlustlos ein Erzeugnis von bisher unbekannter Reinheit und Güte entsteht, während Cyclopentadién und ähnliche Harzbildner zu Benzolen oder Naphthenen hydriert werden und der Schwefel als verkaufsfähige Ware anfällt und, ebenso wie bei den anderen Hydrierverfahren, vollkommen aus dem Produkt verschwindet[2]).

---

[1]) Auch Braunkohle wird so extrahiert.

[2]) Säureteer von der Schwefelsäurewäsche und Cumaronharz von der Redestillation entfallen dabei. Über Druckraffination sh. auch Erdöl und Kohle 1951, Heft 5, S. 280ff.

3. Katalytische Niederdruckhydrierung nach Fischer und Tropsch. Ähnlich wie bei der Methanolsynthese durch katalytische Hochdruckhydrierung von Kohlenoxyd die chemischen Bausteine Kohlenoxyd und Wasserstoff zu Alkoholen zusammengehen, werden bei dem Niederdruckverfahren von Fischer und Tropsch bei niedriger Temperatur (200° und weniger) diese beiden chemischen Bausteine[1]) zu Kohlenwasserstoffen, und zwar vornehmlich Paraffinen, zusammengeschweißt, wodurch sehr viel Wärme frei wird, deren Beseitigung aus den Kontaktöfen und deren Nutzbarmachung wesentliche Punkte des Verfahrens sind. Während bei der katalytischen Hochdruckhydrierung, welche üblicherweise in zwei Stufen stattfindet, — Sumpfphase und Gasphase — der Katalysator bei der Sumpfphase dem Rohstoff zugesetzt wird, während er bei der Gasphase in Tablettenform festliegt und von den Dämpfen beströmt wird, hat man es neuerdings beim Fischer-Tropsch-Verfahren als besonders vorteilhaft erkannt, den Katalysator — ähnlich wie beim Winkler-

Bild 8. Neuzeitliches Kraftstoffwerk

Generator den Brennstoff — als Haufwerk „fließen" zu lassen („Fluidization"). Das Fischer-Tropsch-Verfahren war während des zweiten Weltkrieges in Deutschland in großem Umfange eingesetzt worden. Einzelne Werke beginnen in der Bundesrepublik wieder zu arbeiten.

4. Terres-Verfahren. Erwähnt werden muß noch das allerdings erst embryonale Terres-Verfahren[2]), welches in der hohen Erhitzung der Rohstoffe mit viel Wasser unter sehr hohem Druck besteht und technologisch auch eine Hydrierung ist, deren Wasserstoff- und Energiebedarf durch energetische Entwertung eines Teils des Kohlenstoffs innerhalb der Druckapparatur gedeckt wird.

o) Cracken und Pyrolisieren

Das englische Wort „Cracken" heißt nichts anderes als „zerbrechen". Das Crack-Verfahren besteht in dem Zerbrechen großer Kraftstoffmoleküle in kleinere von passender Größe, wobei hohe Temperatur das wesentliche Mittel ist, und Druck, flüssige Phase oder Gasphase, Katalysatoren und dritte Reaktionsstoffe das Ergebnis stark verändern können. Ganz allgemein erhält man beim Cracken von hochsiedenden Kohlenwasserstoffen — insbesondere Erdölanteilen:

---

[1]) Schwefelfreiheit vorher ist Bedingung.
[2]) Vgl. S. 112 und 145.

1. Spaltgas,
2. Spaltbenzin,
3. Rückstandsöl (kohlenstoffreich, ziemlich feuerfest und übelriechend — meist als Heizöl verwendet) und
4. gegebenenfalls auch Petrolkoks[1]).

Gas und Benzin tragen in Gestalt von Doppelbindungen die Wunden des rohen Verfahrens an sich. Es handelt sich beim Cracken darum, vom wertvollen Spaltbenzin und den für die Petroleumchemie wertvollen Spaltgasen möglichst viel, an Rückstandsöl und Petrolkoks möglichst wenig zu erhalten.

Das Cracken soll durch Zufall entdeckt worden sein. Das ist sehr wahrscheinlich. Wenn man etwa versucht, von einem hochsiedenden Dieselkraftstoff eine Siedekurve durch fraktionierte Destillation herzustellen, dann erreicht man oberhalb von etwa 350° C sehr bald Temperaturen, bei denen die Rückstände nicht mehr ausdestillieren, sondern Zersetzungen unter Bildung übelriechender weißer Dämpfe zeigen, welche kondensiert bei sehr viel niedrigeren Temperaturen sieden, während in der Destillationsblase schließlich ein aufgeblähter Petroleumkoks zurückbleibt.

Das Crackverfahren ist durch Variation und Kombination der oben erwähnten Arbeitsbedingungen sehr vielgestaltig ausgebildet, verfeinert und den jeweiligen Rohstoffen auf das beste angepaßt worden. Die beim Cracken entstehenden Spaltgase sind wichtigste Rohstoffe für die neuzeitliche Petroleumchemie.

Wenn man derartige Spaltgase aus trockenem oder nassem Erdgas, die meistens gesättigte Paraffine sind, herzustellen genötigt ist, weil eben Spaltgase wegen ihrer Doppelbindungen viel reaktionsfähiger sind als die Paraffin-Kohlenwasserstoffe[2]), dann geschieht dies auf die gleiche Weise und wird „Pyrolisieren" genannt.

p) Reformieren und Isomerisieren

Bei der katalytischen Hochdruckhydrierung wird bei 200 und mehr Atmosphären Druck und einer Temperatur von ungefähr 450° gearbeitet. Durch die hohe Temperatur werden sozusagen die chemischen Bindungen wackelig. Große Moleküle zerfallen in kleinere, wobei die Wunden durch den mit Hochdruck aufgepreßten Wasserstoff geheilt werden und die Katalysatoren diese Vorgänge beschleunigen und vor allem lenken. Je nach Ausgangsstoffen und gewünschten Erzeugnissen ist schon die Hochdruckhydrierung ein ungemein anpassungsfähiges Verfahren. Im Grunde Gleiches zeigt in anderer Art auch das Cracken und Pyrolisieren, wo ebenfalls chemische Bindungen zum Wackeln gebracht und erwünschte neue Bindungen begünstigt, gewünschte Trennungen erreicht werden.

Beim sog. Reformieren, Isomerisieren, aber auch noch einer Anzahl ähnlicher Verfahren, handelt es sich um ganz ähnliche Mittel und im Grunde einander eng verwandte Maßnahmen und Vorgänge. Trotzdem ist die Vielfältigkeit der Bezeichnungen verständlich und wohl auch zweckmäßig — obwohl logisch nicht sehr zwingend —, weil manche dieser Verfahren praktisch so durchschlagende Ergebnisse und große Bedeutung haben.

Unter „Reformieren" versteht man zunächst die Wärme- und Druckbehandlung eines straight-distillate-Benzins bei etwa 500° C und 50 at Druck, also ein zartes Cracken. Dies hat durch innere Umformungen und Bildung von mehr oder weniger gleich zusammengesetzten, aber energiereicheren (unbeständigeren) Stoffen (Isomeren) den Erfolg, daß mit verhältnismäßig geringer Bildung von (anderweit nützlich verwendbarem) Spaltgas das reformierte Benzin viel klopffester geworden ist, als sein Ausgangserzeugnis war[3]).

---

[1]) Rauchschwacher Hausbrand, Rohstoff für Elektrodenkoks usw.

[2]) parum affinis = wenig aktiv.

[3]) Z. B. n-Hexan $CH_3—CH_2—CH_2—CH_2—CH_2—CH_3$ Misch OZ 29;
Iso-Hexan (2.3-Dimethylbutan)
$CH_3—CH(CH_3)—CH(CH_3)—CH_3$ Misch OZ 124.

q) Alkylieren

Das Alkylieren hat das Ziel, lange Ketten zum Verzweigen zu bewegen, wodurch wie beim Reformieren, die Klopffestigkeit steigt. Mittel dazu ist — mit oder ohne Zusatz von Spaltgasfraktionen — etwa eine Behandlung ohne Katalysator mit bis 350 at Druck und Temperaturen bis über 700° C oder auch eine kalte und drucklose Behandlung mit Schwefelsäure als Katalysator.

r) u. s) Polymerisieren, Zyklisieren und Aromatisieren

Wenn man will, kann man diese drei Verfahren als eng zusammengehörig ansehen. Beim „Polymerisieren" bringt man ungesättigte Kohlenwasserstoffe — so Spaltgase oder pyrolisiertes Erdgas — dazu, sich zu etwas größeren Benzinmolekülen zu vereinen und dabei innerlich umzuformen. Schwefelsäure oder Phosphorsäure sind gelegentlich dabei behilflich; ohne Katalysatoren wird bei 500—700° C und mäßigen Drucken ähnliches erreicht. Wenn derartige Polymerisate oder „Polymerisatbenzine" weiterhin bei höheren Temperaturen behandelt werden, dann tritt Ringbildung ein (bei etwa 600° C). Behandeln von solchen synthetisch naphthenischen Benzinen bei noch höheren Temperaturen führt zu „ Aromatisierung", d. h. zum Abstoßen von Wasserstoffreichtum, so daß benzolähnliche besonders klopffeste Benzin-Kohlenwasserstoffe sich ergeben. Betreibt man diese Verfahren weiterhin noch so, daß man z. B. die Spaltgase oder pyrolisierten Erdgase vor der Polymerisation in ihre einzelnen Kohlenwasserstoffe zerlegt und die Produkte schließlich noch hydriert, dann kommt man bei solcher „Selektivpolymerisierung" und weiteren Verarbeitung zu sehr hochwertigen klopffesten Sonderkraftstoffen, wie dem Isooktan der Oktanleiter (2,2,4-Trimethylpentan), sowie den als Überkraftstoffen amerikanischer Herkunft bekannten

Triptan (2, 2, 3-Trimethylbutan),	OZ bis 116
Neopentan (2, 2-Dimethylpropan) und	OZ bis 116
Neohexan (2, 2-Dimethylbutan).	OZ bis 96

Verwendung finden diese Kohlenwasserstoffe für Flugzeugzwecke und allenfalls den überhochverdichtenden Kettering-Motor von General Motors oder zum aschefreien Aufbessern der Klopffestigkeit anderer Kraftstoffe.

Das Aromatisieren kann so weit getrieben werden, daß aus Erdölerzeugnissen das „feuerfeste" Benzol gewonnen wird; natürlich zu vergleichsweise sehr hohen Kosten.

t) Synthetisieren

Wenn aus Koksofengas mit Schwefelsäure Äthylen herausgelöst wird und durch Wasserzusatz Alkohol entsteht, kann man ebenso im technischen Sinne von Synthetisieren sprechen, wie bei der Methanolsynthese durch katalytische Hochdruckhydrierung von Kohlenoxyd oder bei Synthese von Paraffinkohlenwasserstoffen bis hinauf zum festen Paraffin durch die katalytische Niederdruckhydrierung nach Fischer und Tropsch oder bei dem in der Technik „Polymerisieren" genannten Verfahren der Vereinigung und inneren Umlagerung zweier ungesättigter Kohlenswaserstoffe und in vielen anderen Fällen mehr. Da mithin für die Kraftstofftechnik der Ausdruck keine spezifische Bedeutung hat, sei damit genug gesagt.

u) Rektifizieren

Unter Rektifizieren versteht man die Herstellung der richtigen gewünschten und bei Autobenzin so außerordentlich wichtigen Siede- oder Dampfdruckkurve, von welcher das Kaltstartverhalten, die Gefahr der störenden Dampfblasenbildung (vapor lock), die Gefahr von Schmierölverdünnung und vieles andere abhängt. Näheres darüber im Kapitel K 5.

Nicht nur Benzin, sondern auch Speichergase, Traktorentreibstoff und Dieselkraftstoffe müssen rektifiziert, d. h. hinsichtlich ihres Siedeverhaltens auf die gewünschten Normen genau eingestellt werden.

v) Stabilisieren

Unter „Stabilisieren" versteht man zwei ganz verschiedene Dinge. Das eine gehört eigentlich noch zum Rektifizieren und bedeutet, daß von leichtflüchtigen Kohlenwasserstoffen im Benzin die richtige Menge von der richtigen Art jeweils vorhanden ist, jeder zu Dampfblasenstörungen führende Überschuß an falscher Stelle hingegen vermieden wird. Dampfblasenbildung ist ja so heimtückisch, weil die einmal entstandenen Dampfblasen nicht wieder im Kraftstoff sich auflösen[1]).

Zum anderen versteht man unter „Stabilisieren" aber auch den Zusatz sog. „Inhibitoren". Es sind das oxydable chemische Verbindungen, welche die Beschaffenheit haben, die Harzbildung im Benzin zu hemmen. Benzin ist ja keineswegs ein unveränderlich bleibendes Erzeugnis. Dies gilt besonders für Crackbenzin, welches, wenn es nicht sehr sorgfältig raffiniert und mit Inhibitoren versetzt ist, Harz enthält und weiteres Harz bildet. Das führt zu Ansaugventilverklebungen, ja in bösen Fällen sogar zur Abscheidung unlöslicher Harze in Tank oder Vergaser.

w) Raffinieren

Unter „Raffinieren" versteht man die chemische Reinigung von Kraftstoffen, bei welcher der Geruch verbessert werden, (besonders bei Crackbenzin), vorhandene Harze entfernt, Harzbildner gehemmt werden sollen, und vor allem der Schwefel so viel als möglich entfernt werden muß. Altbewährte Raffinationsmittel sind konzentrierte Schwefelsäure und Natronlauge, wobei zwischen und nach diesen Behandlungen natürlich gründliche Wasserwäsche zu folgen hat. Ein anderes Raffinationsmittel zur Unschädlichmachung des Schwefels ist die sog. Doktor-Lösung (Natriumplumbit), welche allerdings nur den Schwefel von einer aktiven Form in eine inaktive überführt, ohne ihn wirklich zu entfernen. Das wird besser durch Behandeln mit Kupferchlorür oder mit den sog. „Solutizers", erprobten Salzen, welche die Schwefelverbindungen tatsächlich herauslösen und entfernen[2]), erreicht.

Auch Adsorptionsmittel, wie z. B. Fullererde oder Floridin, dienen zum Raffinieren und werden sogar nicht nur kalt, sondern auch heiß angewendet.

Ein neueres Raffinationsverfahren arbeitet mit Formaldehyd (etwa 250° C und entsprechender Druck).

Raffinieren gilt selbstverständlich nicht nur dem Benzin. Auch Speichergase müssen raffiniert werden. „Permagas" (Stadtgas) hat das ganz besonders notwendig. Die „Treibgase" sind meist durch ihre Herkunft aus der Hochdruckhydrierung von selbst raffiniert. „Methan" muß, soweit es als Erdgas anfällt, besonders von Schwefel befreit werden, während es aus der Tiefkühlung des Kokereigases in sehr reinem Zustande anfällt.

x) Druckraffinieren

Die katalytische Hochdruckhydrierung liefert lauter schwefelfreie Erzeugnisse, weil der Schwefel in allen seinen Erscheinungsformen durch den Wasserstoff zu Schwefelwasserstoff hydriert wird und als solcher zu lukrativer Gewinnung industriell reizt oder sogar zwingt. Das Druckraffinieren mit der Zielsetzung der Entschwefelung und Qualitätsverbesserung wurde von der B.A.S.F. für die Aufarbeitung von Benzol entwickelt und wird heute im Ruhrgebiet zugunsten des BV-Benzols in größtem Maßstabe ausgeführt. Es wird dabei nicht nur der Schwefel entfernt und nutzbar gemacht. Es werden vielmehr auch alle Harzbildner und ungesättigten Stoffe durch Hydrieren in sachgemäße Kraftstoffbestandteile verwandelt. Dabei tritt

---

[1]) Auch Luft sollte entfernt werden, die sich zu sehr merklichen Mengen in Kraftstoffen löst.

[2]) Am besten natürlich durch hydrierende Druckraffination. — Hydrierbenzine bedürfen überhaupt keiner Raffination, weil sie ohnehin harz- und schwefelfrei sind.

überhaupt kein merklicher Substanzverlust in, ewährend früher die Raffination des Benzols mit konzentrierter Schwefelsäure ungefähr 10% Einbuße zur Folge hatte (vgl. Abb. 4 S. 147).

y) Reppe-Chemie

Unter Reppe-Chemie — so genannt nach dem BASF-Direktor Dr. Reppe, welcher ein ganz neues Gebiet der chemischen Technik eröffnet hat — versteht man die Anwendung sehr hoher Temperaturen, insbesondere auch auf Azetylen für sich und im Gemisch mit den verschiedensten anderen Gasen bei hohen Drucken. Bei hohen Temperaturen und hohen Drucken wird sozusagen alles wackelig, und es kommt darauf an, daß man für Abkühlen und Entspannen die Atome und Moleküle solche Bedingungen vorfinden läßt, daß sie sich zu den gewünschten Produkten zusammenfinden, also ähnlich, wie auf bescheidenerer Ebene das Reformieren, Isomerisieren usw.

z) Methanisieren

Stadtgas enthält giftiges Kohlenoxyd, — daher der Erfolg des Gasschlauches bei Freitod. Durch „Methanisieren", d. h. durch katalytische Hydrierung des Kohlenoxyds, kann man das Stadtgas und Koksofengas entgiften und (unter Kontraktion) heizkräftiger machen, z. B.

$$CO + 3\,H_2 = CH_4 + H_2O.$$

5. Die einzelnen Kraftstoffe

I. Ottokraftstoffe

In der Kraftfahrt sind die Ottomotoren vorherrschend. Von den unzähligen Möglichkeiten der Ottokraftstoffe einerseits und der Ottomotoren und ihrer Ansprüche andererseits haben sich nur einige wenige Typen auf beiden Seiten herausgebildet, so daß man von „wichtigen" und „unwichtigen" Eigenschaften von Ottokraftstoffen sprechen kann. Dabei beziehen sich die wichtigen Anforderungen, wie die nachstehende Übersicht zeigt, nur zum kleinen Teil auf die motorische Verbrennung als solche, die meisten vielmehr darauf, daß die heutigen Ottomotoren sehr exakt gebaute Maschinen sind, welche auf Korrosion, Abrieb, Verkleben, Beeinträchtigung der Schmierung usw. empfindlich sind.

Umgekehrt gibt es eine ganze Anzahl von Kraftstoffeigenschaften, deren Wichtigkeit zum Teil von Laien, zum Teil aber auch von Ingenieuren und auch Chemikern überschätzt wird. So schien es richtig, gerade auch auf die Unwichtigkeit solcher Eigenschaften für den Gebrauch des Kraftstoffs (natürlich nicht etwa für analytische Zwecke usw.) hinzuweisen.

1. Benzin

Beim Tanken hat der Kraftfahrer in Deutschland die Wahl zwischen „Benzin" und „Gemisch" (Benzin-Benzol) — im Ausland meist auch die Wahl zwischen zwei verschiedenen Autobenzinen, dem normalen „Fahrbenzin" („regular grade") und einem „Premium-Benzin", „Superbenzin" oder dergl. Letztere pflegen sich wesentlich nur durch die bei dem teueren Premium-Benzin höhere Klopffestigkeit voneinander zu unterscheiden. In USA ist außerdem noch eine billigere „dritte Sorte" üblich, welche besonders wenig klopffest und auch weniger flüchtig ist.

Es gibt aber außer dem Autobenzin noch sehr viele andere Benzine (vgl. Tab. S. 156), welche sich u. a. durch ihre Siedebereiche stark unterscheiden. Außerhalb der Tankstellen werden gelegentlich andere Benzine als vorteilhaft angeboten. Die Übersicht zeigt aber schon an den Siedebereichen, daß man nicht gut daran täte, etwa „white spirit" oder „Testbenzin" oder „Lackbenzin" für seinen Kraftwagen zu kaufen, dieweil

Wichtige und unwichtige Eigenschaften von Ottokraftstoffen

wichtig	nicht wichtig
Wichte (wegen Energievolum)	
Flüchtigkeit leichter Kaltstart (richtiger 10%-Punkt, kleine Verdampfungswärme)	
keine Dampfblasenbildung bei Hitze (vapor lock; richtiger Dampfdruck nach Reid bzw. Hammerich)	Farbe
wenig „Ölkohle"-Bildung und mäßige Ölverdünnung (richtige Siedekurve)	Geruch (soweit nicht schlimm)
Reinheit wasserfrei, — besser: trocken satzfrei klar	Flammpunkt (nur wegen Brandgefahr bzw. feuerpolizeilichen Vorschriften)
frei von vorhandenen Harz keine Neigung zur Harzbildung (Lagerfestigkeit)	Brennpunkt
schwefelfrei oder schwefelarm keine Phenole chemisch neutral ($P_H = 7$) (Freiheit von Säuren und Laugen)	Stockpunkt
nicht korrodierend weder als Kraftstoff, noch als Auspuffgas; keine oder möglichst kleine und gutartige Aschenmengen	Lichtbeständigkeit
Luftfreiheit	
Klopffestigkeit für Fahrbenzin ROZ. 74—76 für Gemisch ROZ. 82—86 für Rennzwecke ROZ. >80	chemische Zusammensetzung
Sonstige Ausgiebigkeit Mischbarkeit Kältebeständigkeit (bei Kälte weder Emulsionsbildung, noch Trennung in 2 Schichten, noch Abscheidung von Kristallen)	Verdampfungswärme (außer für Rennkraftstoffe)
klares Verhältnis zu Wasser (Trennung oder Wasseraufnahme)	Brechungsindex
kein Lacklösevermögen (Fleckenbildung) für die beiden heute üblichen Karosserielackarten (Zellulose u. Kunstharz)	Oberflächenspannung

solche Benzine keinen Kaltstart gestatten. Aber auch „Flugbenzin" oder „Extraktionsbenzin" — von dem geradezu für Kraftwagen gefährlichen „Normalbenzin" oder dem „Wundbenzin" gar nicht zu sprechen — würde sich für den Automotor keineswegs gut eignen[1]). Ähnlich wird man sich vor dem sog. „Braunkohlenbenzin" in acht nehmen, welches sich bislang noch nicht so weit raffinieren läßt, daß man der Gefahr der Ansaugventilverpichung zuverlässig entginge; einen solchen Kraftstoff kann man allenfalls in Zweitaktmotoren fahren, wenn man das häufige Entkohlen von Schlitzen und Auspufftöpfen in Kauf nimmt.

[1]) U. a. wegen Dampfblasenbildung.

Benzine
(Siede-Bereiche)

1. Autobenzin	40—200° C
2. Flugbenzin	45—160° C
3. Traktorentreibstoff	150—300° C
4. Dieselkraftstoff (Gasöl)	200—350° C
5. Lackbenzin (Ligroin)	150—210° C
6. Testbenzin	130—200° C
7. White Spirit	120—400° C
8. Extraktionsbenzine	60—110° C, 80—130° C
9. „Normalbenzin" (für analytische Zwecke)	65— 95° C
10. Wundbenzin DAB	50— 75° C (80%)
11. Topp-Benzin („straight distillate")	35—220° C

(Klopffestigkeiten)

Autobenzin:	O. Z.
in Deutschland	etwa 74
in Schweiz	75—78
in Österreich	60—76
in Holland	72—74
in England	70—72
(Sonderkraftstoff	76—78)
in USA: Autobenzin (regular grade)	80—82
Premium-Benzin	90—93

In Deutschland ist zur Zeit (Sommer 1952) das Fahrbenzin alkoholfrei, wohl aber verbleit.

Der Kraftfahrer erhält, wenn er nicht gerade außerhalb von Tankstellen auf eine besondere Benzinart für andere Zwecke hereinfällt oder den heute in Deutschland selten gewordenen Fall des betrügerischen Tankwarts erlebt (welcher z. B. Benzin mit Petroleum „streckt"), im vornherein unter den in Deutschland bekannten Marken ein Benzin, das ihm keine Schwierigkeiten machen wird, und in dem mehr Fürsorge und Arbeit steckt, als man vermuten möchte. Ist doch z. B. meist sogar eine „Sommerware" von einer „Winterware" dahin unterschieden, daß für den Winter der Betrag an leichtsiedenden kaltstartfreundlichen Kohlenwasserstoffen (Gasbenzin, Kohlenwasserstoffe des Treibgases) verhältnismäßig hoch, bei der Sommerware wegen der Möglichkeit der Dampfblasenstörung entsprechend niedriger gehalten wird. So hat Markenware auch nur sehr kleine Mengen von Verdampfungsrückstand (Harz, gum) und gegen die Bildung solcher Harze, welche Ansaugventilverpichung schaffen und die Ölkohlebildung begünstigen können, raffinierte chemische Zusätze hochoxydabler Wirkstoffe, wie Pyrogallol, Aminophenol, Phenylhydracin, Alphanaphthol, Pyrokatechin usw. Ähnlich ist die Siedekurve so richtig abgestimmt, daß leichte Verbrennung und geringe oder gar keine Ölverdünnung erfolgt. Der Schwefelgehalt ist niedrig gehalten oder bei Hydrierbenzin und druckraffiniertem Benzol ganz verschwunden, so daß die — heute selten gewordenen — kupfernen Benzinleitungen, vor allem aber die empfindlichen kupferhaltigen Messingnetze der Kraftstoffilter nicht korrodiert werden (unter Bildung von schwarzem Schwefelkupfer), — daß aber auch die Benzinverbleiung durch Schwefel nicht geschädigt wird und die Verbrennungsgase bei Kondensation keine Korrosion durch Schwefligsäure oder Schwefelsäure hervorrufen können. Die von der Verbleiung herrührende Salzsäure ist großenteils flüchtig.

Um ausreichende Klopffestigkeit zu erreichen, sind je nach Herstellungsweise besonders klopfstarke Fraktionen herausdestilliert, besonders klopffeste Fraktionen hinzugefügt worden, vielleicht auch klopffestes Benzol oder Klopfbremsen, wie Monomethylanilin. Ganz allgemein enthält aber das heutige Fahrbenzin in Deutschland Blei, wie äußerlich an seiner Färbung — Warnung vor der Giftigkeit des Bleies! — zu erkennen.

Die interessante metallorganische Verbindung Tetraäthylblei besitzt die ganz eigenartige Fähigkeit, bei winzigen Zusätzen die Klopferscheinung verschwinden zu lassen[1]), ähnlich wie Benzol oder Alkohol weitgehend

[1]) Durch Abbrechen von „Kettenreaktionen".

klopffest sind und machen, und Eisenkarbonyl (einst im Motalin) und andere Klopfbremsen verschiedener Art vorhanden sind. Blei hat sich trotz seiner Giftigkeit wegen seiner bis heute unerreicht starken Wirksamkeit in der ganzen Welt durchgesetzt. Die ungemein starke Wirksamkeit von Tetraäthylblei zeigt die nachstehend zahlenmäßige Übersicht von Jantsch.

Verbesserung der Klopffestigkeit von 67 auf 77 ROZ[1])

	erforderlicher Zusatz cm^3	Verhältniszahl im Vergleich zu Bleitetraäthyl
Kraftstoffe:		
Reinbenzol	420	1550
Iso-Oktan	410	1520
Iso-Propyläther	330	1220
Aceton	270	1000
Toluol	270	1000
Xylol	250	925
Äthylalkohol	125	460
Klopfbremsen:		
Xylidin	40	150
Anilin	25	90
Monomethylanilin	15	55
Kobaltkarbonyl	5,6	13
Nickelkarbonyl	2,2	8
Eisenkarbonyl	0,9	3
Bleitetraäthyl	0,27	1

Tetraäthylblei (TEL oder BTÄ) und die Bleifluide

1. Tetraäthylblei Pb $(C_2H_5)_4$

Wichte	1,655
Siedepunkt	200° C
Gefrierpunkt	156° C
Bleigehalt	64 %

sehr giftig, (Bleikrankheit)
lichtempfindlich (Niederschlag)

2. Die Bleifluide
(Die „Bleizusätze" — ccm/L — beziehen sich nicht auf die Fluide, sondern auf den Tetraäthylbleigehalt allein).

	Q-Fluid für Autobenzin (rot)	1 T-Fluid für Flugzeuge (blau)
Zusammensetzung Gew.-%		
Tetraäthylblei (rein)	61,48	61,41
Äthylendibromid	17,86	35,68
Äthylendichlorid	18,81	—
Farbstoff	0,12	0,05
Petroleum u. a.	1,73	2,86
Chlornaphthalin (früher z. Ventilschaftschmierung)	—	—
Eigenschaften		
Wichte	1,592	1,744
Flammpunkt	110° C	110° C
Erstarrungspunkt	—33° C	—9° C
TEL-Gehalt ccm/engl. Pfd.	169,01	168,83
Volumverhältnis von Fluid zu TEL	1,6858	1,5405
Volumanteil des TEL im Fluid	0,61	0,65
Äquivalenz der Halogene zu Blei	50 % Brom + 100 % Chlor = 150 % Halogen	100 % Brom = = 100 % Halogen

3. Bleizusätze:
Für Autobenzin wird in Deutschland etwa
0,5 ccm/L TEL oder
0,632 ccm/L Q-Fluid oder
1,056 g/L Q-Fluid angewendet,
in anderen Ländern übrigens bis 0,8 ccm/L TEL
Für Flugbenzin (blau) war in Deutschland weniger als 1,2 ccm/L TEL
üblich, in anderen Ländern bis . . . . 2,0 ccm/L TEL.

[1]) Vgl. Jantsch, S. 75.

Die Wandlung des Kraftstoffcharakters durch TEL (wie man das Tetraäthylblei kurz nennt) ist aber keineswegs kostenlos. Nicht nur ist Tetraäthylblei geldlich reichlich teuer — mehrfach so teuer z. B. für gleiche Antiklopfwirkung als Eisenkarbonyl —; vor allem bringt die Verbleiung des Benzins als Asche Bleiverbindungen, mithin etwas prinzipiell Unerwünschtes in den zarten und exakten Mechanismus unserer heutigen Motoren.

Beim Verbrennen von Bleibenzin verbrennt von Tetraäthylblei der organische Anhang, und es würde Bleioxyd entstehen, welches erst bei 900° C schmilzt und bei sehr hohen, im Motor nicht ernstlich vorkommenden Temperaturen sublimieren würde, falls nicht zwei Parteien sich um das Blei reißen würden. Die eine Partei wird vom TEL-Fluid mitgebracht. Es sind das Verbindungen von den Halogenen Brom und Chlor mit Kohlenstoff, welche ebenfalls verbrennen und das Blei in Bromblei und Chlorblei verwandeln, welche schon bei niedrigen Temperaturen um die 400° C schmelzen und bei etwa 800° C, also der Temperatur unserer Auspuffventile, sich in einen flüchtigen Sublimationsdampf verwandeln. Um recht sicher zu sein, alle nicht freiwillig schon mit den Auspuffgasen pulverförmig herausfliegende Bleiasche als Halogenblei zum Auspuffloch herauszusublimieren, hat man im T-Fluid für Autokraftstoff 50% mehr Halogen zugesetzt als zum Heraussublimieren des Bleies als Bleihalogenid an sich nötig wären, eben immer vorausgesetzt, daß alles Blei vom Halogen gefaßt wird[1]).

Nachdem nun beim Autobleibenzin 150%, bezogen auf das Blei, Halogene da sind, bleiben 50% Halogene unbeschäftigt. Diese treten als Bromwasserstoff und Chlorwasserstoff (Salzsäure) wohl oder übel in Erscheinung und suchen nach Betätigung. Diese Betätigung kann nur darin bestehen, daß sie, soweit sie nicht oberhalb des Taupunktes (ca. 65° C) trocken mit den Auspuffgasen sich entfernen müssen, nach Dingen suchen, welche man anfressen oder korrodieren kann. So ist es kein Wunder, wenn man in mit Bleibenzin betriebenen Motoren im Schmierölsumpf u. a. auch Eisenchlorid, d. h. in Salzsäure aufgelöstes Motoreisen, und auf Eisenteilen braune chlorhaltige Schichten (Eisenoxychlorid) findet[2]).

Aber Bleibenzin ist im übrigen auch auf Schwefel empfindlich, der manchmal in Kraftstoffen in einer Form vorkommt, welche mit dem Tetraäthylblei reagiert. Das hat nicht nur den Erfolg, daß die klopffestigkeitsstärkende Wirkung des Bleies geschädigt wird, sondern darüber hinaus, daß Schwefelblei und schwefelsaures Blei entstehen, welche durchaus nicht bereit sind, bei höherer Temperatur sublimierend sich zu entfernen.

Tatsächlich findet man also in unseren Motoren sowohl Spuren unerwünschter Tätigkeit von Halogenwasserstoffsäuren, wie bleihaltige Niederschläge, welche trotz des Überschusses an Halogenen im Auto-Fluid sich nicht mit den Auspuffgasen heraussublimieren ließen.

Die gelblichen Niederschläge sind auf Kerzensteinen, in Brennräumen und sogar Auspufftöpfen lästig geworden. Bei der chemischen Analyse haben sie manchmal kaum Halogengehalt gezeigt, sondern sich als Bleioxyd und besonders als Bleisulfat ausgewiesen. Soweit Blei als Bleioxyd und Bleisulfat auftritt, hat es also noch weitere Halogenwasserstoffsäuremengen in Freiheit gesetzt, bzw. auf den Motor losgelassen.

Die Bleischwierigkeiten bestanden vor Jahren in erster Linie in durch Salzsäurekorrosion festgerosteten Auspuffventilschäften. Nach dem Übergang zu Silchromstählen, zunächst in USA, heute mehr oder weniger in der ganzen Welt, kann diese Schwierigkeit als überwunden gelten. Damals setzte man als Notschmiermittel für Ventilschäfte dem TEL Chlornaphthalin

[1]) Beim verbleiten Flugbenzin begnügt man sich mit 100 % Äquivalenz der Halogene und benutzt außerdem nicht zu $^2/_3$ das aggressive Chlor, wie beim Landbenzin, sondern zu 100 % das sanftere, allerdings kostspieligere Brom.

[2]) Z. B. auch Korrosionen der Enden von Auspuffleitungen, wo der Taupunkt (von ~ 65° C) am häufigsten unterschritten und dadurch ein Anfressen praktisch überhaupt erst ermöglicht wird.

zu; heute wird dieser Zusatz als überflüssig weggelassen. Aber die freivagabundierenden Halogenwasserstoffsäuren betätigen sich natürlich im übrigen im Motor. Oberhalb des Taupunktes können sie ähnlich wenig Schaden anrichten, wie schweflige und Schwefelsäure. Unterhalb des Taupunktes kann es allerdings ernstliche Schwierigkeiten durch Korrosionen geben. Solche sind besonders bei Zweitaktmotoren mit Wälzlagern in Erscheinung getreten. Manchmal handelt es sich bei solchen Klagen allerdings nur um gründliche Verpichung von Wälzlagern mit harzigen Abscheidungen (besonders aus wildem Braunkohlenbenzin oder Gaswerksbenzol), welche nach Auflösung der Pechverklebung durch passende Lösungsmittel wieder durchaus vergnügt werden. Wirkliche Korrosionen traten gerade in Wälzlagern und an Zylinderbahnen aber dann auf, wenn der Taupunkt unterschritten wurde und kondensierender Wasserdampf mit Wasserstoffsuperoxyd zusammen das Öl von den Eisenflächen wusch und dann freier Halogenwasserstoff vom TEL her als Bromwasserstoffsäure oder Salzsäure auf den nackten Eisenflächen kondensieren konnte — oder gar Schwefelsäure erschien und sich natürlich dort festfraß. So ähnlich funktioniert auch „trockene Verbrennung". Tatsächlich ist es so, daß in mit Bleibenzin betriebenen Zweitaktern und Viertaktern die Sumpföle stark saure Raektion, Gehalt an Eisenchlorid, Eisensulfat und HPL-Effekte[1]), zu zeigen pflegen. Abhilfe dagegen sucht man durch Sonderöle mit alkalischer Reaktion oder Ionenpufferwirkung[2]). Betrieblich ist Warmhalten der Motoren über 65° C, d. h. Vermeidung des Taupunktes, von großer praktischer Bedeutung. In bezug auf den Auspufftopf läßt sich das in der kalten Jahreszeit schlecht durchführen. So gibt es manche Korrosion ums Auspuffloch.

Damit sind die Besonderheiten des Bleies keineswegs erschöpft. Blei ist — wie andere Klopfbremsen auch — ein Feinschmecker, welcher gewisse Kohlenwasserstoffkonstitutionen bevorzugt, andere Kohlenwasserstoffe und Kraftstoffanteile abfallen läßt. Es ist eine wesentliche Kunst der heutigen Benzinfabrikation, „bleiempfindliche" Bestandteile zu bevorzugen und bleiunempfindliche zu beseitigen.

Aber auch die theoretisch ja durch die Halogene beseitigte, tatsächlich aber praktisch doch immer wieder regelmäßig vorkommende Bleiasche im Motor macht sich lästig. Zunächst einmal vor allem an der Zündkerze, wo sie Blitzfiguren auf den Steinen, — feuchte, weil hygroskopische Kriechwege auf den Steinen — und vor allem die berüchtigte Zündstörung durch hauchfeine leitende „Fädchen" zwischen den Elektroden hervorruft oder begünstigt. Neuerdings hat Bosch „bleifeste" Kerzen eingeführt. Diese haben nicht nur einen Stein, der noch reiner als die bisherigen Steine aus 99,8% Tonerde (Al_2O_3), aus kieselsäurefreiem Sinterkorund besteht, sondern auch durch Neugestaltung des Raumes zwischen Stein und Masseelektrode anders und intensiver „atmet", um Stein und Elektrodenraum im Pulsieren des Brennraumdruckes frei zu blasen. Weiterhin sind beide Elektroden der Zündkerze aus neuem chromreichen Werkstoff erstellt. Die Masseelektrode ist gegenüber früher massiv und nicht mehr als Draht in eine Bohrung eingeschweißt, sondern sozusagen aus der Kerzenmasse herausgewachsen. So werden voraussichtlich die heute besonders bei kleinen Zweitaktern geradezu lästig gewordenen Zündstörungen auf Bleigrundlage wohl zunehmend verschwinden. Von Bosch stammt noch der hübsche Trick, die Masseelektrode der Zündkerze seitlich etwas gegen die Mittelelektrode zu verbiegen, wodurch die Neigung zur Fädchenbildung „pneumatisch" verringert wird.

Wettbewerber des Bleies war in Deutschland einst das „Motalin" (Zusatz von Eisenkarbonyl), welches Kerzen und Brennraum mit lebhaft rotem Eisenrot einpuderte. Es ist auch eine metallorganische Verbindung $Fe(CO)_5$, eine gelbe, lichtempfindliche und selbstentzündliche Flüssigkeit von 1,43

[1]) Vgl. Abschnitt Schmierstoffe S. 235ff.

[2]) Auch und besonders „selbstmischende" Zweitaktöle (mit Vorverdünnung, Ionenpuffern oder Alkalien). Vgl. Abschnitt Schmierstoffe S. 235ff.

Wichte und einem Siedepunkt von 103° C. Wegen der Selbstentzündlichkeit darf Eisenkarbonyl nicht ohne Zusatz von Schwerbenzin, Gasöl oder dgl. aus der Hand gegeben werden. Dafür ist es praktisch ungiftig. Für gleiche Klopfbremswirkung braucht man an Kubikzentimetern mehr, an Aschegewicht aber nicht mehr für gleiche Wirkung, als bei Blei. Eisenkarbonyl bringt Eisenrot in den Motor, — auch einen unerwünschten Aschegehalt, von dem durchaus nicht alles durch die Auspuffgase weggeblasen wird — einiges sich im Schmieröl findet. Immerhin ist Eisenkarbonyl nicht so giftig und bringt vor allem keine Halogenwasserstoffsäuren in den Motor. Die Ethyl-Corporation, Earl Bartholemew, ließ sich unter Nr. 2398282 in USA das Zusammenwirken von Tetraäthylblei und Eisenkarbonyl patentieren, zusammen mit Clinton Cross unter Nr. 2546421/422 die Benutzung von „weichen" Kationen und „schmierenden" Anionen in Zusammenhang mit Eisen. Was zunächst die Härte der schleifenden Kationen anlangt, so wird angegeben, daß gegenüber der Eisenoxydhärte von 6,5 nach Mohs die kleineren Ritzhärten nach Mohs von Kalk und Kupferoxyd von 3,5 sich bei Anwendung entsprechender Zusatzmittel (organischer Zink-, Kalk- und Kupferverbindungen) durch Verringerung der Kolben- und Zylinderabnutzung bezahlt machten. Das nächste Patent schmiert statt des Kations den Schwanz, das Anion. Triäthylphosphate, Tricresylphosphate sollen bei Eisenkarbonylzusatz die Schleifwirkung des entstandenen Eisenrotes bis zur Unschädlichkeit herabsetzen. Interessant dabei — Phosphorsäure ist nach den Erfahrungen im Drahtziehen und Blechpressen[1]) ein ausgezeichnetes Grenzschmiermittel — ist nicht einmal so sehr der chemische Inhalt dieser Patente, als die Tatsache, daß es anscheinend nicht ganz ausgeschlossen sein dürfte, daß Eisenkarbonyl einst die ungiftige[2]) und säurefreie Nachfolge des Bleies antreten wird.

2. Benzol und Benzin-Benzol-Gemische

Nach dem ersten Weltkrieg wurde das Benzol durch straffe Qualitätsnormung vom billigen Benzinersatz zum Edelkraftstoff BV-Benzol entwickelt[3]) und in Mischung mit Benzin — als Benzin-Benzol-Gemische, wie Aral (ROZ $>$ 85), mit Klopfziffern von zur Zeit ROZ über 80 zum zweiten deutschen Kraftstoff, dem gegenüber Benzin teueren und besseren, verwendet. Klopffestigkeit, volumetrischer Energiereichtum und Leichtflüchtigkeit waren von je besondere Vorzüge des Benzols, zu denen neuerdings beim druckraffinierten Benzol die vollkommene Schwefelfreiheit kommt. Der höhere Preis der Benzin-Benzol-Gemische rechtfertigt sich mithin durch höhere Reinheit, Ergiebigkeit und Klopffestigkeit und leichtere Vergasbarkeit.

Bei dem nicht leicht erhältlichen, aber für Sonderzwecke oder zum Selbstmischen von Rennkraftstoffen (vgl. K 3, 4) benötigten Benzol kann man beim Bezug auf unsicheren Wegen Schwierigkeiten haben. Beispielsweise kommt vereinzelt ungereinigtes „Gaswerksbenzol" vor. Weiter werden sogar Braunkohlenbenzine auch gelegentlich als „Benzol" verkauft. Schließlich wurden höhersiedende Benzole, auch vom schwarzen, grauen und leicht angetrübten Handel als wildes „Motorbenzol" vertrieben.

Nicht umsonst hat der Benzol-Verband vor nunmehr über 25 Jahren das BV-Benzol genormt. Wer das nicht weiß oder sich darum nicht kümmert, der soll sich über verpichte Ansaugventile, Betriebsstörungen und Reparaturrechnungen nicht wundern.

---

[1]) Bondern und Atramentieren.

[2]) Bislang sind die aus dem Anstreichergewerbe durch Ablösung des Bleiweißes durch Lithopone und Titanweiß vertriebenen Bleivergiftungen erfreulicherweise weder bei Tankwarten, noch Verkehrs-Schupos, noch Reparaturmechanikern aufgetreten. Bleifreiheit wäre aber doch beruhigender.

[3]) Die Atlantikflieger Köhl, v. Hünefeld und Fitzmaurice wählten für ihren ersten erfolgreichen Atlantikflug BV-Benzol als Kraftstoff. „Benzol macht gutes Benzin besser".

Zweitakter sind nicht so empfindlich auf „wilde" Benzole, Homologen und „Braunkohlenbenzol", als Viertakter, bei denen Verklebungen der Ansaugventilschäfte und Verbrennungen der Auspuffventile sehr rasch eintreten können.

Aber selbst gegenüber der BV-Qualitätsebene der 25er Jahre ist das BV-Benzol neuerdings durch die Druckraffination[1]) auf eine noch höhere Ebene gehoben worden. Im neuen BV-Benzol[2]) gibt es überhaupt keinen Schwefel mehr, und selbst der Schwanz des neuen BV-Benzols ist vollständig hydriert und dadurch gesellschaftsfähig. Das schwefel- und aschefreie neuzeitliche BV-Benzol bedeutet sozusagen den Beginn einer neuen Ära auf dem Parkett der klopffesten Kraftstoffe.

Bis dahin wurde die Raffination von Benzol mit Schwefelsäure, Laugenachwäsche und Redestillation bewirkt, wobei die Harzbildner, wie Zyklopentadien, zu Säureharz sich polymerisierten und bei der Redestillation „Cumaronharz" zurückblieb. Insgesamt tritt dabei ein Verlust von um die 10 % ein.

Die chemische Industrie beansprucht steigende Mengen Benzol für die Herstellung von Farben, Pharmazeuticis, Buna, Nylon, Kunstharzen usw. Trotzdem kann man in Deutschland zur Zeit (Sommer 1952) nicht von einer Benzolknappheit sprechen.

3. Alkohole und Alkoholgemische

In Deutschland sind heute Alkohole und Alkoholgemische als Ottokraftstoffe nicht üblich, obwohl es in Zeiten der Kraftstoffnot spiritushaltige Gemische gegeben hat, auch lange Zeiten hindurch zur Unterstützung der Landwirtschaft solche Gemische unter einem „Spiritusbeimischungszwang" gefahren worden sind. Der Unterschied zwischen Spiritus und Alkohol ist einer des Wassergehaltes. Primasprit (Spiritus) enthält 5 vol.% Wasser, „hochgestärkter" (absoluter) Alkohol weniger als 1%. Spiritus bedarf, um sich mit Benzin gut zu mischen und kältefeste Gemische zu bilden, der Lösungsvermittler (in erster Linie des Benzols); absoluter Alkohol ist mischungsfest. Lange Jahre hindurch gab es auch „Monopolin" der Reichskraftsprit-Gesellschaft, ein Benzin mit 20% Alkohol. Synthetisch wird jetzt (durch Reppe-Chemie oder auch aus Koksofengas-Äthylen) sowie durch Vergärung von Sulfitablauge und Holzabfällen Spiritus billiger hergestellt als in der Landwirtschaft.

Alkohole allein, insbesondere auch der synthetisch billig herzustellende und der Monopolverwaltung nicht unterliegende Holzgeist (Methanol) werden als Kraftstoffe nicht gefahren, obwohl sie sehr hohe Hubraumleistungen liefern können, weil sie wegen ihrer großen Verdunstungswärme keinen Kaltstart ohne besondere Tricks oder Beimischung von Benzin gestatten, auch wegen ihres kleinen Heizwertes hohen Literverbrauch bedingen. Alkoholhaltige Kraftstoffe sind an sich beim Kraftfahrer nicht unbeliebt, weil sie sehr sauber — angeblich zuweilen sogar „trocken" — verbrennen.

Aus Kriegsgründen hat die Schweiz im zweiten Weltkrieg mit Paraldehyd der chemischen Fabrik Lonza als Benzinzusatz das „Emser Wasser" eingeführt (vgl. S. 110), das auch im Frieden jeden Winter gefahren werden muß, um die Paraldehyd-Werke in Betrieb zu erhalten.

In Südafrika, Indien, Südamerika und anderen Gegenden mit billigen vergärbaren Stoffen sind Spiritusgemische und alkoholhaltige Kraftstoffe dauernd üblich. Wesentlich für Alkoholbetrieb ist hohe Betriebstemperatur des Motors zur Vermeidung essigsäurehaltiger Kondensate der besonders wasserreichen Verbrennungsgase.

---

[1]) Vgl. S. 147 und 149.

[2]) Und im neuen „Arsol", druckraffiniertem Lösungsbenzol für chemisch technische Zwecke.

4. Rennkraftstoffe

Außer hohem Verdichtungsverhältnis gibt es drei verschiedene Wege dazu, die Arbeitsleistung jeder einzelnen motorischen Verbrennung durch Vergrößerung des in jedem Arbeitstakt verbrannten Kraftstoffgewichtes zu steigern:

a) Verdichtung des zugeführten Gemisches bzw. der Verbrennungsluft durch mechanisch arbeitende „Kompressoren" (z. B. Rootsgebläse oder Radial-Kapselwerke). Durch mechanische, gegebenenfalls mehrstufige Verdichter und Zwischenkühlung zur Beseitigung der Verdichtungswärme läßt sich das Füllungsgewicht immerhin multiplizieren[1]).

b) Teilweiser oder vollständiger Ersatz der Verbrennungsluft durch Sauerstoff. Da Luft nur etwas über 20% Sauerstoff enthält, mithin durch den mitzuschleppenden toten Luftstickstoff sozusagen 1 : 5 verdünnt ist, bedeutet voller Ersatz der Luft durch Sauerstoff theoretisch die Möglichkeit, die etwa 5fache Kraftstoffmenge im Zylinder je Arbeitshub zu verbrennen, also etwa die 5fache Leistung zu erzeugen. Die dabei entstehenden hohen Drucke und Temperaturen machen allerdings, ganz abgesehen von der Neigung reinen Sauerstoffs zu manchmal nicht ungefährlichen Feuerwerksscherzen, diesen „chemischen Kompressor" nicht ungefährlich. Dürkopp jr. erreichte aber immerhin durch dieses Verfahren (mitgenommene kleine Sauerstoffflaschen) vor einem Vierteljahrhundert auf Reichsfahrten Rekordzeiten für kurze Schnelligkeitsprüfungen. Auch wird das Verfahren (worüber z. B. Prof. Holfelder, Paris, auf der Kölner Otto-Tagung 1951 berichtete) bei Kreislaufmotoren z. B. für Unterwasserbetrieb mit Erfolg angewendet, wo nicht Frischluft, sondern gekühltes Auspuffgas vom Motor angesaugt und durch Sauerstoffzusatz aufgewertet wird.

c) Besonders einfach und ungefährlich ist aber das Anstreben von Mehrleistungen durch sog. „Rennkraftstoffe". Diese haben meist gar keinen besonders hohen Heizwert, wohl aber eine sehr große Verdampfungswärme, so daß das angesaugte Gemisch sehr kalt und zum Teil noch als unverdampfter Nebel in den Verbrennungsraum tritt, mithin ein ungewöhnlich hohes Füllungsgewicht an Gemisch ergibt, wobei zusätzlich noch der geringe Heizwert meist von einem entsprechend geringen Luftbedarf begleitet wird und insgesamt ganz erstaunlich gute Wirkungen sich ergeben.

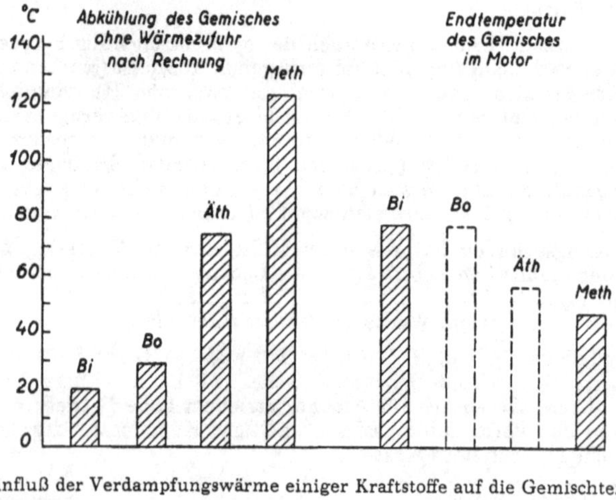

Bild 1. Einfluß der Verdampfungswärme einiger Kraftstoffe auf die Gemischtemperatur

[1]) Nach Büchi Aufladung durch vom Auspuff angetriebene Kreiselgebläse, — besonders günstig bei Dieselmotoren mit ihren niedrigen Auspuffgastemperaturen.

Rennkraftstoffe — Zusammensetzung und Eigenschaften (nach Theodor Hammerich)[1] [3])

		Nach Banks und Canestrini							Nach Versuchen der Eidg. Mat.-Prüf.-Anst.				Mercedes Auto-Union		Alfa Romeo	Renntreibstoff-Formel 1946		
																ohne Kompressor	mit Kompressor	
		1[4])	2[5])	3[5])	4[5])	5[6])	6	7	8	9	10	11	12	13	14	15	16	17
Autobenzin[1])	Gew.-%	.	.	.	.	.	.	.	35	15	.	.	.	.	.	.	.	.
Flugbenzin	Gew.-%	.	.	.	.	55	.	.	.	.	.	.	.	.	.	.	.	.
Leichtbenzin	Gew.-%	22	20	20	.	.	20	20	5	10	15	15	5	8	.	60	5	7,5
Motorenbenzol	Gew.-%	78	70	70	30	22	60	60	20	15	5	5	22	20	15	15	15	.
Methanol	Gew.-%	.	10	10	60	.	20	20	24	36	48	64	60	30	40	.	70	85
Äthanol	Gew.-%	.	.	.	.	23	.	.	16	24	32	16	10	30	40	25	.	.
Aceton	Gew.-%	.	.	.	10	.	.	.	.	.	.	.	.	.	.	.	10	6
Äthyläther	Gew.-%	.	.	.	.	.	.	.	.	.	.	.	.	10	5	.	.	.
Toluol, Nitrobenzol	Gew.-%	.	.	.	.	.	.	.	.	.	.	.	3	2	.	.	.	.
Ricinusöl	Gew.-%	.	.	.	.	.	.	.	.	.	.	.	.	.	.	.	.	1,5
Bleitetraäthyl	ccm/l	0,88	0,88	1,54	1,10	1,54	2,20	0,88	+	+	—	—	?	?	?	0,6 bis 0,7	—	—
Octanzahl (MM-F_2)		96	95	96	92	90	96	95	83	86	89	89	92	90	91	93	92	91
Dichte bei 15° C	g/ccm	0,833	0,829	0,829	0,825	0,771	0,814	0,814	0,783	0,785	0,780	0,780	0,810	0,795	0,814	0,783	0,802	0,787
Dampfdruck nach Reid	at	.	.	.	.	.	.	.	0,53	0,65	0,68	0,59	0,47	0,53	0,37	0,50	0,54	0,55
Wasserwert bei 20° C		.	0,5	0,5	14,3	1,7	1,1	1,1	2,0	4,2	9,5	8,0	> 12	> 13	> 20	> 1,4	> 13,5	> 7
Verdampfungswärme	kcal/l	76	90	90	160	85	93	93	103	123	141	170	164	139	163	85	171	188
	kcal/kg	92	108	108	194	110	114	114	132	157	182	219	.	.	.	.	.	.
unterer Heizwert	kcal/l	8200	7730	7730	5240	7235	7180	7180	6450	5700	4950	4740	5160	5620	5100	7260	4750	4110
	kcal/kg	9840	9320	9320	6350	9385	8820	8820	8230	7275	6350	6075	6370	7080	6265	9270	5910	5220

[1]) Philippovich A., v.: Brennst.-Chem. 21, 16 (1940). — Brunner, M.: Automobil-Revue Nr. 29, 22; Nr. 30, 24 (1948), sinngemäß umgerechnet von Th. Hammerich (vgl. Zerbe, Mineralöle, Beitrag Hammerich S. 584ff.).

[2]) Verbleit OZ 75.

[3]) Riechstoffe, wie Nitrobenzol, sollen manchmal den Geruch der Kraftstoffe und der Auspuffgase überdecken; daß „brisante" Zusatzstoffe (Klopfpeitschen) nützlich seien, ist ein Irrtum.

[4]) Engl. Flugzeuge (Schneider-Cup).

[5]) Campbell und Eyston, Weltrekorde auf Auto und Motorboot.

[6]) Fiat 2800 PS, Flugzeugrennen.

Einfluß der Verdampfungswärmen einiger Kraftstoffe nach Ricardo

Kraftstoff	Unterer Heizwert Kcal/kg	Energiegehalt des Gemisches bei Zimmertemperatur je Ltr. mkg/L	Verdampfungswärme (kleine) Kcal/kg	Verhältnis der Verdampfungswärme zum Heizwert	theoretische Temperaturerniedrigung des Gemisches unter vollständiger Verdampfung = °C	theoretische Gemischtemperatur bei 30° Ansaugluft temperatur u. angenommener vollständiger Verdampfung = °C	hiernach berechnetes Füllungsgewicht Benzin = 100
Benzin . . .	10400	409	76	0,73	19° C	+ 11° C	100
Motorenbenzol	9600	405	90	0,94	21° C	+ 9° C	101
Spiritus . . . (95 Vol. %)	6000	396	246	4,09	98° C	— 68° C	139
Methanol . .	5340	407	278	5,16	140° C	— 110° C	174

Verdampfungswärmen (kleine) und Abkühlung des (theoretischen) Gemisches

	Kcal/kg	Δ T in °C
N-Hexan	87	21
n-Heptan	74	18
n-Oktan	71	16
n-Dekan	60	11
BV-Benzol . . .	95	26
Äthanol	220	83
Methanol	284	140
Äther	88	28
Wasser	536	—

Gesamte Verdampfungswärmen („totale") (einschl. Flüssigkeitswärme)

Benzin	150—160 Kcal/kg
Benzol	138
Xylol.	184
Äthanol	276
Methanol	304
Dieselkraftstoff . . .	360
Wasser	611

Diese „Thermokompressor"-Wirkung tritt im Verhältnis der absoluten Temperaturen des angesaugten Gemisches ein und beträgt nach Messungen 10—20%.

Am günstigsten wäre es natürlich, Kraftstoffe mit sehr hoher Verdampfungswärme, also z. B. Methanol, unvermischt zu benutzen. Bei diesen ist aber die Verdampfungswärme so hoch, daß an ihr der Kaltstart scheitert. Darum enthalten übliche Rennkraftstoffe zwar meist reichlich Methanol, zugleich aber Leichtbenzin und Benzol als Starthilfen. Wenn man durch Sondermaßnahmen die Unbequemlichkeiten des Betriebes mit reinem Methanol nicht scheut, kann man, zumal bei seiner ungemein großen Klopffestigkeit (OZ etwa 140), sehr hohe Leistungen erzielen[1]).

Was die Flüchtigkeit oder Verdampfbarkeit der Rennkraftstoffe anlangt, welche ja allerdings eben durch die Verdunstungskälte an ihrer vollen Auswirkung verhindert wird, so steigert sich diese meist recht erheblich durch azeotropische Senkung von Gemisch-Siedepunkten (vgl. Tabelle).

Falls die Hochleistung des Motors vorzugsweise durch Hochverdichtung erreicht werden soll, wie beim Kettering-Motor des GMC-Sabre, dann

[1]) „Brisanz-Zusätze", wie Nitrobenzol, Äthylnitrat usw. wirken als „Klopfpeitschen" und sind nutzlos oder sogar schädlich (vgl. K 4).

sind natürlich die hochklopffesten neuzeitlichen synthetischen Überkraftstoffe, wie Neopentan, Neohexan, Triptan, Iso-Oktan, Isopropyläther, Methyläthylketon usw. am Platze.

Was nun die Kraftstoffvorschriften und die Bepunktung oder Ausschaltung der mechanischen Kompressoren im Kraftfahrsport anlangt, so möchten diese Vorschriften angesichts der Mannigfaltigkeit der Möglichkeiten, das Füllungsgewicht und die Füllungstemperatur günstig zu beeinflussen (z. B. auch die akustischen Möglichkeiten, vgl. K 4) als unvollständig und wenig einleuchtend erscheinen.

Azeotropische Siedepunktbeeinflussungen

Einige Beispiele (vgl. „Kraftstoff-Fibel" von Kadmer, S. 40) in Vol.-%

81 % n-Hexan (Sp. 60° C) + 19 % Benzol (Sp. 80° C) = 100 % Sp. 68,9° C
79 % n-Hexan (Sp. 69° C) + 21 % Äthanol (Sp. 78° C) = 100 % Sp. 58,7° C
72 % n-Hexan (Sp. 69° C) + 27 % Methanol (Sp. 65° C) = 100 % Sp. 50,0° C
60 % Benzol (Sp. 80° C) + 40 % Methanol (Sp. 65° C) = 100 % Sp. 58,3° C
68 % Benzol (Sp. 80° C) + 32 % Äthanol (Sp. 78° C) = 100 % Sp. 68,2° C
23 % Äthanol (Sp. 78° C) + 54 % Benzol (Sp. 80° C) + 23 % Wasser (Sp. 100° C) = 100 % Sp. 64,9° C

Ruf (Empa, Zürich) untersuchte — besonders auch hinsichtlich der OZ-„Leistungszahl" — folgende Rennkraftstoffe nach dem F4-Verfahren (ε = 1 : 7, Überladung, Einspritzung, fettes Gemisch, 190° C Heißkühlung, Luft 107,5° C, Toledo-Waage für Reibungs- und Bremsleistung):

	Methanol	Isobutanol	Flugbenzin (OZ 80)	max. ind. mittl. Arb.-Druck
A ..... vol %	30	10	60	> 20 kg/qcm
B ..... vol %	45	15	40	> 20 kg/qcm
C ..... vol %	60	20	20	> 20 kg/qcm (F 4)

„Leistungszahl" ist die durch Fettung erreichbare klopffreie erhöhte Leistung in Prozent der Isooktan-Leistung. Von Zusätzen erwiesen sich Monomethylanilin als stark wirksam, Dimethylanilin als schädlich und Nitrobenzol als wirkungslos[1]).

5. Traktorenkraftstoff

Die eigentlichen Traktorenkraftstoffe sind im Grunde nichts anderes als Petroleum mit einem Siedebereich von vielleicht 182—244° C und einer Siedekennziffer von etwa 220° C. Nicht selten wird als Traktorenkraftstoff aber auch Gasöl (Dieselkraftstoff) angesehen, das von etwa 200—350° C siedet und eine Kennziffer von etwa 290° C hat.

Alle Versuche, mit Gasöl oder Dieselkraftstoff Ottomotoren befriedigend zu betreiben, wie sie besonders seit Ende des ersten Weltkrieges, aber in allen Zeiten von Kraftstoffknappheit immer wieder angestellt worden sind, haben nicht zum Ziel geführt. Letzten Endes scheiterten sie immer wieder daran, daß unverbrannte Bestandteile des Kraftstoffs das Schmieröl bis zum Verlust ausreichender Schmierfähigkeit verdünnten[2]). Auch Versuche, Gasöl etwa durch Mischen mit der gleichen Menge Benzol („Benzolöl" von 1918) brauchbar zu machen, konnten nicht befriedigen. Im Ottomotor führt jegliche Verbrennung von Gasöl auch stets sehr bald zur Bildung großer Mengen von Ölkohle, welche auch die Zündkerzen sehr rasch zum Aussetzen bringen.

Mit wirklichem Traktorenkraftstoff hingegen, welcher Cetanzahlen von 43—64 (mithin Oktanzahlen von etwa 40—0 und weniger) haben kann, läßt sich in niedrig verdichtenden Ottomotoren bei geeigneten Betriebsverhältnissen sachgemäß arbeiten. Die geeigneten Betriebsverhältnisse finden sich z. B. auf sehr großen landwirtschaftlichen Feldern, auf Autobahnen, bei ortsfesten Motoren, kurz überall dort, wo sehr selten Belastung und Dreh-

[1]) Bericht 16 der Schweiz. Ges. für das Studium der Motorbrennstoffe, 1951.

[2]) Darum sind Zweitaktmotoren mit Mischungsschmierung günstiger zum Schwerölvergaserbetrieb, allerdings auch sie nicht für Gasöl, sondern nur für wirklichen Traktoren-Treibstoff. In Ordnung geht Glühkopfbetrieb (fälschlich Diesel genannt), wie er als Umbau von Otto-Motoren heute entwickelt wird (mit Glühstelle à la Oberhänsli).

zahl sich ändern. Nötig ist eine hohe Betriebstemperatur des Motors (Luftkühlung oder Thermostat bzw. Kühlwasserdrossel), gute Vorwärmung von angesaugter Luft, Kraftstoff und Gemisch, enge Saugleitung usw. usw. Gegen die Klopffreudigkeit der meisten Traktorenkraftstoffe hilft gegebenenfalls ein Zusatz des eisenkarbonylhaltigen „Werol“[1]). Vorteilhaft ist Start und Leerlauf auf Benzin mit eigenem kleinen Vergaser und besonderer ganz enger Saugleitung. Einen anderen Zweistoffbetrieb zum gleichen Zweck bietet das amerikanische Thomson-Vitameter.

6. Zusätze zu flüssigen Ottokraftstoffen

Die Kraftstoffe, wie sie als Benzin, Superbenzin oder Benzolgemisch aus der Tanksäule fließen, haben bereits stillschweigend eine größere Anzahl von Zusätzen erhalten, welche ihre Eigenschaften in verschiedensten Richtungen verbessern, so Lagerfestigkeit, Startvermögen, Verringerung der Ölverdünnung, Beseitigung des Klopfens usw. Vielleicht darf man auch das Herausfraktionieren besonders ungünstiger, z. B. stark klopfender oder nicht gut bleiempfindlicher Bestandteile aus den Kraftstoffen als „negativen Zusatz“ ansehen.

Unter den stillschweigenden positiven Zusätzen ist zunächst natürlich die Zusammenstellung aus den geeigneten Fraktionen der Benzinfabrikation zu nennen, wobei etwa die richtigen Mengen von Gasbenzin zugesetzt werden, um einerseits leichten Kaltstart zu erreichen, andererseits doch die lästige Dampfblasenstörung sicher zu vermeiden. Als Zusätze mit verschiedenen Zwecken dienen zunächst ausgesprochene Kraftstoffe, also etwa Benzol, Alkohol oder hochklopffeste synthetische Kraftstoffe, wie Iso-Oktan, Neohexan, Triptan usw.

In kleineren Mengen enthält der Ottokraftstoff gelegentlich auch organische Klopfbremsen, wie Anilin, Monomethylanilin und ähnliches, von denen man mehrere Prozente für praktisch bedeutungsvolle klopfhemmende Wirkungen benötigt. In winziger Menge ist endlich die Klopfbremse Tetraäthylblei in allen rot gefärbten Benzinen enthalten. Das ähnlich wirksame Eisenkarbonyl hat es nur einmal in Deutschland als „Motalin“ gegeben und kommt heute als Kraftstoffzusatz international nicht mehr vor.

Zur Hemmung der Harzbildung in Ottokraftstoffen enthalten wohl alle Benzine in sehr kleinen Mengen komplizierte organische Stoffe vom Typ des Hydrochinons, Pyrogallols usw. als „Inhibitoren“. Es sind chemische Verwandte unserer fotografischen Entwickler. Noch kompliziertere „Hemmstoffe“ gibt es, um Ottokraftstoffe am Korrodieren zu verhindern.

Alkoholhaltige Kraftstoffe enthalten ferner zur Erhöhung der Kältefestigkeit bzw. Unempfindlichkeit gegen Wasseraufnahme sog. „Lösungsvermittler“, als welche Benzol. Azeton und hydrierte bzw. höhere Alkohole besonders zu nennen sind.

Bei den nachträglichen Kraftstoffzusätzen sind in erster Linie die sog. „Obenschmieröle“ vom Typ des Speedoils zu nennen, für welche beansprucht wird, daß sie den seit Ricardo bekanntlich als besonders stark abnutzend erkannten Kaltstart sowohl durch Schmierwirkung wie durch Neutralisierung etwa entstehender Säuren wie durch Emulgierung von Wasser und Wasserstoffsuperoxyd entgiften. Prof. Beck von der Technischen Hochschule Dresden glaubte, die positive Wirkung solcher Obenschmier- und Neutralisationsmittel — auch zur Erweichung und Entfernung von Ölkohle und zur Schmierung der Auspuffventilschäfte — experimentell zuverlässig nachgewiesen zu haben. Daß sich für neue und neu ausgeschliffene Motoren zum Einlaufen derartige Obenschmiermittel[2]) eignen, darf als unbestritten

[1]) Inzwischen vom Markt verschwunden, ebenso (schon früher) das „Motyl“ der ehemaligen I.G. (Eisenkarbonyl).

[2]) Bestritten ist hingegen die Eignung von Kolloidgrafitzusatz für Einlaufvorgänge, weil ein solcher Zusatz den Einlaufvorgang durch die Notschmiereigenschaften des Kolloidgrafits nur verlangsamen würde; stattdessen wird Kolloidgrafitzusatz nach erfolgtem Einlaufen empfohlen.

gelten. Wie weit die Oberschmieröle, wie behauptet, als Ionenpuffer gegen die Bleikorrosion wirken, bedarf wohl noch genauer Nachprüfung.

Eine eigenartige Sache ist der Wasserzusatz, welcher in den allerverschiedensten Erscheinungsformen immer wieder eine Rolle spielt. Das geht bis auf Capitaine und Banki zurück, welche in Ölmotoren für schwere Erdölrückstände durch Wasserzusatz — in gleicher Menge wie Kraftstoff! — ruhigere und saubere Verbrennung erzielten. Das gleiche tut man heute in Lanz-Bulldog-Glühkopfmotoren, wenn diese mit Erdölrückständen betrieben werden sollen. Es ist ja auch einleuchtend, daß die Verdampfungswärme flüssigen Wassers durch Innenkühlung den effektiven Verdichtungsdruck herabsetzt und dadurch die Klopfneigung verringert, daß ferner Wasser durch die Wassergasreaktion Ölkohle vergasen kann, wie ja auch glühender Koks bei Wasserzusatz sofort die Bildung von Wassergasflammen zeigt.

Zahllose Bemühungen um Wasserzusatz im Autobetrieb gehen von dem Glauben aus, daß nach einem Gewitter, beim Durchfahren eines nebelfeuchten Tales usw. das Kraftfahrzeug unvergleichlich besser zu laufen scheint. Diese betreffen aber stets nur sehr kleine Wassermengen, so daß die wettermäßigen Schwankungen im Wassergehalt der angesaugten Luft größer sind als die von derartigen Geräten zugeführten Mengen an Wassernebel oder Wasserdampf. Von „25% Kraftstoffersparnis" usw. kann nicht die Rede sein. In messenden Versuchen hat man weder mit diesen Geräten, noch mit anderen Formen des Wasserzusatzes irgendwie erhebliche Wirkungen erzielt, es sei denn, wie oben mit sehr erheblichen Mengen von Wasser für Innenkühlung. Im übrigen muß man mit Zusatz gewöhnlichen Wassers sehr vorsichtig sein, weil einmal Kesselstein im Brennraum Schaden anrichten kann, zum anderen Wasser leicht die Kolbenschmierung gefährdet.

Hingegen hat sich der klopfhemmende Zusatz von verdünntem Methanol mit Tel im sog. „Vitameter" als möglich erwiesen[1]). Er erfolgt in Abhängigkeit von den Betriebsbedingungen des Motors.

Wasserzusatz in Gestalt der seit Jahrzehnten immer wiederkehrenden wasserhaltigen Kraftstoffemulsionen hat sich in keiner Weise durchsetzen können, zumal die Emulsionen meistens wenig Beständigkeit zeigen.

Ähnlichen Seeschlangencharakter bei unbefangener Werbung, wie die „Wassermänner", zeigen andere Kraftstoffzusatzmittel-Leute. Das begann schon in den ersten Jahren der Kraftfahrt mit dem kampferhaltigen „Sonnlandin". Jeweils in Zeiten von Kraftstoffknappheit oder hohen Kraftstoffpreisen erscheint eine Fülle von Geheimmitteln als Tabletten und Flüssigkeiten, welche Nitroverbindungen, Naphthalin, Benzaldehyd und alles mögliche andere enthalten, ziemlich teuer sind und Klopfbeseitigung, Mehrleistung, 25% und mehr Kraftstoffersparnis usw. versprachen und versprechen. Dr. Max Brunner von der Eidgenössischen Material-Prüfungs-Anstalt in Zürich hat alle auf dem schweizer Markt vorhandenen derartigen Geheimmittel — sie stammten zum Teil aus Deutschland — sehr sorgfältig untersucht und samt und sonders wirkungslos befunden. In Deutschland war die Vorprüfung auf Unschädlichkeit und Vorhandensein der behaupteten Wirkungen durch amtliche fachkundige Stellen gesetzlich vorgeschrieben. Das hatte den Erfolg, daß die Geheimmittel schlagartig verschwanden, übrigens sich auch samt und sonders bei der Untersuchung durch die deutsche amtliche Prüfstelle als wirkungslos erwiesen. Leider ist diese vernünftige Vorschrift 1945 gefallen, so daß es wieder in Deutschland viele solcher Zusätze gibt.

Als Zusatz kann man wohl auch die Kaltstartmittel ansehen, obwohl angesichts der heute in Deutschland üblichen Kraftstoffqualitäten und des Hochstandes der Starteinrichtungen unserer Vergaser für ihre Anwendung

[1]) Bei Versuchen von Brunner (Empa).

meist kein Raum mehr ist. Interessant unter diesen Startmitteln war das „Supralin" der I. G., eine Gallerte aus einem besonders geschickt abgestimmten sehr zündfähigen Kohlenwasserstoff, welche beim Ausdrücken aus der Tubenöffnung sich verflüssigte und verflüchtigte.

7. Kraftstoffgase

Brenngase sind nach einem bekannten Schlagwort „Kaviar für den Motor". Sie geben saubere — nicht „trockene" — Verbrennung bei hoher Leistung und niedrigem Verbrauch. Angesichts ihrer sehr hohen Klopffestigkeit kann man diesen durch Erhöhung des Verdichtungsverhältnisse noch besonders senken. Sie liefern geruchfreies Abgas und schonen das Schmieröl so auffällig, daß man dadurch erst bemerkt, wie groß die Beanspruchung des Schmieröls im Verbrennungsmotor gerade auch von der Kraftstoffseite ist. Es gibt keine Schmierölverdünnung, so daß man dünneres Schmieröl anwenden kann und soll. Da man mit etwas Luftüberschuß am besten fährt, käme eher eine — kleine — Schmierölverdickung in Betracht. Die Kerzen leben lange und bleiben unerhört sauber.

Diese Vorzüge müssen bezahlt werden. Kraftstoffgase haben bei gewöhnlichem Druck ein sehr großes Volumen, wie sich aus dem Faustregelvergleich 1 cbm Methan $\sim$ 1,25 l Benzin anschaulich ergibt. Methan oder gar heizärmeres Permagas (Ferngas oder Stadtgas) in auf Fahrzeugdächern oder auf Anhängern untergebrachten Ballonen aus gummiertem Gewebe mitzuführen, ist mithin eine unwirtschaftliche Notmaßnahme. Für Kraftfahrzwecke müssen die Kraftstoffgase durch Druck auf kleinen Transportraum (Tankraum) gebracht werden. Das kostet Verdichtungsarbeit und außerdem Transportflaschen, welche den entsprechenden Betriebsdruck zuverlässig aushalten, dafür aber natürlich ein größeres Gewicht besitzen als der für flüssige Kraftstoffe übliche leichte Blechtank; dieses Gewicht muß man unter Schädigung der Wirtschaftlichkeit spazieren fahren. Bei dem Treib- oder Flüssiggas, welches einen Betriebsdruck von nur 5—15 atü hat (Prüfdruck 25 atü) sind diese Flaschen verhältnismäßig leicht, für Methan und Permagas mit Betriebsdrucken von 200 atü natürlich erheblich schwerer. Bei beiden Flaschensorten ist zur Vermeidung unnötiger Druckerhöhung Sonnenbestrahlung[1]), anderweite Erwärmung und natürlich auch mechanisch rauhe Behandlung zu vermeiden. Bei Flaschenwechsel — der bei Flüssiggas üblich ist, während Methan meist ohne Flaschenwechsel getankt wird — müssen die Flaschenventile durch Schraubkappen vor mechanischer Beschädigung geschützt werden. Gasdruckflaschen werden vor der Inbetriebnahme sehr sorgfältig auf Herstellungsfehler, verborgene Risse u. dgl. geprüft, neuerdings sogar mit Ultraschall.

Im einzelnen kann man bei den Kraftstoffgasen nur Treibgas und Methan als wichtig hervorheben. Die Abwässerreinigungen stellen in manchen Städten als „Klärgas" ein erst nach chemischer Reinigung vollwertiges Methan her, welches meist in den eigenen kommunalen Betrieben verbraucht wird. Die Verwendung von „Permagas" (Stadtgas, Ferngas) ist wegen zu geringer Aktionsradien fast ganz verschwunden. Zu erwähnen ist endlich, daß man neuerdings kleine Anlagen baut, welche auf abgelegenen Bauernhöfen durch Vergären von Mist und pflanzlichen Abfällen ein methanhaltiges brennbares Gas zum Betrieb von Feuerungen und ortsfesten Motoren liefern, — eine nicht gerade sehr überzeugende Angelegenheit. —

Treibgas und Methan unterscheiden sich voneinander für die Kraftfahrpraxis dadurch, daß Methan wegen seines kleineren Aktionsradius und höheren Brutto-Energiegewichtes sowie wegen der örtlichen Lage der Methantankstellen auf verhältnismäßig enge geographische Bereiche (Ruhrgebiet und Umgebung) beschränkt ist, während Treibgas sich in der ganzen Bundesrepublik findet und ohnehin einen erheblich größeren Aktionsradius

[1]) Aluminierung oder heller Anstrich empfehlenswert (zur Kennzeichnung genügt roter Ring).

gewährleistet. Mithin wird Methan in der Regel an der Hochdrucktankstelle durch Tanken nach Druck, Treibgas in der Regel durch Auswechselung der leeren Flaschen gegen eine gefüllte nach Gewicht verkauft.

Übersicht über Kraftstoff-Gase

	Bestandteile	Wichte		Heizwert		OZ
		gasförmig	flüssig	des Gases Kcal/cbm	des Gemisches Kcal/cbm	
1. Treibgas (Flüssiggas) Prüfdruck 25 atü Betriebsdruck 5—15 atü	Butan u. Iso-Butan Propan	2,37	0,558	25000	~ 890	> 100
2. Methan Betriebsdruck 200 atü	Methan[1]	0,727 —0,755	—	8150 —8650	~ 850	> 100
3. Klärgas gereinigt Betriebsdruck 200 atü	Methan	0,8	—	8300	~ 840	> 100
4. Permagas (Stadtgas bzw. Ferngas) Betriebsdruck 200 atü	Wasserstoff Kohlenoxyd Methan Kohlensäure	0,6	—	3600 —4500	~ 800	~ 90
5. (Gär- oder Mistgas)	Methan Kohlensäure Schwefelwasserstoff	—	—	?	?	?

[1]) Der Heizwert reinen Methans ist 8550 Kcal/cbm. Motorenmethan kann — bei einer Produktionsstelle — außer Methan noch Äthan, ungesättigte Kohlenwasserstoffe auch etwas Wasserstoff und Kohlenoxyd enthalten, wodurch die Wichte auf 0,95 und der Heizwert auf 10250 steigen.

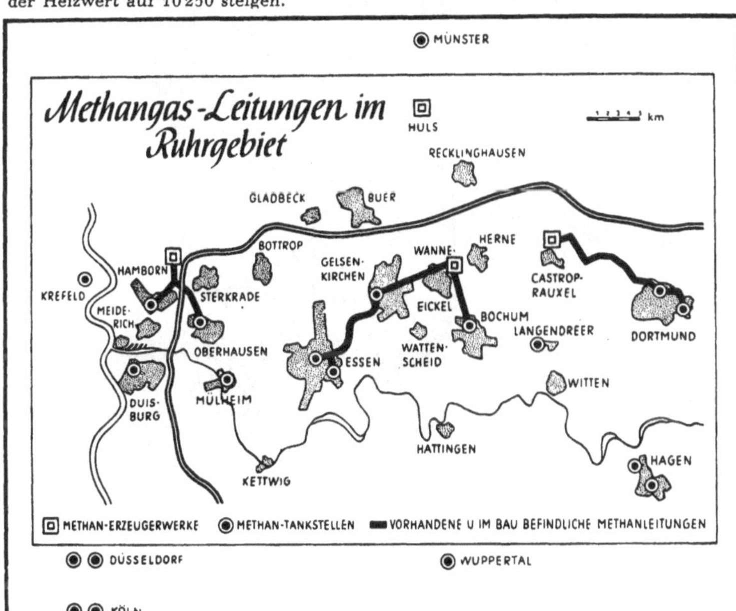

Bild 2. Methangas-Hochdruckleitungen und Methangas-Tankstellen im Ruhrgebiet

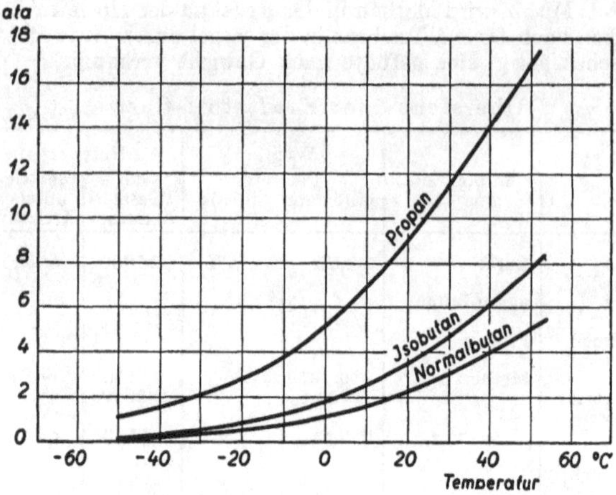

Bild 3. Dampfdrucke der Flüssiggase

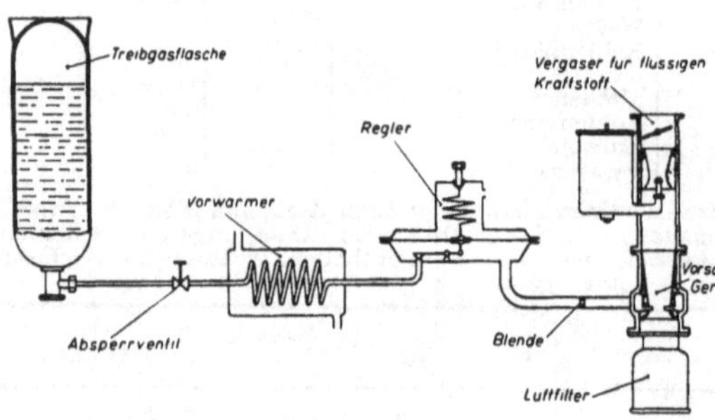

Bild 4. Schema des Treibgasbetriebes

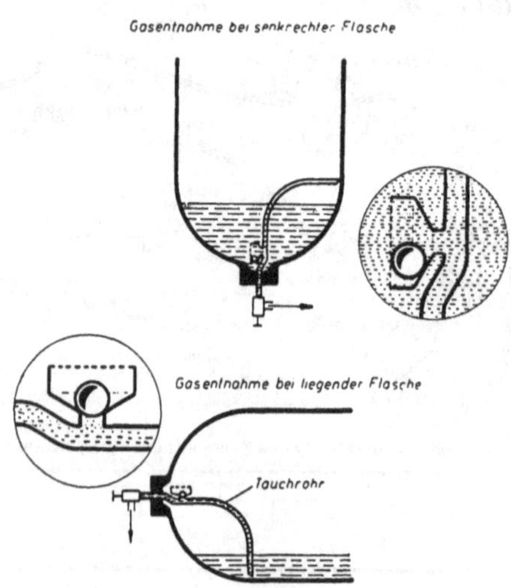

Bild 5. Tauchrohre in Flüssiggasflaschen

a) Treibgas (Flüssiggas)

Treibgas oder Flüssiggas, welches aus Butan, Propan, Butylen und Propylen besteht, fällt im Spaltgas in Crackanlagen und Hydrieranlagen an, außerdem als Bestandteil des aus nassem Erdgas kondensierten Gasbenzins. Bei gewöhnlichen Temperaturen und Drucken ist es ein Gas. Unter dem Arbeitsdruck von 5—15 atü (je nach Temperatur) ist es eine Flüssigkeit. Beim Austritt aus der Flasche wird zur Vermeidung durch Fraktionierung ungleichmäßig werdender Zusammensetzung durch passende Tauchrohre Flüssigkeit entnommen. Diese wird in einem Vorwärmer zuverlässig verdampft (was besonders im Winter nötig ist) und dann durch einen Regler auf Niederdruck, ja sogar ein wenig Unterdruck derart gebracht, daß es der Saugkraft des Motors bedarf, um Gasaustritt zu veranlassen. Die Mischung erfolgt in einem Mischtrichter, welcher gleichzeitig der Düse für flüssigen Kraftstoff dienen kann — falls Wechselbetrieb eingerichtet werden soll. Zur Erreichung einer guten Mischung ist die Art der Einmündung des Gasrohrs in den Trichter wesentlich[1]). Die Treibgasapparatur enthält neuerdings eine von der Wissenschaftlich-Technischen Abteilung des Benzol-Verbandes entwickelte Einrichtung zur Regelung des Mischungsverhältnisses bei Teillast, entsprechend ähnlichen Einrichtungen der Vergaser.

Flüssiggasflaschen dürfen nicht voll gefüllt werden, weil die Flüssigkeit bei steigender Temperatur sich ausdehnen und dann die Flasche sprengen könnte[2]). Um unbeabsichtigtes Vollfüllen im Fahrbetrieb zu vermeiden, gilt deshalb die strenge Regel, beim Vorhandensein mehrerer Flaschen auf einem Fahrzeug stets die eine Flasche ganz leerzufahren und abzustellen, bevor eine zweite angestellt wird. Zwar haben die Flaschen Berstscheiben, welche bei Überschreitung des Prüfdrucks von 25 atü sich sicherheitsventilartig öffnen und das Treibgas zur Vermeidung eines Flaschenzerknalls austreten lassen. Das ist aber eine keineswegs erwünschte Sache, zumal Treibgas schwerer ist als Luft, mithin auf dem Boden weithin kriechen und peinliche Fernzündungen verursachen kann. Überhaupt müssen die sehr großen tech-

[1]) Vgl. S. 132.

[2]) Auf den Füllanlagen für Treibgasflaschen ist die Erfüllung dieser Forderung unbedingt gesichert.

Gasflaschen[1])

	Flüssiges Treibgas (25 atü)			Methan (200 atü) (Hochdruck-Gas)				Perma-Gas (200 atü) (Stadt u. Ferngas)			
Inhalt Ltr.	52	79	108	51	58	77	140	51	58	77	140
Ø mm	267	318	318	229	229	267	368	229	229	267	368
Länge mm	1105	1190	1750	1740	1930	1930	1930	1740	1930	1930	1930
Gewicht leer kg	30	39	55	78	83,5	119	223	78	83,5	119	223
Gewicht der Füllung kg	22	33	46	8,9	10,0	13,3	24,0	4,8	5,3	7,2	1,0
Volumen der Füllung cbm	0,039 (flüssig)	0,059 (flüssig)	0,082 (flüssig)	11,8	13,4	17,7	32,1	9,4	10,7	14,3	25,7
Energieinhalt Kcal	241000	362000	505000	100000	114000	150000	273000	36000	40500	54500	98000
entsp. Ltr. Bi (praktisch)	32,5	49,0	68,0	13,5	15,5	20,1	37,0	4,9	5,5	7,4	13,2
10000 Kgcal wiegen brutto kg	2,16	1,98	1,95	8,7	8,3	8,7	9,0	23	22	23,5	24

[1]) Vgl. H. Waldmann, Holde-Zerbe, Kohlenwasserstofföle.

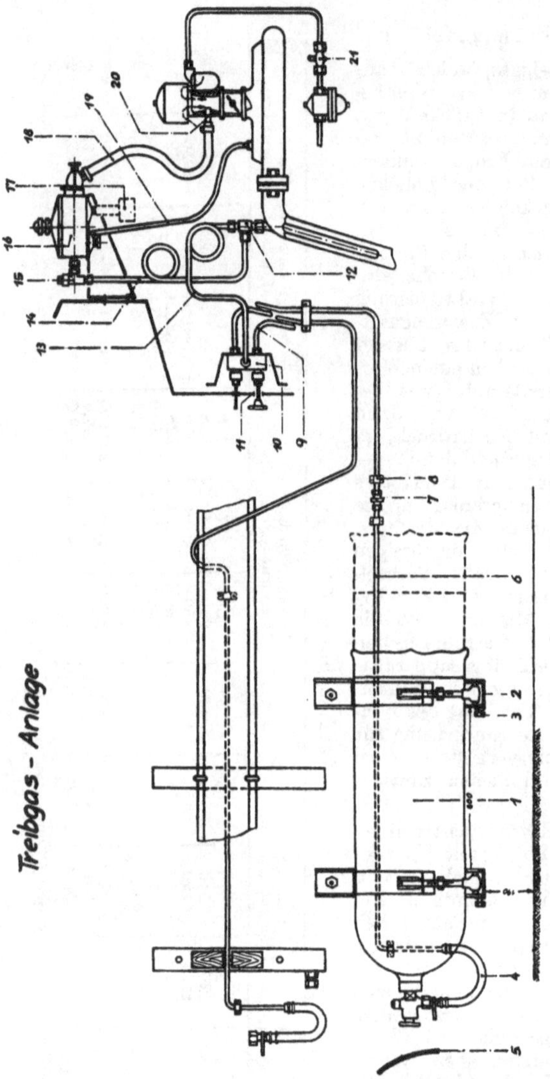

Bild 6. Treibgasanlage

Die Anlagen (Regler) für Treibgas und Methan sind bis auf eine allerdings wichtige Anzahl von Einzelheiten gleich und können ineinander umgewandelt werden:

1	Treibgasflasche	12, 13	Anschluß des Vorwärmers
2, 3	Halteschlaufen für Treibgasflasche	14, 15, 16, 17	Leitung und Anschluß zum Regler
4	Verbindungsschlauch von Ventil zu Leitung	18	Niederdruckleitung zum Vergaser
5	Mechanischer Schutz des Flaschenventils	19	Leitung zum Teillastregler
6	Rohrleitung	20	Mischer bzw. Vergaser
7, 8	Ermeto-Verschraubung	21	Leitung für flüssigen Kraftstoff
9, 10, 11	Anschlüsse mit Schlangen an die Hauptabsperrventile		

nischen und wirtschaftlichen Vorteile des Treibgases mit entsprechendem Verständnis und entsprechender Vorsicht bezahlt werden. Treibgas ist ungiftig und fast geruchlos.

b) Methan

Methan wird z. B. als trockenes Erdgas bei Bentheim erbohrt und kommt auf einer 80 km langen Hochdruck-Rohrleitung nach Hüls im Ruhrgebiet, wobei der Druck von 145 atü auf 3 atü absinkt. In Hüls erfolgt die Reinigung des Gases besonders von Schwefel. Innerhalb des Reviers befinden sich Rohrleitungen für fertiges Motorenmethan für einen Betriebsdruck von 350 atü (vgl. Abb. 8 S. 118).

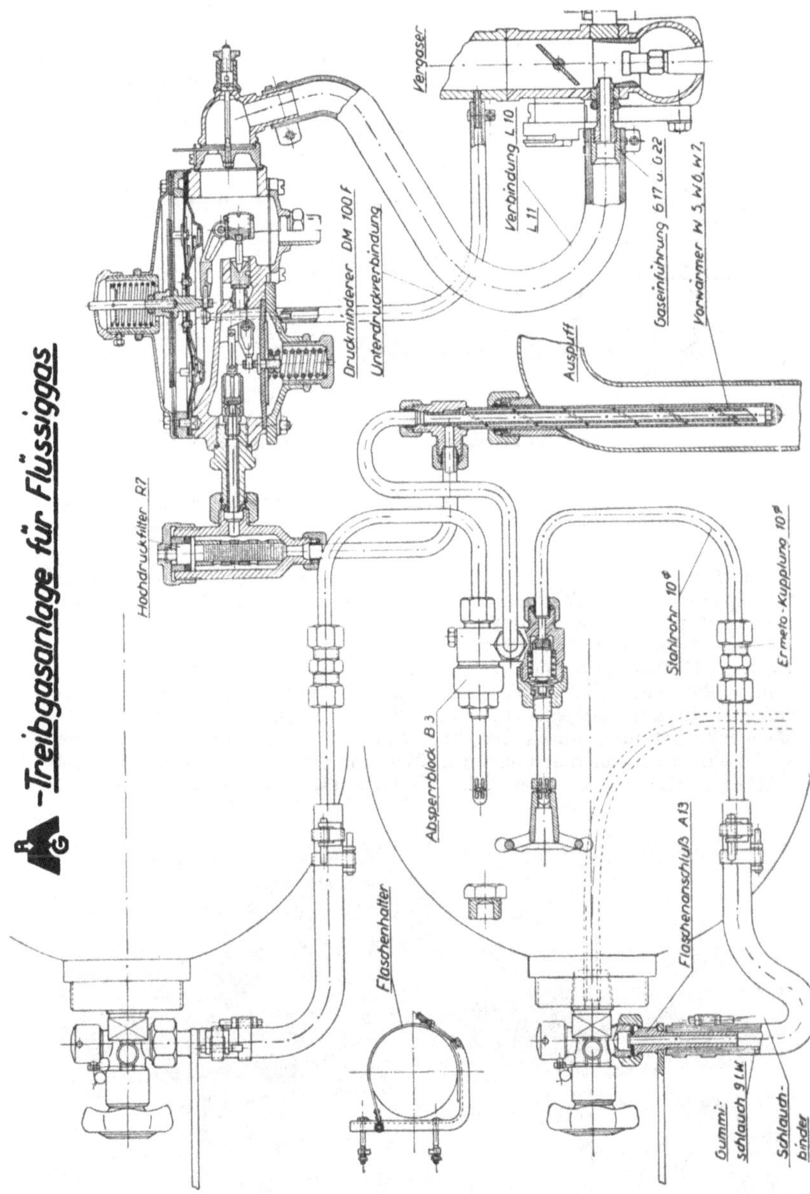

Bild 7. Neuzeitliche Flüssiggas-Anlage

Außer aus Erdgas wird Methan auch bei der Tieftemperaturzerlegung (—161° C) von Koksofengas zur Wasserstoffgewinnung für die Hydrierung gewonnen. Solches Methan enthält auch etwas höhere Kohlenwasserstoffe, welche seinen Heizwert noch erhöhen.

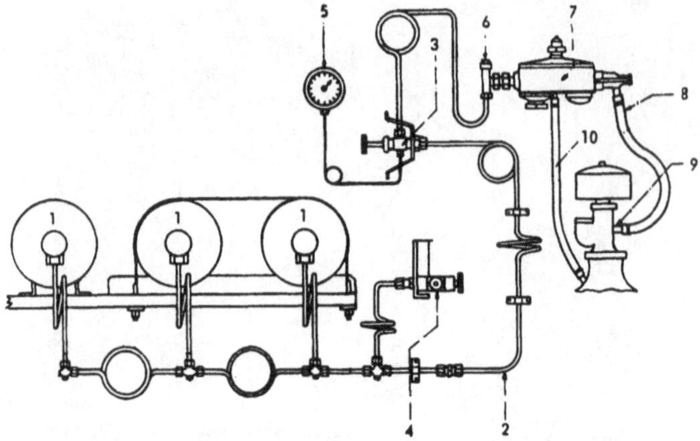

Bild 8. Schema des Flüssiggasbetriebes mit mehreren Flaschen

Endlich kann man Methan durch Methanisierung von Koksofen- oder Stadtgas (vgl. S. 154) gewinnen.

Methan wird unter 350 atü fortgeleitet, in Speichern aufbewahrt, in Transportern und Tankanhängern befördert. Der hohe Druck gestattet rasches Tanken der auf nur 200 atü aufzufüllenden Stahlflaschen an den 25 Tankstellen zwischen Dortmund und Köln. An der Ruhr werden[1]) täglich 150000 cbm Motorenmethan hergestellt und verfahren. Im Jahre 1950 wurden 29 Millionen cbm Methan verfahren, welche 32 Millionen l Benzin entsprechen. Beim Tanken von Methan erfolgt die Mengenbestimmung durch Druckmessung, und zwar an den besonders geeichten Tanksäulenmanometern. Methan hat die Besonderheit, sich stärker verdichten zu lassen, als den bekannten Gasgesetzen entspricht.

Bild 9. Methan-Speicher, Methan-Tankwagen, Methan-Schlepper, alle mit BV-Methan im Ruhrgebiet

[1]) Vgl. Holde-Zerbe, Abschnitt H. Waldmann S. 671.

(Stadtgas hat die umgekehrte Besonderheit.) So kann man bei Methan mit 1,15 pv rechnen, in anderen Worten unerwartet viel in eine Druckflasche hineinbringen, während man bei Stadtgas mit 0,92 pv rechnen muß, mithin von dem ohnehin armen Gas noch unerwartet wenig trotz des hohen Druckes unterzubringen vermag.

Im Gegensatz zu Treibgas ist Methan leichter als Luft, was in bezug auf die bei Speichergasen ja besondersartigen Feuersgefahren zu beachten ist.

Um Methan noch vorteilhafter verwenden zu können, wird damit experimentiert, kaltflüssiges Methan in wärmedichten Gefäßen zu transportieren. Verflüssigtes Methan ist —161,4° C kalt und stellt mit einer Wichte von 0,41 eine sehr leichte Flüssigkeit dar.

Methan ist klopffest OZ $>$ 100. Motoren für ausschließlichen Methanbetrieb können also vorteilhaft höher verdichtet werden.

c) Klärgas

Klärgas ist Methan, welches durch Vergären städtischer Abwässer gewonnen und durch Druckwäsche mit Wasser von Kohlensäure und anderen Verunreinigungen befreit ist. Es macht dem ursprünglichen Trivialnamen des Methans („Sumpfgas") sozusagen Ehre. Seine Erzeugung wächst. Meist wird Klärgas von den erzeugenden Kommunalbetrieben selbst verfahren.

Auch Klärgasmethan ist klopffester als OZ 100. Für ausschließlichen Betrieb von Klärgasmethan bestimmte Fahrzeuge können also vorteilhaft höher verdichtet werden.

d) Permagas (Stadtgas)

Obwohl auch Motorenmethan und Klärgas insofern „Permagase" sind, als sie sich bei ihren 200 atü Betriebsdruck, ja auch bei den 300—350 atü Tankdruck, keineswegs verflüssigen und höchstens im strengen Winter kleine Kondensate höherer Kohlenwasserstoffe geben, hat sich der Ausdruck „Permagas" etwas unlogisch nur für Stadtgas und Ferngas eingeführt. Beide sind wegen ihres verhältnismäßig hohen Kohlenoxydgehaltes giftig. Permagas ist ebenso, wie Methan, leichter als Luft. Es muß sehr sorgfältig gereinigt sein, damit es weder die Kompressoren angreift, noch in den Druckflaschen Korrosion hervorruft.

Permagas ist auch weitgehend klopffest. Es wird fast nicht mehr gefahren.

e) Gär- oder Mistgas

Nach demselben Prinzip, wie bei der Abwässerreinigung im Großen Klärgas hergestellt wird, empfiehlt man neuerdings kleine Anlagen zur Herstellung brennbarer methanreicher Gase durch Vergären von Dung und anderen Abfällen, um abgelegenen Gehöften Brenngase — auch zum Betrieb ortsfester Motoren — zu verschaffen.

8. Festkraftstoffe

Aus Festkraftstoffen wird das heizwertarme Sauggas durch Halbverbrennung in Generatoren hergestellt. Es gibt noch keinen technisch und wirtschaftlich befriedigenden Sauggasbetrieb, obwohl Sauggas klopffest ist und hohe Verdichtung zuläßt. Der Überschlagswiderstand in den Kerzen ist aber dann größer, so daß man die Elektroden enger stellen und zwecks besseren Durchzündens zueinander verschränkt zurechtbiegen muß, am besten sogar eine höhere Zündspannung anwendet. Deshalb ist der technisch aufwendig erscheinende „Gasdiesel"-Betrieb, bei welchem die Zündung nicht elektrisch, sondern bei sehr hoher Verdichtung des angesaugten Gasgemisches durch Selbstzündung eingespritzter winziger Mengen besonders zündwilligen Dieselkraftstoffs erfolgt, wahrscheinlich die technisch beste Lösung. Aber es sind noch genug andere Aufgaben zu lösen, bevor der Festkraftstoffbetrieb wettbewerbsfähig genannt werden kann[1]).

Über Sauggasbetrieb und die zahlreichen verwirklichten Möglichkeiten dazu findet sich eine reiche Literatur. Besonders hochwertig waren schweizer und schwedische Bauarten (im 2. Weltkrieg).

Immerhin seien nachstehend kurz die wichtigsten Festkraftstoffe mit einigen Bemerkungen aufgeführt, sowie eine Übersicht über die für den Generatorbetrieb wichtigen Eigenschaften von Festkraftstoffen gegeben:

Festkraftstoffe für Sauggas

Torf[2]), 20—25 % H_2O, ~ 5 cm ∅, Asche < 2,5 %, schwefelarm,
Holz[2]), < 1 % Asche, ~ 3600 Kcal/kg, lufttrocken, < 8 × 5 cm, schwefelfrei,
Braunkohle[2]) (Knorpel, Krümel),
Braunkohlen-Briketts[2]) („G“, „Feinkorn“), ~ 4800 Kcal/kg, 4—10 % Asche[3]),
Holzkohle,
Torfkoks,
Braunkohlenschwelkoks (bis 25 % Asche, schwefelreich),
Steinkohlenschwelkoks (5—10 % Asche),
Magerkohle[2]),
Anthrazit, 10—18 mm, Nuß IV, (4—7 % Asche), < 11 % Flüchtiges, ~ 7400 Kcal/kg.

Wichtige und unwichtige Eigenschaften von Festkraftstoffen

Wichtig	Unwichtig
Stückgröße (Körnung)	Farbe (aber möglichst wenig abfärbend)
keine Neigung zu Brückenbildung	
günstiges Schüttgewicht	
Schmutzfreiheit	
Staubfreiheit, — keine Hobel- oder Sägespäne	
kleiner Wassergehalt	Geruch
Aschenarmut	
hoher Aschenschmelzpunkt (Asche statt Schlacke)	
Teerfreiheit oder -armut	
Schwefelarmut	
Standfestigkeit im Feuer, aber kein Backen	
nicht selbstentzündlich	
günstiges Energiegewicht	
günstiger Energiepreis	
Erhältlich in gleichbleibender Beschaffenheit	

9. Sonderkraftstoffe

Als Sonderkraftstoffe kann man die überklopffesten Kraftstoffe bezeichnen, welche Verdichtungen bis zu $\varepsilon \sim 12$ gestatten (Triptan usw. und Rennkraftstoffe).

Auch die sog. Sicherheitskraftstoffe — scharf fraktionierte Erdölkraftstoffe (Siedeanlage ~150—210° C) — sind Sonderkraftstoffe, welche allerdings praktisch durchaus keine Sicherheit (in bezug auf Brandgefahr) bringen dürften.

Sonderkraftstoffe sind auch die immer wiederkehrenden „festen“ Ottokraftstoffe. So hat man Benzin mit Seifen verfestigt. Es hat dann eine ähnliche Beschaffenheit, wie das bekannte feste 4711-Parfüm. In England hat man Benzin in hauchfeinen Kunstharzschaum eingesperrt und dadurch verfestigt. Bei allen diesen und ähnlichen Verfestigungen von Benzin blieb aber anscheinend bislang die Frage unbeantwortet, welche Vorteile man eigentlich vom festen Benzin erhalten könne.

---

[1]) Vgl. S. 143ff. U. a. müßten die Festkraftstoffe genormte hohe Qualitäten und — vernünftige Preise haben.

[2]) „teerbildend“, die anderen (mehr oder weniger) „teerfrei“.

[3]) Rheinische Braunkohle hat wenig und hochschmelzende Asche.

II. Dieselkraftstoffe

Auch bei Dieselkraftstoffen kann man zwischen wichtigen und unwichtigen Eigenschaften unterscheiden, obwohl die Wünsche und die Meßmethoden bei Dieselkraftstoffen noch längst nicht so feinfühlig entwickelt sind, wie bei Ottokraftstoffen.

Notwendig ist bei Dieselkraftstoffen natürlich vor allem eine ausreichende Zündwilligkeit — auch für den Kaltstart. Dieselmotoren mit direkter Einspritzung, welche in der Regel sparsamer sind, benötigen Kraftstoffe mit etwas größerer Zündwilligkeit, als solche mit Vorkammern, Luftspeichern usw.

Von ganz entscheidender Bedeutung für die Güte eines Dieselkraftstoffes ist aber außerdem noch seine Reinheit. Dieselkraftstoff wird durch Hochdruckpumpen in winzigsten Mengen genau abgemessen und unter Drucken um die 100 atü aus zarten Düsen zerstäubt. Wasser, Sand, Salz, Asche oder andere Abscheidungen können größten Schaden anrichten. Wesentlich ist auch das Fehlen einer Neigung zur Bildung von Koksrückständen („Torten") auf der Feuerseite der Einspritzdüsen.

Weiter ist richtige Zähflüssigkeit und genügende Filtrierbarkeit (nach Hammerich) bei Winterkälte von großer Bedeutung. Wenn der Kraftstoff zu zähflüssig wird oder gar Abscheidungen zeigt, verstopft er die Poren der Feinfilter, welche zum Schutz von Hochdruckpumpe und Düsen vorgeschaltet sein müssen.

Auch mit anderen Dieselkraftstoffen ohne Niederschlagsbildung mögliche Mischbarkeit ist erforderlich, weil man beim Dieselbetrieb noch weniger gern als beim Ottobetrieb den Tank vor dem Neutanken restlos leer fährt. (Wegen Falschluft im Einspritzsystem.)

Dieselkraftstoffe

Wichtig	Unwichtig
Wichte (0,82—0,89 Einfluß auf Verbrauch und Rauchgrenze).	
Zündwilligkeit (kleiner Zündverzug, passende Cetanzahl > 45). Dieselmotore mit direkter Einspritzung brauchen größere Zündwilligkeit als solche mit Vorkammern	Farbe (hell oder dunkel)
Reinheit Freiheit von Wasser, Sand und Salz Freiheit von Satz, chemisch neutral, $P_H = 7$, keine sauren Öle (Phenole usw.), nicht korrodierend (Zinkstreifenprobe nach Hammerich) Freiheit von Asche ($< 0,05\,\%$) möglichst wenig Gesamtschwefel ($< 1,0\,\%$) möglichst keinen aggressiven Schwefel wenig Asphalt ($< 0,5\,\%$) keine Neigung zur Bildung von Koksrückständen an den Einspritzdüsen (Conradson — Test $< 0,05$)	Geruch (soweit nicht ganz schlimm) Flammpunkt (nur wegen Gefahrenklasse) Brennpunkt Siedekurve Lichtbeständigkeit
Filtrierbarkeit und Kältefestigkeit günstige Fließbarkeit (1—2° E bei 20° C) bei Kälte weder übermäßige Verdickung, noch Abscheidungen (Fließbarkeit nach Hammerich > 200 cc/min bei —15° C); Stockpunkt $<$ —15° C	chemische Zusammensetzung Brechungsindex
Sonstiges Mischbarkeit (keine Niederschläge beim Mischen mit anderen Dieselkraftstoffen) geringe Neigung zur Bildung von Ruß, Rauch und Ruch	Oberflächenspannung

Geringe Neigung zur Bildung von Ruß, Rauch und Ruch sind wichtige Anforderungen.

Demgegenüber ist es ganz unverständlich, wenn so oft die Farbe eines Dieselkraftstoffes bemeckert wird, wobei übrigens die Mode stark wechselt und oft helle, oft dunkle Dieselkraftstoffe als „besser" gelten. Ähnlich unwichtig sind die in der Übersicht, rechte Spalte, aufgeführten anderen Eigenschaften, von denen manche gelegentlich eine unberechtigt große Rolle spielen.

Dieselkraftstoffe auf dem deutschen Markt sind heute in der Regel aus Erdöl hergestellte Gasöle von meist hoher Cetanzahl, wie sowieso auf dem deutschen Markt Dieselkraftstoffe von Cetanzahlen unter 45 selten vorkommen. Die direkt einspritzenden Dieselmotoren haben ja (vgl. K 4) Motor-Cetanzahlen von 45—50 und mehr. Auch die in bezug auf Zündwilligkeit bescheidenen Vorkammermaschinen verlangen ja in der Regel Zündwilligkeiten mindestens über 40,—, und nur die sehr hoch (z. B. 25fach) verdichtenden großen ortsfesten Dieselmotoren können es sich leisten, Dieselkraftstoffe sozusagen ohne jede Rücksicht auf die Cetanzahl, insbesondere also auch Steinkohlenteeröl passender Siedelage, mit oder ohne Zündöl oder Veredelung durch Kogasinzusatz in unmittelbarem Bezug zu verbrauchen, obwohl solches Öl Cetanzahlen von Null und darunter hat.

Verhältnismäßig häufig kommen in Deutschland auch Braunkohlendieselöle — auch Messel-Dieselkraftstoff — aus der Braunkohlenschwelung vor. Schwelteeröle aus schwäbischem und braunschweigischem Ölschiefer machten im zweiten Weltkrieg durch ihren hohen Schwefelgehalt und ihre Neigung zu Pechbildung — ganz abgesehen von ihrem infernalischem Gestank — Schwierigkeiten.

Weiter kommen vereinzelt synthetische Dieselkraftstoffe vor, deren Cetanzahl von Natur sehr hoch liegt und die im allgemeinen zum Legieren von weniger zündfreudigen Dieselkraftstoffen benutzt werden. Dies gilt besonders für das Verfahren von Rheinpreußen (Dr. Kölbel), welches Steinkohlenteeröl mit dem Kogasin der Fischer-Tropsch-Synthese veredelt und die entsprechenden Abscheidungen beseitigt bzw. anders vermeidet. Kogasin selbst ist mit einer Cetanzahl um 100 herum ein viel „zu guter", zu zündwilliger Dieselkraftstoff, so daß er in üblichen Dieselmotoren unvermischt geradezu Schwierigkeiten hervorrufen kann.

Zur Verwendung von Kraftstoffen mit ungünstigen Cetanzahlen gibt es sowohl das Verfahren, durch vorherige Einführung eines Zündöltropfens, d. h. eines Tropfens von besonders zündwilligem Dieselkraftstoff, Temperatur und Druck der Luftladung zu erhöhen, oder das andere Verfahren, durch Zusatz von chemischen „Klopfpeitschen" die Zündwilligkeit des Kraftstoffs zu steigern[1]).

Falls in Notzeiten der an sich widersinnige Wunsch entsteht, in Dieselmotoren Petroleum oder Benzin zu fahren, muß man zweckmäßig dem Kraftstoff aus Rücksicht auf Hochdruckpumpen und Düsennadeln Schmieröl zusetzen, welches im Dieselmotor bei Zerstäubung durch die Düse ja arbeitsleistend mit verbrennt.

Hochzündwillige Dieselkraftstoffe dienen im übrigen als Zündmittel für den sog. Gasdieselbetrieb (vgl. I, 8. Festkraftstoffe).

III. Kraftstoffe für Glühkopfmotoren

Der Glühkopfmotor, von dem es heute in Deutschland eigentlich nur den von Dr. Huber konstruierten Lanz-Bulldogmotor gibt, ist praktisch an sich schon sehr kraftstoffgleichgültig. Man kann bei ihm durch Aus-

[1]) Das erste Verfahren wird ziemlich selten, das zweite wohl überhaupt nur versuchsweise angewendet. Das Leerlauf-„Nageln" der Dieselmotoren läßt sich durch Doppelnocken (anteilige Voreinspritzung à la Zündtropfen) verringern oder beseitigen.

wechseln des Glühkopfes[1]) und gegebenenfalls Verwendung von Einsätzen im Glühkopf sehr bequem Verdichtungsverhältnis und andere Umstände ändern und so die Kraftstoffgleichgültigkeit des Glühkopfmotors bis ins Unwahrscheinliche steigern. Normal wird er mit irgendeinem Dieselkraftstoff betrieben, aber man kann ihn auch mit gebrauchtem Schmieröl, Roherdöl, ja sogar Eukalyptusöl, Fischtran und ähnlichen Dingen betreiben, bei Sondereinrichtungen sogar mit Steinkohlenteeröl und 85er Brennerei-Rohspiritus.

Es gibt zwei Sorten von Glühkopfmotoren, deren eine die Selbstzündungstemperatur des verdampften Kraftstoffs (sehr frühe Einspritzung) benutzt, während die andere die (erheblich niedrigere) Selbstzündungstemperatur des flüssigen Dieselkraftstoffs zur Wirkung bringt. Neuerdings hat der Lanz-Bulldog zugleich mit höherer, 10—12facher Verdichtung u. a. den Einspritzzeitpunkt dahin geändert, daß das zweite, nicht mehr das erste Arbeitsverfahren wirksam wird. Bei Glühkopfmotoren erster Art glüht der Glühkopf sichtbar ($\sim 500^0$ C), bei denen zweiter Art nicht ($\sim 400^0$ C).

IV. Brennstaube

Brennstaube haben überraschend niedrige Selbstzündungstemperaturen, welche z. B. für feine Braunkohlenstaube bis auf 140^0 C herunterreichen. Auch die Fließeigenschaften als Voraussetzung für Dosierung und Feinverstäubung von Brennstauben weiß man (u. a. nach den Ergebnissen des Hamburger Dermatologen Unna [für Wundpuder]) zu beherrschen. Daß Kohlenstaubexplosionen, Mehlstaubexplosionen, Aluminiumstaubexplosionen, kurz Explosionen aller möglichen Staube aus an sich durchaus friedlichen verbrennlichen Stoffen äußerst gefährlich sind und überraschend leicht entstehen, ist bekannt. Trotzdem gelang es Diesels Mitarbeiter Pawlikowski nicht — und auch sonst bisher niemandem —, die Frage des Brennstaubdiesels befriedigend zu lösen. Augenblicklich scheint die Hauptschwierigkeit die Aschefrage — Schleifwirkung — zu sein.

6. Untersuchungsverfahren und Beschaffenheitsvorschriften[2])

Probenahme

Für jede Untersuchung ist die Art und Zuverlässigkeit der Probenahme und die Ankunft der unveränderten Probe an der Untersuchungsstelle von ausschlaggebender Bedeutung. Bei der Probenahme können als Folge von Schichtenbildung usw. leicht Fehler sich einschleichen. Man befolgt zweckmäßig DIN 5157. Für den Transport von Kraftstoffproben hat das Eidgen. Materialprüfungsamt Zürich besondere Transportgefäße entwickelt.

Bei der Entnahme von Kraftstoffproben muß man einige Vorsichtsmaßregeln beachten, wenn man sich vor groben Irrtümern schützen will.

Bei der Entnahme von Proben aus großen Behältern ist zu beachten, daß Kraftstoffe, die an sich miteinander mischbar sind, sich in großen Behältern selbst bei nur geringfügigen Unterschieden der Wichte nicht freiwillig vermischen und in Schichten aufeinander schwimmen. Proben sind bei Bestehen solcher Möglichkeiten aus verschiedenen Schichten zu nehmen.

Weiter ist bei Ottokraftstoffen eine genügend große Probe zu nehmen, die Flasche voll zu füllen und dicht zu verschließen, da andernfalls Verdampfungsverluste sich störend bemerkbar machen können.

Alle Kraftstoffe sind mehr oder weniger lichtempfindlich, so daß die Probeflaschen dunkel aufzubewahren und (z. B. durch Umwickeln mit Metallfolie) gegen Lichteinwirkung zu schützen sind. Daß Probegefäße möglichst aus Glas bestehen, vollkommen rein sein müssen und etwaige Stopfen, die nicht aus Glas bestehen, durch Stanniolumwicklung oder andere Maßnahmen vom Kraftstoff isoliert werden müssen, wird auch nicht immer beachtet.

---

[1]) Siehe Abschnitt: Glühkopfmotoren.

[2]) Vgl. Zerbe, Mineralöle, besonders die Beiträge von Hammerich, Waldmann und R. Weller.

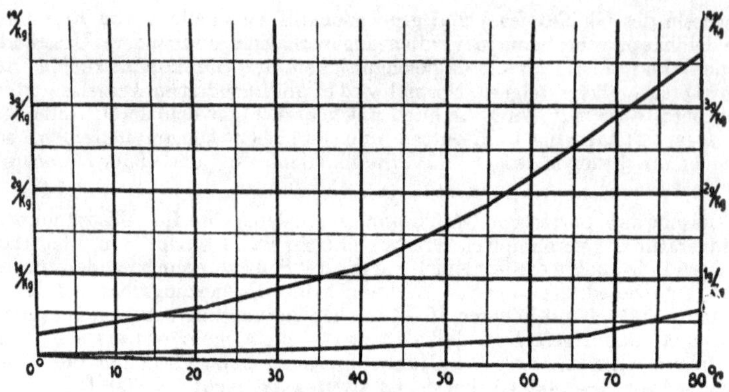

Bild 1. Wasserlösevermögen von Benzin und Benzol in Abhängigkeit von der Temperatur

Reinheit

Flüssige Kraftstoffe müssen zunächst physikalisch rein sein, weil sie sonst in Ottomotoren Filter und Düsen zusetzen bzw. bei Dieselmotoren Pumpe und Düsen ausschleifen. Diese Reinheit bezieht sich sowohl auf feste Verunreinigungen, wie auf flüssige Verunreinigungen, wie z. B. suspendiertes Wasser. Verunreinigungen dieser Art werden am einfachsten durch Zentrifugieren der gegebenenfalls passend verdünnten Kraftstoffe festgestellt, feste durch Abfiltrieren im gewogenen Filter.

Im Kraftstoff sind bei Wassersättigung $^5/_{100}$% oder weniger gelöst. Das umgekehrte Lösungsvermögen von Wasser in Kraftstoff hat ähnliche Größenordnung. Bei Abkühlen fällt das Wasser aus. In manchen Kraftstoffen bleibt es längere Zeit emulgiert schweben. Von festen Verunreinigungen kommen besonders Korrosionsprodukte (Rost, Sand) bei Dieselkraftstoffen auch Asphalt, Koks, Ruß und Salz vor.

Klarheit und Farbe des Kraftstoffs werden in großen Gefäßen beobachtet. An sich ist die Farbe völlig belanglos. Bleihaltige Ottokraftstoffe werden[1]) in USA für OZ 80 rot, OZ 91/98 blau, OZ 100/130 grün, OZ 115/145 purpur gefärbt.

Die Kraftstoffe müssen aber auch eine bestimmte chemische Reinheit aufweisen. Obwohl flüssige Kraftstoffe an sich aschefrei sind, so können, auch in Dieselölen, doch filtrierbare organische Metallverbindungen anwesend sein, die bei der Verbrennung fest ausfallen und im Motor Lästigkeiten verursachen. Deshalb wird auf Aschefreiheit der Kraftstoffe Wert gelegt. Durch Abdampfen und Ausglühen des Rückstandes erhält man übrigens nicht allen denkbaren Aschegehalt. Beispielsweise sind ja die metallorganischen Antiklopfmittel flüchtig. Zur Bestimmung solcher aschebildender Bestandteile müssen besondere chemische Verfahren angewendet werden.

Zur chemischen Reinheit gehört ferner der Schwefelgehalt. Schwefel ist verbrennlich. Die entstehende schweflige Säure pflegt in den ölbenetzten Maschinen oberhalb des Taupunktes (~65° C) keinen Schaden anzurichten. Anders ist es bei überkühlten Maschinen. Wässerige schweflige Säure, die sich rasch in Schwefelsäure verwandelt, frißt Metall an. Darum werden die Schwefelgehalte der Kraftstoffe möglichst niedrig gehalten.

---

[1]) Vgl. Hammerich, Zerbe, S. 281.

Elementarer oder chemisch lose gebundener Schwefel greift als „aktiver Schwefel“ Kupfer an und darf deshalb nicht vorkommen. Man prüft durch mehrstündiges Erhitzen frisch gereinigter Kupferstreifen in dem betreffenden Kraftstoff auf 50° C. Es darf keine oder kaum eine Verfärbung eintreten.

Bequem kann man qualitativ aktiven Schwefel durch Schütteln mit Quecksilber (Schwarzfärbung) nachweisen; das gleiche Verfahren dient zur quantitativen Bestimmung. Der Kupferstreifentest (in Bombe 3 Stunden bei 50° C) ist als A.S.T.M. D 130—30 genormt.

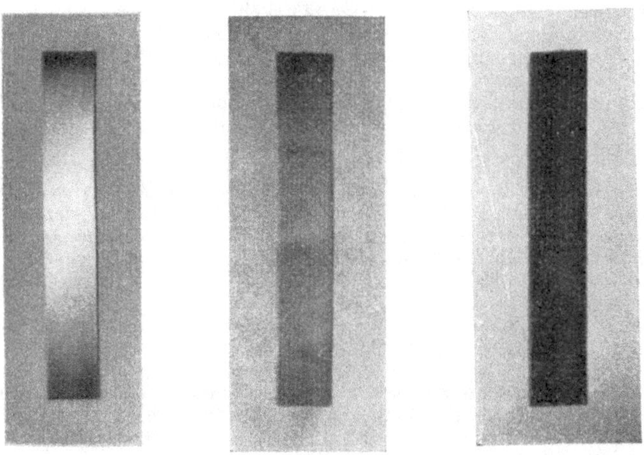

Der Gesamtschwefel wird durch Verbrennung mit Sauerstoffoxydation der schwefligen Säure durch Wasserstoffsuperoxyd als Bariumsulfat nach A.S.T.M. D 90—47 (T) bestimmt. Schwefel kommt in Kraftstoff als elementarer Schwefel, Schwefelwasserstoff, Thiophen, Mercaptane, Sulfide, Schwefelkohlenstoff vor. Das Raffinieren mit „Doktorlösung“ beseitigt nicht den Schwefel, sondern wandelt ihn nur um. Schwefel ist unerwünscht, weil er den Geruch des Kraftstoffs verschlechtert, den Kraftstoff und seine Verbrennungsgase korrodierend macht und die Verbleiung empfindlich schädigt.

Zur chemischen Reinheit der Kraftstoffe gehören auch Harzgehalt, Satzfreiheit und Lagerfähigkeit.

Der Harzgehalt oder gum-Gehalt betrifft in erster Linie die Ottokraftstoffe. Im Kraftstoff gelöste Harze geben störende Abscheidungen auf Ansaugventilen, wenn sie höher als etwa 10 Milligramm je 100 ccm Kraftstoff ausfallen. Im Laufe der Lagerzeit steigt bei vielen Kraftstoffen der Harzgehalt. Solche Eigenschaften kann man im Laboratorium nachahmen und also die größere oder geringere „Lagerfähigkeit" eines Kraftstoffs feststellen. Die früher übliche Schwefelsäureprobe für die Reinheit der Kraftstoffe hat heute ganz an Bedeutung verloren, weil sie zu empfindlich ist und Stoffe anzeigt, die für normale Kraftstoffverwendung unschädlich sind. Man bestimmt den vorhandenen Harzgehalt durch Abdampfen von 100 ccm in der Glas- oder Kupferschale, die Lagerfestigkeit durch Behandlung mit Sauerstoff.

Man unterscheidet im Hinblick auf die Lagerfähigkeit das vorhandene (existent) und das mögliche (potential), d. h. beim Lagern sich bildende Harz (gum). Näheres über das Glasschalenverfahren, welches wesentlich zur Bestimmung von Siedeschwänzen (Verfälschung von Benzin mit Petroleum oder Dieselkraftstoff) sich eignet und für gum zu hohe Werte liefert, das A.S.T.M. D 381—49-Verfahren mit Luftdüse und die von R. Weller[1]) entwickelte BV-Tropfmethode ist in der Fachliteratur nachzulesen. Die Kupferschalenmethode (A.S.T.M. D 910—48 [T]) ist zu scharf.

Da Motorergebnisse zuweilen abweichen, benutzt man auch die direkte motorische Prüfung in empfindlichen Sondermotoren. Einblick in die Kraftstoffreinheit gewährt auch die Kapillaranalyse, welche jedoch nur selten Anwendung findet.

Zur Erhöhung der Lagerfestigkeit dienen Inhibitoren, wie Hydrochinon, Pyrogallol, Alphanaphthol usw., über deren Bestimmung die Fachliteratur Auskunft gibt. Über die Lagerfestigkeit selbst gibt es einen amerikanischen Bombentest, der auf Erhitzung mit Sauerstoff unter Druck beruht (A.S.T.M. D 525—49) und einen BV-Flaschentest, der sehr viel einfacher ist und ausreichend genaue Auskunft gibt[2]).

Bei Dieselkraftstoffen entspricht der Forderung der Lagerbeständigkeit diejenige der Satzfreiheit. Besonders Steinkohlenöle sowie legierte Öle zeigen die Neigung, bei längerem Lagern unbequeme Abscheidungen zu bilden. Manche dieser Abscheidungen kann man durch Warmhalten verhindern oder durch Erwärmen wieder zur Lösung bringen, andere nicht. Die Schwierigkeit bei der Forderung der Satzfreiheit besteht darin, daß es sich um Vorgänge handelt, bei denen lange Zeiträume eine Rolle spielen.

Ferner ist bei Dieselölen die Freiheit von Phenol und Kresolen wichtig, da diese Metalle anfressen (Bestimmung auf chemische Weise).

Der Verkokungsneigung (Absätze an Düsen usw.) sucht man durch den Conradson-Test, d. h. die Ölkohlebildung bei Tiegelerhitzung unter genannten Bedingungen auf die Spur zu kommen. Da der Conradson-Test unbefriedigende Auskunft gibt, hat Th. Hammerich einen neuen Test entwickelt, bei welchem der Kraftstoff unter 150 atü auf 200° C erhitzt und dann nach Conradson abgeschwelt wird. Auf diese Weise werden auch

[1]) „Öl und Kohle", 1937, S. 935ff.
[2]) R. Weller, „Öl und Kohle", 1937, S. 935ff.

Crackrückstandöle mit ihren im Dieselmotor böse Verkrustungen bildenden unangenehmen Eigenschaften richtig erkannt. Ob man durch lösende Zusätze (Desolite usw.) hier bessern kann, ist noch nicht ganz sicher.

Der Geruch der Kraftstoffe ist an sich unwichtig. Immerhin kann man durch „fraktionierte Destillation“ eines Tropfens in der hohlen Hand, auf Filtrierpapier, durch Aufsteigenlassen von Kraftstoff in Filtrierpapier (Kapillaranalyse) usw. mancherlei Schlüsse auf die Zusammensetzung des Kraftstoffs ziehen.

Der Geruch[1]) wird durch Raffinieren, insbesondere Entfernen von Schwefelverbindungen und gewissen ungesättigten Kohlenwasserstoffen, milde gehalten.

Der Abgasgeruch hat weder bei Diesel-, noch bei Ottoverbrennung mit dem Kraftstoffgeruch unmittelbar etwas zu tun. Er hängt auch nicht nur vom Kraftstoff selbst, sondern auch stark von der Art und Weise seiner Verbrennung im Motor ab. Luftüberschuß bei der Verbrennung begünstigt geruchfreien Auspuff. Völlige Geruchfreiheit der Auspuffgase, deren Geruch auch noch durch Schmierölverbrennung beeinflußt wird, läßt sich durch katalytische Nachverbrennung erzielen, welche (durch CO-Verbrennung) zugleich Ottoabgase entgiftet.

Parfümieren von Kraftstoff und Schmieröl ist versucht worden, auch mit dem Ziel der Verbesserung des Abgasgeruches, ohne daß sich bisher etwas Derartiges eingeführt hätte.

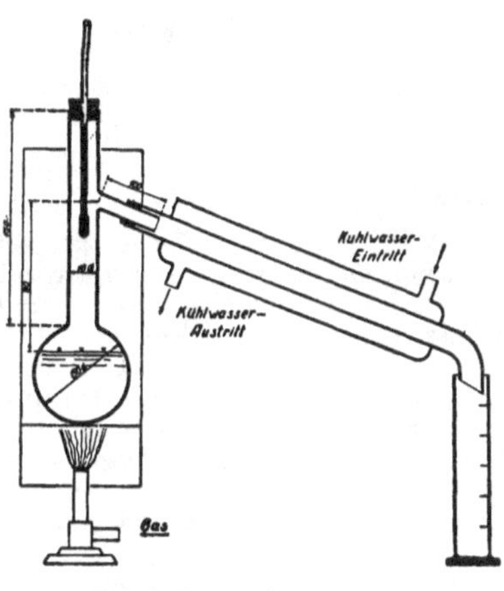

Bild 4. Engler-Siedeapparat

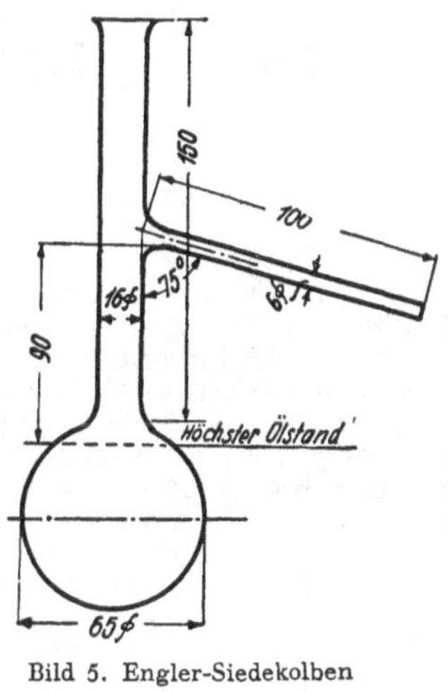

Bild 5. Engler-Siedekolben

Peroxyde in Kraftstoffen sind unerwünscht. Man stellt sie fest, indem man 10—15 ccm Kraftstoff mit 2 ccm frischer 5%iger Jodkalilösung schüttelt, wobei beim Vorhandensein von Peroxyden gelbe Jodfärbung, welche durch Stärkelösung verifiziert werden kann, eintritt.

Korrosive Eigenschaften des Kraftstoffs selbst, z. B. als Folge von Säuregehalt, sind unerwünscht. Nach DIN 53 678 kann man den Säuregehalt titrieren. Besser zeigt die Anwesenheit freier Naphthensäure oder ähnlicher

[1]) Hineinriechen in ein Gefäß ist ganz irreführend, weil man nur die flüchtigen Stoffe erfaßt. — Messen kann man Gerüche durch die Verdünnung mit Luft, bei welcher der Geruch nicht mehr wahrnehmbar ist (Gerüche-Schwelle).

Schädlinge der Zinkstreifentest von Hammerich (24 Stunden bei 50° C)[1]). (Gegen Korrosion der Behälter schützen eingebrannte Alkydallacke. Als korrosionsschützenden Ionenpuffer hat die I. G. Mepasin [0,05—0,1%] entwickelt.)

Die Lichtfestigkeit von Kraftstoffen ist nicht von Bedeutung. Kraftstoffe, besonders auch solche mit klopfhemmenden Zusätzen, sind nicht sehr lichtfest, sondern bilden im Licht Niederschläge von unlöslichen Harzen, Bleiverbindungen, Eisenverbindungen usw.

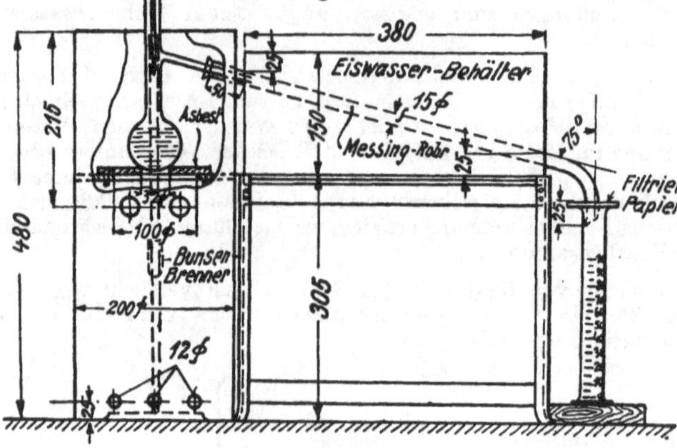

Bild 6. ASTM-Siedeapparat

Flüchtigkeit

Die Flüchtigkeit von Kraftstoffen hat bei Ottokraftstoffen große, bei Dieselkraftstoffen geringe Bedeutung. Ein zu leichtflüchtiger Dieselkraftstoff verdampft beim Einspritzen zu rasch; Dämpfe mischen sich schwerer und haben geringere Durchschlagskraft als flüssige Tropfen[2]); so legt man Wert darauf, daß Dieselkraftstoffe keine zu geringe Flüchtigkeit (Siedebeginn nicht unter 200° C; Kennziffer etwa 250—290) haben. Bei Ottokraftstoffen umgekehrt spielt die Flüchtigkeit für Anspringen, Füllung, Ölverdünnung u. a. m. eine große Rolle, obwohl sie bei der heutigen Betriebsweise der Ottomotoren nicht voll ausgenutzt zu werden pflegt und die Verdampfung der letzten Nebeltröpfchen, wenn überhaupt, erst während des Verdichtungsvorganges oder der Verbrennung selbst geschieht. Vielleicht kehrt die Technik der gemischverbrennenden Maschine einmal zu der wirklichen äußeren Gemischbildung durch Verdampfung zurück, welche sich in den alten Maschinen mit sog. Oberflächenvergasern durch besondere Reinheit der Verbrennung und günstigen Verbrauch auszeichnete. Ausnutzung von Verdampfungskälte und des kleinen Flüssigkeitsvolums (Einspritzung) besagt allerdings das Gegenteil.

Die Bestimmung der Flüchtigkeit von Kraftstoffen kann bei gewöhnlicher Temperatur durch folgeweises Wiegen von Uhrgläsern mit gemessenen Kraftstoffmengen nach Dieterich[3]) erfolgen. Ein neuzeitliches Verfahren

[1]) Vgl. Hammerich, Zerbe, S. 540.

[2]) Darum neigen mit Benzin betriebene Dieselmotoren dazu, bei Halblast zu rauchen.

[3]) Etwa 4 h für 10 cc bei Zimmertemperatur (vgl. Dieterich, Analyse der Kraftstoffe S. 27ff.).

zur Bestimmung der Flüchtigkeit bei gewöhnlicher Temperatur mit Porenkörper und Ventilator ist von der MAN entwickelt worden. Auch die Kapillaranalyse, d. h. Eintauchen langer senkrecht hängender Filtrierpapierstreifen in gemessene Kraftstoffmengen kann zur Verdunstungsanalyse bei gewöhnlicher Temperatur entwickelt werden. Alle diese Verfahren haben bis heute breitere praktische Anwendung und Auswertung nicht gefunden, was vielleicht zu bedauern ist.

Vielmehr dient als Hauptverfahren zur Bestimmung der Flüchtigkeit die fraktionierte Destillation unter genormten Bedingungen (nach Engler bzw. nach dem amerikanischen A.S.T.M.-Verfahren, oder für Benzolerzeugnisse dem Gerät nach Krämer und Spilker).

Bei der Siedeanalyse unter genormten Bedingungen ergeben sich bestimmte Siedekurven (bei exakter Fraktionierung sind die Siedekurven bei im ganzen gleicher Lage feiner ausgebildet). Die Höhenlage der Siedekurve, gemessen durch den Mittelwert als Kennziffer, gibt ein Maß für die allgemeine Flüchtigkeit des Kraftstoffes[1]). Die Siedelagen von Kraftstoffgemischen lassen sich für Kohlenwasserstoffe nach der Mischungsregel aus den Kennziffern als Kennziffer berechnen. Bei Anwesenheit von Alkoholen ist wegen der dann auftretenden Siededepressionen diese Rechnung nicht anwendbar[2]). Außer der Siedehöhenlage spielt natürlich auch die Steigung der Kurve eine Rolle. Die mittlere Steigung nennt man Frak-

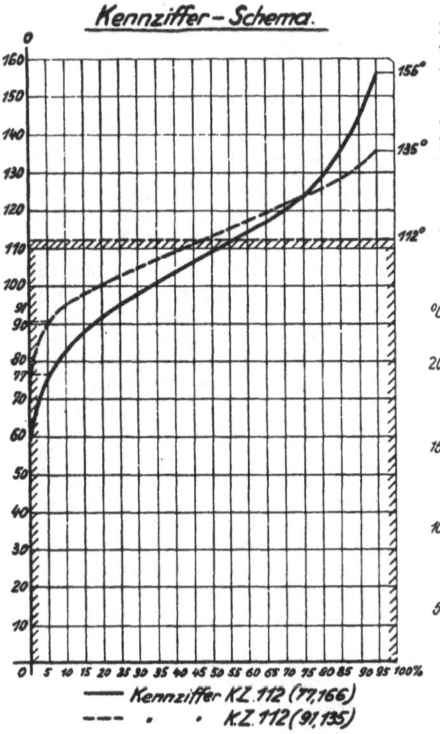

Bild 7. Siedekurven und Kennzifferbildung

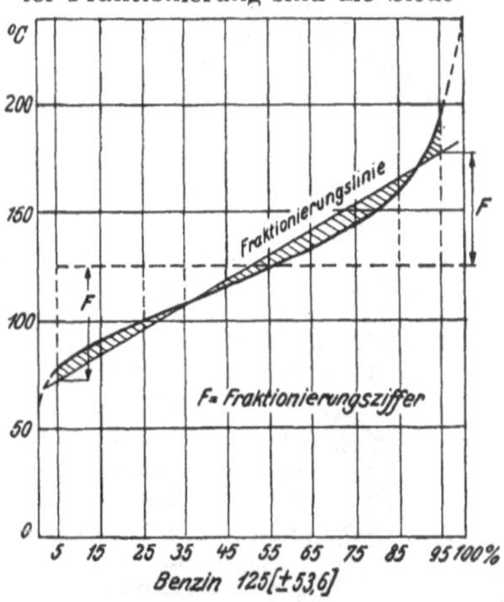

Bild 8. Fraktionierungsziffer

[1]) Die Kennziffer läßt sich als „Gleichgewichtssiedetemperatur“ auch experimentell ermitteln.

[2]) Die Tatsache, daß die große Flüchtigkeit alkoholhaltiger Ottokraftstoffe, welche sich aus ihrer Siedekurve ergibt, im praktischen Betrieb sich nicht entsprechend auszuwirken pflegt, beweist, wie sehr neben der Siedekurve für das Verdampfungsverhalten der Kraftstoffe die Verdampfungswärme eine Rolle spielt, daß in anderen Worten die praktische Kraftstoffflüchtigkeit mit der Zeit sehr viel zu tun hat. Die große statische Flüchtigkeit der Alkoholgemische macht sich im übrigen gelegentlich unerfreulich durch Dampfblasenstörung bemerkbar. Hier spielt im Gegensatz zu den Vorgängen im Vergaser ja die Zeit eine andere Rolle.

tionierungsziffer. Ein Beispielswert für ein alkoholfreies Benzin ist $KZ \pm FZ = 120^0 \pm 70^0$, für ein Reinbenzol $KZ \pm FZ = 80^0\,C \pm O$.

Praktisch benutzt man aber nur wenig diese Werte, sondern — allerdings nur für Benzin, weniger für Benzin-Benzol-Gemische und nicht ohne weiteres für Alkoholgemische — die sog. 10%-Punkte, 50%-Punkte und 90%-Punkte. Von diesen ist der 10%-Punkt wichtig für die Eigenschaft des leichten Anspringens, der 50%-Punkt wesentlich für die Leichtigkeit der Gasannahme bei kühlem Motor und die allgemeine Verbrennungsfreudigkeit, und der 90%-Punkt wesentlich für die Vollständigkeit der Verbrennung. Empfindlichkeit auf Überkühlung und Ölverdünnungsgefahr. Typische Werte sind:

Kennzeichnende Punkte der Siedeanalyse

Punkt	Autobenzin	Benzin-Benzol-Gemisch
10%-Punkt	60°	60°
50%-Punkt	100°	85°
90%-Punkt	160°	150°
Siedeende	200°	190°

Eine große Rolle spielt seit einigen Jahren in Zusammenhang mit der Flüchtigkeit die **Dampfblasenstörung**. Bei Überschreitung gewisser Temperaturen an irgendeiner Stelle im Kraftstoffsystem entstehen leicht Dampfblasen[1]), welche sich in der Kraftstoffförderpumpe, in der Schwimmerkammer, in einer ungeschickten Stelle der Rohrleitung usw. festsetzen und den Motor zum Stillstand bringen. (Bei Fallbenzin und Druckbenzin können solche Störungen naturgemäß seltener eintreten.) Außerdem ist man erst in den letzten Jahren dazu übergegangen, dem Kraftstoff größere Mengen leichtsiedender Bestandteile (besonders im Winter) zu geben, wodurch das Anspringen erleichtert wird. Auch die Alkoholbeimischung wirkt ja in gleicher Richtung. Solche einmal entstandenen Dämpfe lösen sich auch bei Abkühlung nicht wieder ohne weiteres in dem Kraftstoff auf. Technische Abhilfe gegen die Dampfblasenstörung durch Kühllegen aller kraftstoffbespülten Teile, Kraftstoffpumpe aus wärmedämmendem Kunststoff usw. ist in großer Zahl angewendet worden. Die Dampfblasenbildung ist keineswegs neu, nur wurde sie bei warmliegenden Vordertanks und Fallbenzin oder Druckbenzin nicht bis zur Störung wirksam, weil die gebildeten Dämpfe ohne Störung durch die Ausgleichsöffnungen der Kraftstoffbehälter und Schwimmerkammern entweichen konnten.

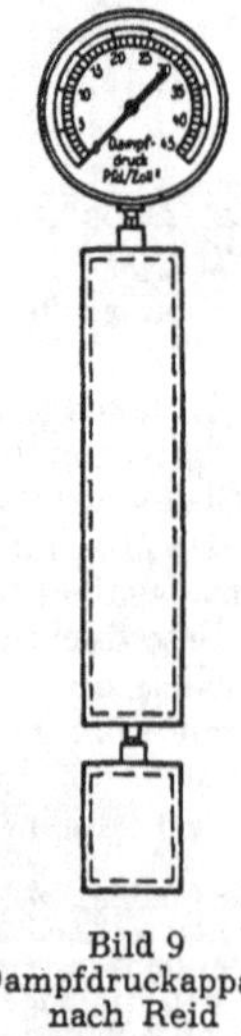

Bild 9
Dampfdruckapparat nach Reid

Zur Anpassung der Kraftstoffe zur Vermeidung der Dampfblasenstörung wurde die Siedeanalyse verfeinert.

Insbesondere erwies sich nach dem Vorbild von A.S.T.M. D 86—46 (DIN 51751) wegen der für Kaltstart zunehmend zugesetzten leichtest flüchtigen Kohlenwasserstoffe (Butan usw.) Eiskühlung als erforderlich. Auch sonst wurde die Siedeanalyse immer mehr und mehr verfeinert in bezug auf Barometerstand, Destillationsgeschwindigkeit usw., wie dies bei technologischen Untersuchungen richtig ist. Die Destillation erfolgt regelmäßig im Gerät nach Engler-Ubbelohde. Die Unterschiede zu dem Gerät nach Kraemer-Spilker für Benzolerzeugnisse sind übrigens gering.

Als zweckmäßiger erwies sich jedoch ein Apparat nach Reid, bei dem genormte Kraftstoff- und Luftmengen- in genormter Apparatur auf 37,8° C (~100° F) erhitzt werden. Der dabei entstehende Druck nach Reid ist ein Maß für die Neigung des betreffenden Kraftstoffs zur Dampfblasenbildung. Übliche Dampfdrucke nach Reid sind:

[1]) Auch Luft ist in durchaus merklichen Mengen (22 cc in 100 cc Bil) in Kraftstoffen gelöst.

Dampfdrucke nach Reid (DIN 51754, A.S.T.M. D 323—49)

Grad C	Winterbenzin	Sommerbenzin
20	0,4	0,3
40	0,7	0,6
60	1,8	1,1
37,8	0,3—0,8	< 0,6

Für den Kaltstart erwartet man bei der Siedeanalyse für Autobenzin 10% unter 70° und bezeichnet über 200° siedende Anteile als „Siedeschwanz“, welcher gegebenenfalls zusammen mit dem Abdampfrückstand Verfälschung mit Petroleum oder Gasöl nahe legt[1]). Das Siedebereich von Autobenzin geht von etwa 30—210—220° C, dasjenige von Flugbenzin von 40—170° C.

Zur Bestimmung der flüchtigsten Kohlenwasserstoffe hat Hammerich[2]) ein besonderes Verfahren entwickelt. Ebenso gab er[3]) ein besonderes Verfahren zur Ermittlung der zweckmäßig über 60—70° C liegenden Abreißtemperatur (vapor lock) aus der Siedekurve an.

Für Einspritzmotoren mit leichten Kraftstoffen wird es nötig sein, für die Auswertung der Flüchtigkeitseigenschaften neue Gesichtspunkte in Ansatz zu bringen (z. B. Dieselbetrieb mit Benzin).

Während z. B. für Ottokraftstoff üblicher Art eine gewisse Steigung und auch sonst bestimmte Gestaltung der Siedekurve vorteilhaft ist, und chemisch einheitliche Stoffe, welche also als Siedekurve eine Horizontale haben, nicht benutzt werden, könnte für Einspritzmotoren die Verwendung konstant siedender einheitlicher, z. B. synthetischer Kraftstoffe vorteilhaft sein.

An Stelle der Siedekurve ist von Meier-Grolmann und Weselowsky die anschauliche „Siederübe“ vorgeschlagen worden, welche sich aber bisher nicht eingeführt hat.

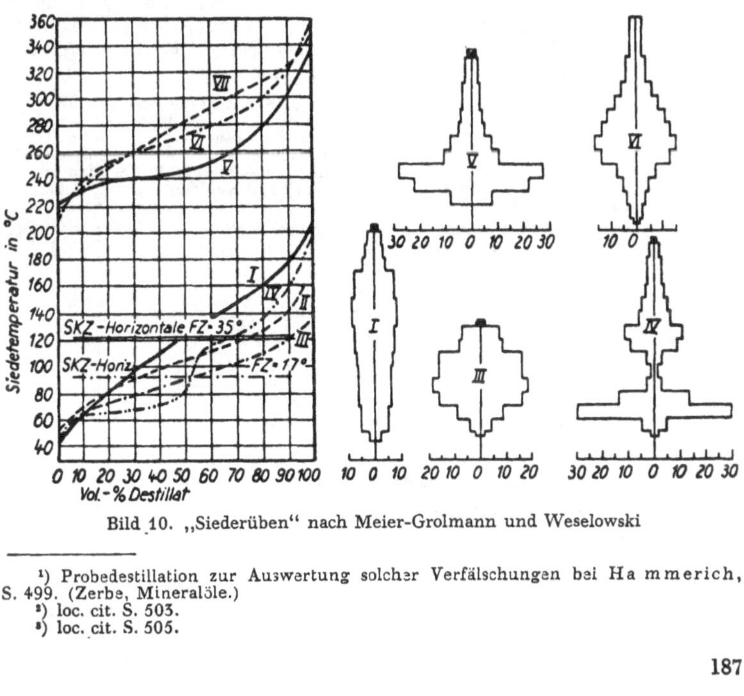

Bild 10. „Siederüben“ nach Meier-Grolmann und Weselowski

---

[1]) Probedestillation zur Auswertung solcher Verfälschungen bei Hammerich, S. 499. (Zerbe, Mineralöle.)

[2]) loc. cit. S. 503.

[3]) loc. cit. S. 505.

Motorische Verbrennung — Klopffestigkeit und Zündwilligkeit

Der Verbrennungscharakter der Kraftstoffe ist heute von größter Wichtigkeit. Ein Ottomotor ist mit einem Kraftstoff von ungenügender Klopffestigkeit nur schlecht oder gar nicht zu betreiben. Das gleiche gilt für einen Dieselmotor und einen Kraftstoff von zu geringer Zündwilligkeit. Verhältnismäßig kraftstoffgleichgültig ist der Glühkopfmotor. Man strebt danach hin — Hesselman, Barber-Texaco —, kraftstoffgleichgültige Motoren zu entwickeln, bis dahin durch Senkung der Motoransprüche (durch sinnvolle Brennraumzerklüftung) und durch Normung der Motoransprüche und Kraftstoffe jede Verschwendung von geldwerten Klopffestigkeiten und Zündwilligkeiten auszuschalten.

Klopffestigkeit und Zündwilligkeit sind zwei verschiedene Ausdrücke für wesentlich die gleiche Eigenschaft[1]), ebenso wie das zum Schluß der motorischen Ottoverbrennung einsetzende Klopfen ja tatsächlich eine gleichartige Erscheinung ist, wie das zu Beginn der motorischen Dieselverbrennung einsetzende Klopfen, nämlich das praktisch zeitlose Abreagieren eines Gemischraumteils, der sich unter Temperatur- und Druckverhältnissen befindet, bei denen er chemisch nicht beständig ist. Diese Eigenschaft hängt wesentlich, aber keineswegs ausschließlich, vom Gehalt des Kraftstoffs an „disponiblen" (d. h. um den dem im Kraftstoff etwa vorhandenen Sauerstoff entsprechenden Betrag verkleinerten) Wasserstoff ab. Wasserstoffreiche Kraftstoffe sind besonders klopffreudig und zündwillig, und umgekehrt. Die chemische Bauart („Verzweigung") ist ebenfalls sehr wichtig.

Mit Klopffestigkeit und Zündwilligkeit hat die Selbstzündungstemperatur zu tun. Es ist aber noch nicht gelungen, die Selbstzündungstemperatur als physikalisch-chemische Konstante zu messen. Was man heute mißt, ist noch stark abhängig von dem benutzten Apparat und Verfahren (Moore, Schläpfer, Krupp, Jentzsch usw.). Es ist noch nicht gelungen, den Zusammenhang mit den motorischen Erscheinungen ausreichend zu klären.

Die Klopffestigkeit[2]) wird in Oktanziffern gemessen, indem man den Grenzzustand durch Gemische von Normalheptan und einem bestimmten Isooktan darstellt. Diese Oktanziffern fallen je nach den Arbeitsbedingungen verschieden aus. Man hat bestimmte Bedingungen als Research-Methode und andere Bedingungen als Motor-Methode genormt[3]).

Tatsächlich gibt es heute zahlreiche Oktanzahlen, so eine neue Research-OZ, dann vor allem die Mischungs-OZ, weiterhin eine Straßen-OZ und außerdem Oktanzahlen mit den verschiedensten Einzelvorschriften. Aus all dem geht hervor, daß die Oktanzahl eine meßgerätabhängige, also technologische Größe ist, mit der man heute sehr genau zurechtkommt, aber nicht etwa eine physikalisch-chemische Meßziffer. Hammerich hat schon recht, wenn er von der stereoskopischen Sicht auf den Klopfcharakter des Kraftstoffs spricht, welche durch die verschiedenen Oktanzahlen gegeben werde.

Zur Bestimmung der Oktanziffern dienen genormte Motoren, von denen der amerikanische CFR-Motor und der deutsche I. G.-Prüfmotor erwähnt seien.

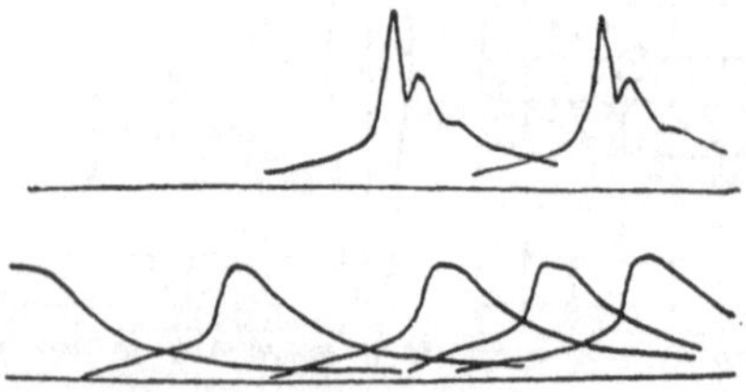

Bild 11. Klopfende und normale Otto-Verbrennung

---

[1]) CaZ = 60—0,5 OZ (z. B. OZ 74 = CaZ 23) nach Prof. W. Wilke.

[2]) Vgl. besonders auch Hammerich, Gesetzmäßiges im Verhalten der Klopfbremsen, Girardet, Essen, 1949.

[3]) Die „Motor-Methode" zeigt eine etwaige Temperaturempfindlichkeit der Klopffestigkeit des betr. Kraftstoffs.

Beim Eintreten des Klopfens verwandelt sich die weiche Wellenlinie des Druck-Zeit-Diagramms des Ottomotors in eine eigenartige Sägenlinie mit höheren Spitzendrucken. Gleichzeitig treten Geräusche auf, welche von rauhem und hartem Gang je nach Motorbauart, Kraftstoff und sonstigen Umständen sich bis zu einem hellen Hämmern (dem Pinken) oder einem dunklen Stampfen (dem Klopfen) steigern[1]).

Durch sinnvolle Zerklüftung des Verbrennungsraumes, sinnvollen Start der Flammenfront durch entsprechende Anordnung der Zündkerze, Verkürzung der Brennwege durch sinnvolle Anordnung mehrerer Zündkerzen, Wahl von wärmereflektierenden und gut wärmeleitenden Werkstoff für

Bild 12. Ansicht eines I.G.-Prüfdieselstands (I.G.-Prüfmotor für Ottokraftstoffe, äußerlich sehr ähnlich)

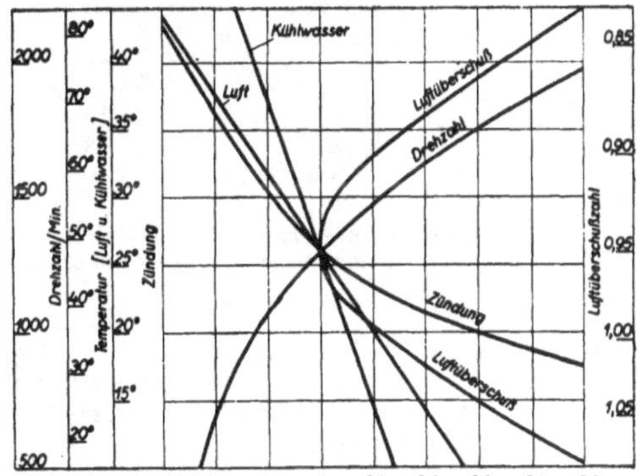

Bild 13. Die verschiedenen Einflüsse auf die Grenzverdichtung

[1]) Auch Bleibenzin und benzolhaltige Kraftstoffe sollen (in Prüfmotoren) verschiedene Klopfgeräusche geben (Blei hell, Benzol dumpf).

Zylinder und Kolben (Leichtmetall), Kühlung des letztverbrennenden Gemischrestes (z. B. durch Wasserstrahlröhre zur Beseitigung des Dampfbläschenpelzes) und Vermeidung heißer Stellen (ausreichend kalte Kerzen, gut wärmeleitende oder natriumgekühlte Auspuffventile) gelingt es, bei gegebenem Verdichtungsenddruck die Motorklopfziffer zu senken oder die „Kraftstoffestigkeit" zu erhöhen. Forschungen von Ricardo, Whatmough, Janeway, Taub u. a. sind in diesem Zusammenhang grundlegend gewesen. Bild 13 u. 21 zeigen die verschiedenen Einflüsse auf die Klopfgrenze eines Motors.

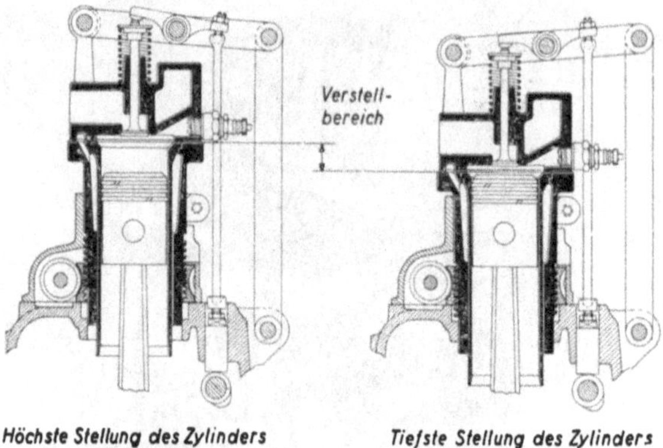

Bild 14. Prinzip des Variokompressors

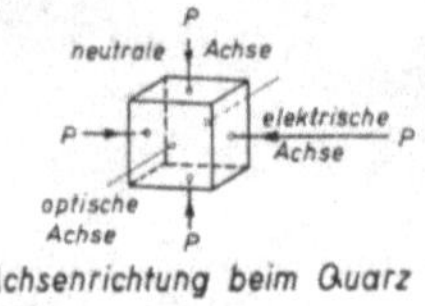

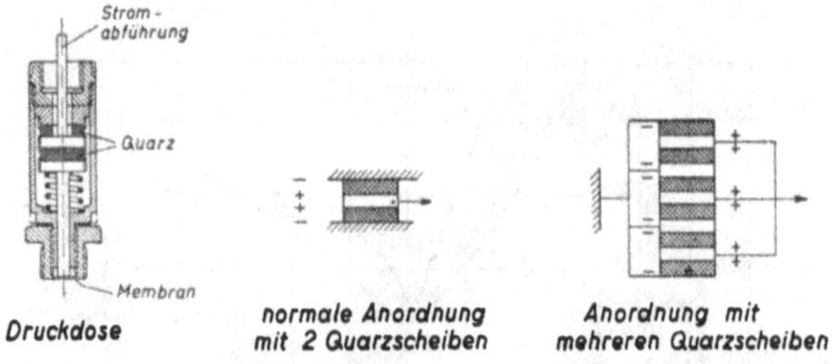

Bild 15. Prinzip der Piezo-Dose

Zur Messung der Kraftstoff-OZ benutzt man jetzt allgemein Motoren mit veränderlicher Verdichtung, wie Bild 14 einen solchen im Prinzip zeigt. Das Eintreten des Grenzzustandes zwischen Klopfen und Nichtklopfen oder einer bestimmten Klopfstärke wird entweder mit dem Ohr, mit dem Springstab (nach Midgley), der auch durch ein Knallgasentwicklungsgerät oder ein träges Amperemeter (Knockmeter) objektive Ablesungen liefern kann, oder endlich durch Indikatoren bestimmt. Die Versuchsmotoren dazu sind hochentwickelt und genormt. Bild 16 zeigt die Einrichtung des IG-Prüfmotors, welcher gleiche Ergebnisse wie der amerikanische CFR-Motor liefert.

Als Indikator für Klopfmotoren, ganz besonders Dieselprüfgeräte, hat sich das Quarzgerät mit Braunscher Röhre bewährt. Es beruht auf den piezoelektrischen Eigenschaften kristallisierten Quarzes (vgl. Bild 15, 19 u. 20) und gestattet die dauernde Aufnahme gewöhnlicher und beliebig versetzter Diagramme. So ist es nicht nur möglich, die Klopfgrenze sehr genau fest zulegen, sondern auch das Tempo der Drucksteigerung nach der Zündung zu messen.

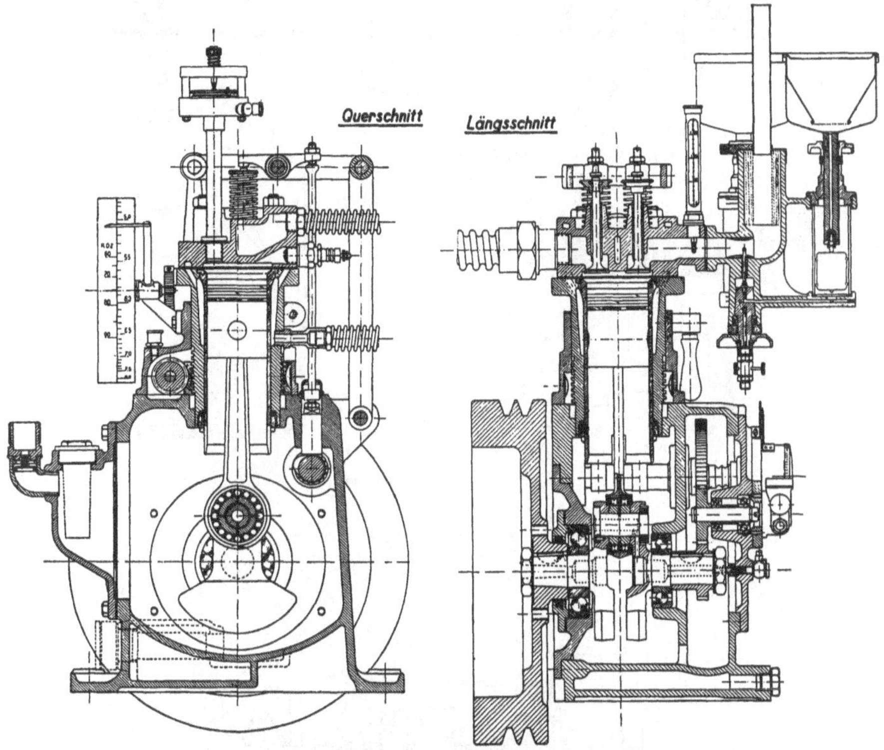

Bild 16. I.G.-Prüfmotor (entspricht CFR-Motor)

Die Messungen selbst erfolgen dadurch, daß unter genormten Bedingungen (in der Hauptsache Motormethode für Flugkraftstoffe, Research-Methode für Autokraftstoffe) im Prüfmotor die Grenzverdichtung für den zu prüfenden Kraftstoff ermittelt wird, worauf aus der Eichkurve des Motors oder durch unmittelbare Eingabelung der gleichen Grenzverdichtung mit Oktan- und Heptangemischen bzw. billigeren Substandards[1]) die Auswertung erfolgt. Oktanzahlbestimmungen im Motor sind vortrefflich reproduzierbar; auch geben verschiedene Geräte unter verschiedenen Bedingungen praktisch übereinstimmende Meßergebnisse. Für exakte Messungen sind Luftdruck und Feuchtigkeit der Luft zu berücksichtigen.

Die Oktanzahl eines Kraftstoffs ist stark abhängig von Temperatur und Drehzahl; Bild 21 zeigt die entsprechenden Verhältnisse.

Die Motorklopffestigkeit wird entsprechend durch Eingabeln mit Heptan-Oktan-Gemischen bzw. billigeren Substandards bestimmt. Die Oktanzahl eines gegebenen Fahrzeugmotors ändert sich leicht im Gebrauch durch Veränderung z. B. des Zündzeitpunktes durch Kontaktnieten-

[1]) D. h. geeichten Kraftstoffen, z. B. Benzin-Benzolgemischen, Benzinen, Reinbenzol, synthetischen Kohlenwasserstoffen.

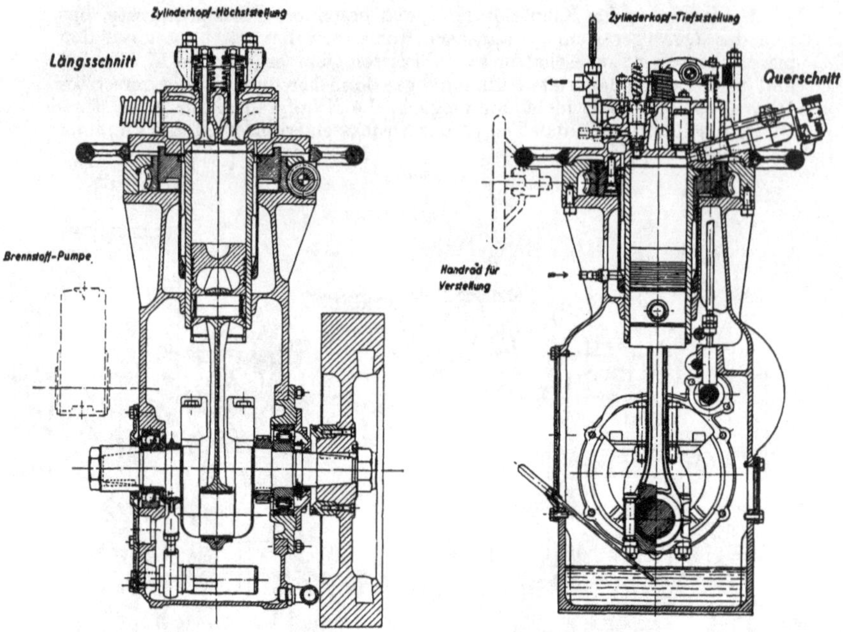

Bild 17. I.G.-Prüfdiesel

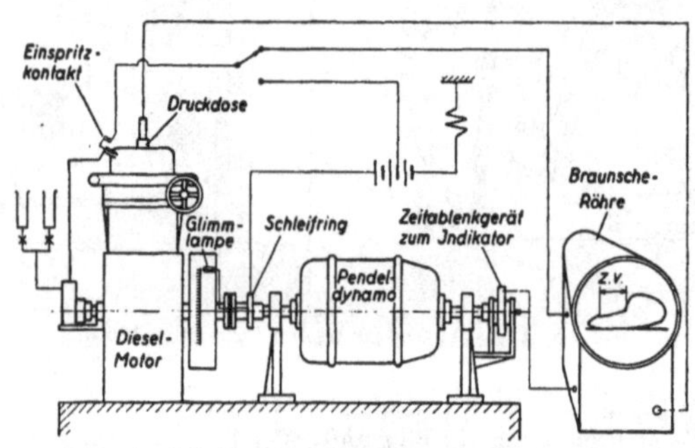

Bild 18. I.G.-Prüfdiesel zur Cetanzahlbestimmung

abnutzung, Abscheidung von Ölkohle und andere Umstände. Motoren gleicher Serie zeigen leicht bemerkenswerte Verschiedenheiten, so daß die Übertragung der gemessenen Kraftstoff- oder Motorklopffestigkeit auf die „Straßenklopffestigkeit" nicht ohne weiteres ganz zuverlässig ist. Es hängt das u. a. damit zusammen, daß ein Mehrzylindermotor ja dann deutlich klopft, wenn ein einziger Zylinder klopft. Ein einzelner Zylinder kann aber sehr leicht erheblich vor den anderen Zylindern zum Klopfen kommen, beispielsweise durch kleine Verschiedenheiten des Verdichtungsverhältnisses, durch kleine Verschiedenheiten des Zündzeitpunktes, der Ladungsqualität oder des Ladungsgewichtes eben dieses Zylinders im Vergleich zu den anderen.

In diese Verhältnisse erhält man durch das Verfahren von A. W. Schmidt exakten Einblick, welcher Piezodosen von außen auf die Zylinder legt und im Oszillographen sogar die Vorklopfveränderungen der motorischen Verbrennung feststellen kann. Das gleiche Verfahren gestattet die Bestimmung von Oktanzahlen im gewöhnlichen Motor.

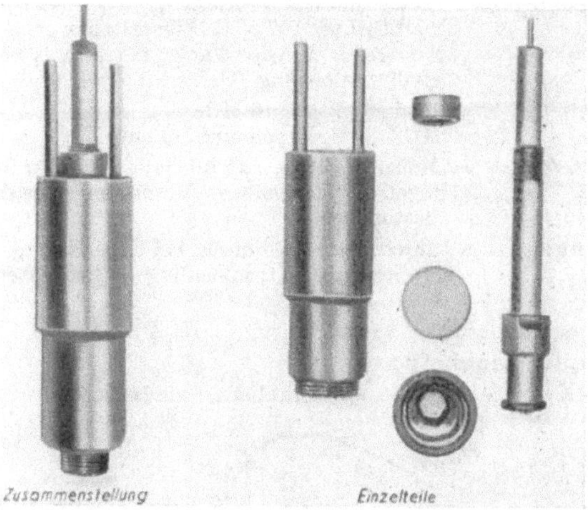

Bild 19. Wassergekühlte Piezo-Dose

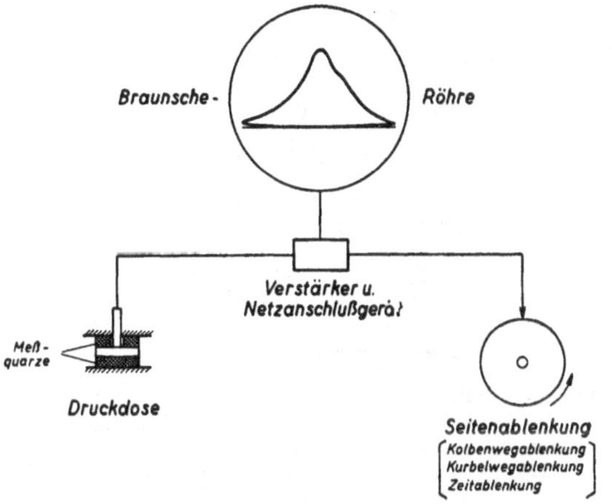

Bild 20. Schema des Piezo-Indikators

Über die große Mannigfaltigkeit der heute üblichen „Oktanzahlen" mögen folgende Andeutungen unterrichten:

1. Research-OZ = F 1, ASTM D 908 – 47 (T), – ROZ
   Bedingungen: $n = 600$, Luft 52° C, Kühlung ~ 100° C, Springstab, Variokompressor.
2. Motor-OZ = F 2, ASTM D 357 – 47, – MOZ
   Bedingungen: $n = 900$, Luft 38° C, Gemisch 149° C, Kühlung ~ 100° C, Springstab, Variokompressor.

3. Aviation-OZ = F 3, ASTM D 614 – 47 (T)
Bedingungen: „mager", $n = 1200$, Luft 52° C, Gemisch 104° C, Kühlung 190° C, Thermokerze, Variokompressor.
4. Aviation-OZ = F 4, ASTM D 909 – 47 (T)
Bedingungen: „fett" und mit Überladung, $\varepsilon = 1:7$ fest, Kühlung 190° C, Luft 107,5° C, Einspritzung statt Vergaser, $n = 1800$, Toledo-Waage für Bremsleistung und Reibungsleistung, Gehör.
5. Straßen-OZ = 0,54 ROZ + 0,46 MOZ
= MOZ + $^2/_3$ Klopfempfindlichkeit.
6. Misch-OZ = Maßzahl für das wirkliche – von der Mischungsregel abweichende – Verhalten eines Kraftstoff-Bestandteils.
7. Leistungszahl = durch fettes Gemisch bei Überladung nach F 4 erreichbare Spitzenleistung in Prozenten der Isooktan-Leistung.
8. Klopfempfindlichkeit (sensitivity) = ROZ – MOZ.
9. Bleiempfindlichkeit usw.
10. Motor-Klopffestigkeit = Oktanbedarf eines Motors.

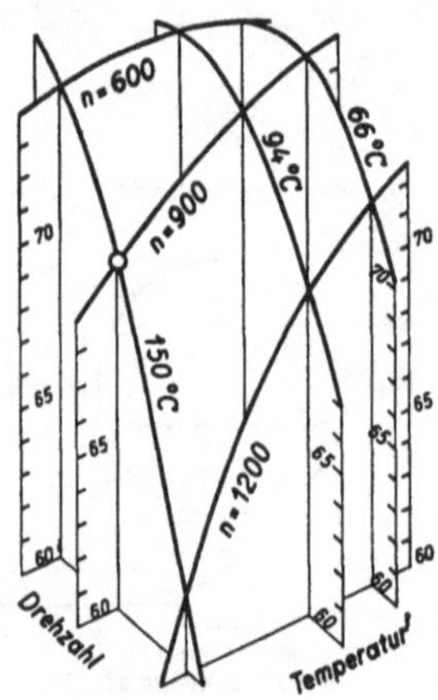

Bild 21. Abhängigkeit der MOZ von Temperatur und Drehzahl

Daß es bei den Cetanzahlen noch nicht „so" aussieht, das dürfte – in Wirklichkeit ist die Dieselverbrennung noch viel verzwickter als die Otto-Verbrennung – nur auf äußeren Ursachen beruhen. Durchgreifende praktische und theoretische Klärung ist zu erhoffen und wohl auch zu erwarten.

Die Zündwilligkeit wird in CaZ-Prüfmotoren bestimmt, indem man wieder durch Veränderung der Verdichtung den Grenzzustand ermittelt und durch das entsprechende Gemisch aus Cetan und Methylnaphthalin darstellt. Der Motor wird dabei auf gleichen Zündverzug als Klopfgrenze eingeregelt. Als Prüfmotoren zur Zündwilligkeitsprüfung seien das CFR-Gerät und der I. G.-Prüfdiesel genannt. Beim Dieselkraftstoff interessieren über die Zündwilligkeit hinaus noch Zündverzug und die Steilheit des Druckanstiegs, welche in derartigen Einrichtungen ebenfalls gemessen werden können.

Ebenso wie man beim Ottomotor durch sinnvolle Zerklüftung des Verbrennungsraums und andere Maßnahmen den Oktanbedarf bei gegebenem Verdichtungsenddruck zu steigern vermag, kann man bei Dieselmotoren durch grundsätzlich gleiche, nur sinnvoll anders angewendete Maßnabmen die Zündwilligkeit bei gegebenem Verdichtungsenddruck verbessern.

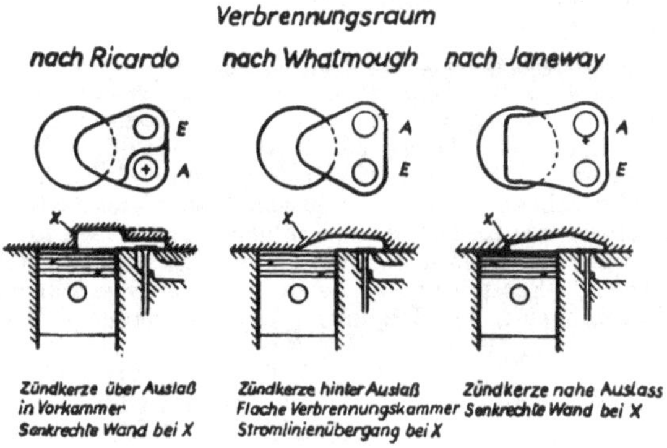

Bild 22. Sinnvolle Zerklüftung der Ottobrennräume zur Verringerung des Oktanbedarfs

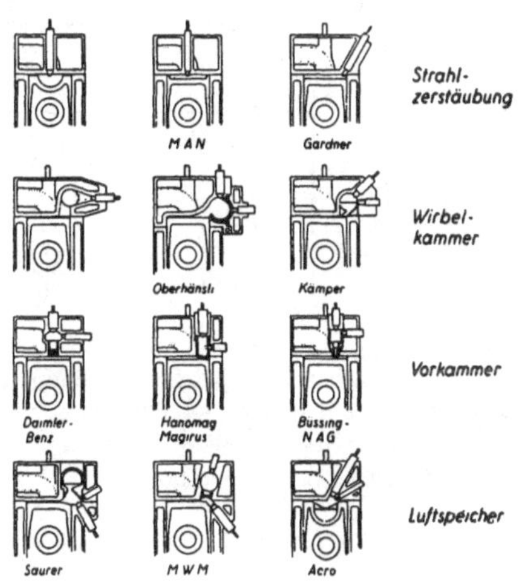

Bild 23. Zerklüftung der Brennräume von Fahrzeugdieselmotoren zur Verringerung des Cetanzahlbedarfs

Die Bestimmung der Zündwilligkeit eines Kraftstoffs erfolgt sinngemäß ähnlich wie diejenige der Klopffestigkeit. Bild 14 zeigt im Prinzip einen Dieselmotor mit während des Betriebs veränderlicher Verdichtung. Bild 21 und 22 I. G.-Prüfdiesel. Der I. G.-Prüfdiesel hat sich als zuverlässiges Meßinstrument, das reproduzierbare Werte liefert, bewährt und eingeführt.

Die laboratoriumsmäßige Bestimmung von Klopffestigkeit und Zündwilligkeit aus Dichte, Siedekennzahl usw. (Heinze und Marder) oder durch Nachahmung der motorischen Verbrennung unter Zuführung von Sauerstoff in einem Selbstzündungsapparat (Jentzsch) hat keine befriedigende Übereinstimmung mit dem motorischen Verhalten bisher liefern können.

Ebenso hat die Bestimmung der Aromaten (Dimethylsulfatprobe usw.) und die sonstige chemische Analyse nicht zum Ziel geführt. Nur der „Anilinpunkt", ein konventionelles Lösungsverfahren wird noch viel benützt.

Die Cetanskala ist viel umfassender als die Oktanskala, welche ein gegenläufiges Teilstück der Cetanleiter bildet. Eine Verbindungsgleichung zwischen Oktan- und Cetan-Zahlen lautete: C. Z. = 45 — 0,28 O. Z. Nach W. Wilke gilt jetzt: CaZ = 60 — 0,5 OZ.

Den Verbrennungscharakter von Kraftstoffen, insbesondere Klopffestigkeiten und Zündwilligkeiten, kann man beeinflussen. Dazu dient einmal das Mischen oder Legieren verschiedener Kraftstoffe. Klopfbenzin wird durch Benzol oder Alkohol oder beides klopffester. Zündwilliges Steinkohlenöl wird durch Legieren mit zündfreudigem Kogasin (und Nachbehandlung) zündwillig. Entsprechend wirken auch Zusätze bestimmter Stoffe. Beispielsweise wirken organische Amine (Monomethylanilin) mehrfach so stark klopfbremsend, wie Benzol. Noch unvergleichlich stärker wirken Tetraäthylblei und Eisenkarbonyl. Entsprechend gibt es auch zur Steigerung der Zündwilligkeit Klopfpeitschen wie Äthylnitrat[1]). Diese werden aber noch nicht angewendet.

Klopfbremsen und klopffeste Kraftstoffe im Vergleich[2])

(Ungefähr gleicher OZ-Zuwachs erreichbar durch:)

Stoff	Zusatz in ccm/L	Aschegehalt g/L-Kraftstoff	Wirkungsstärke: für gleiche Wirkung nötiger Zusatz in ccm/L (Toluol = 1000)	Wirkungsstärke: Stärke der Wirkung (Toluol = 1)
Tetraäthylblei	0,27	0,307	1	1000
Eisenkarbonyl	0,60	0,308	2	500
Monomethylanilin . .	15	0,000	55	18
Anilin	40	0,000	150	7
Xylol	250	0,000	925	1,1
Toluol	**270**	**0,000**	**1000**	**1,0**
Isooktan	410	0,000	1520	0,66
Reinbenzol	420	0,000	1550	0,65

Bei Mischungen und Zusätzen gilt die Mischungsregel nicht. Doppelte Mengen eines Zusatzes bringen nicht die doppelte Wirkung der einfachen Menge hervor[3]). Im übrigen sind die verschiedenen Kraftstoffe auf die verschiedenen Zusätze verschieden empfindlich.

So gelangt man zum Begriff etwa der Bleiempfindlichkeit verschiedener Benzine oder Benzinfraktionen sowie zu dem weiteren Begriff der Misch-Oktanzahl.

Endlich ist noch die Klopffestigkeit von der Betriebstemperatur des Motors abhängig.

Die chemische Theorie der Klopferscheinungen hat große Fortschritte gemacht. Man weiß z. B. heute, daß u. a. ein Kohlenwasserstoff umso stärker zum Klopfen neigt, je längere Kohlenstoffketten er enthält. Normales Oktan klopft sehr stark. Das als klopffester Fixpunkt benutzte Isooktan ist sehr stark verzweigt. Außer der Verzweigung der Paraffine spielen Ringschluß, unvollständige Sättigung, OH-Gruppen und Molekülkleinheit eine Rolle für Steigerung der Klopffestigkeit und Herabsetzung der Zündwilligkeit.

---

1) 3 % Äthylnitrat oder 1 % Azetonperoxyd erhöhen z. B. die Cetanziffer eines Kraftstoffs um 20 Einheiten.

2) Unter Benutzung der Zahlen von Wilhelm Wilke (Zerbe, „Mineralöle", S. 715).

3) Tel wirkt z. B. logarithmisch, wie es dem Weber-Fechnerschen Gesetz entspricht und eigentlich „natürlich" ist.

Anscheinend gibt es natürliche Grenzen von Klopffestigkeit und Zündwilligkeit. Smittenberg und seine Mitarbeiter[1]) fanden im Variokompressor durch Extrapolation einen Grenzwert von OZ 125 für Verdichtungsraum Null, also unendlich starke Verdichtung. Georg und Erika Willfang[2]) fanden bei der Zusammenstellung von Oktanzahlen ganzer Körperklassen in Abhängigkeit von Molvolum oder Entropie, daß die Kurven Maxima in der Nähe von OZ = 120 haben. Hiernach möchte es als nicht undenkbar erscheinen, daß man auch für den anderen Grenzwert der größten Zündwilligkeit in der Nähe von CaZ 100 des Kogasins einen Zahlenwert findet, so daß eine einzige Zündwilligkeits-Klopffestigkeits-Leiter mit zwei nicht mehr durch Normstoffe, sondern physikalisch-chemisch definierten Endwerten vorliegen würde. Zu bedenken ist dabei auch noch die Frage, ob die heutige, auf additiver Mischung beruhende Leiter die zweckmäßigste ist und ob nicht eine exponentielle bzw. logarithmische Einteilung (Weber-Fechnersches Gesetz) bequemer sein würde, bei welcher die Grenzwerte der Klopffestigkeit und Zündwilligkeit nur asymptotisch angesteuert werden könnten. Vgl. Abb. 31.

Kraftstoff-Oktanzahlen

Kraftstoff	Oktanzahl (Research)
Normalheptan	0
Straight destillate-Benzin, Fischer-Benzin	~ 40—50
Petroleum	~ 50
Hydrierbenzin	~ 65—75
Fahrbenzin	74
Benzin-Benzol-Gemisch	< 80
Flüssiggas	~ 95—125
Isooktan	100
Stadtgas, Holzgas	~ 105
Motorenbenzol	~ 108
Rennkraftstoff	~ 120
Methanol	~ 200

Motor-Oktanzahlen

Motor	Oktanzahl
Rennmotoren von ε = 10—12	über 100
Sportmotoren von ε = ~ 7	~ 80
Genormte Ottomotoren	74
„Benzinfeste" Motoren von ε = 6	bis 75

Kraftstoff-Cetanzahlen

Kraftstoff	Cetanzahl
Steinkohlenteeröl (phenolhaltig)	unter 0
Alphamethylnaphthalin	0
Steinkohlenmittelöl	0—10
Motorpetroleum	~ 40
Braunkohlenschwelöl (roh 25—30)	~ 30—45
Gasöl	45—55
Cetan	~ 86
Fischer-Treiböl (Kogasin)	86—92
Cetan	100

Motor-Cetanziffern

Motor	Cetanzahl
Schiffsdiesel und ortsfeste Diesel	10—40
Vorkammer-Diesel	über 40
Direkte Einspritzung bei Fahrzeug-Diesel	über 45

[1]) Vgl. „Journal Inst. Petroleum", 1940, S. 294ff., „Brennstoff-Chemie" 1941 S. 196
[2]) Vgl. „Öl und Kohle" 1944, S. 664ff.

Kraftstoffe im Wesen der Natur

Im CHO-Dreieck erkennt man das Zusammenwirken der insgesamt reduzierenden Pflanzenwelt, welche die insgesamt oxydierende Welt der Tiere, Menschen und Motoren stofflich und vor allem energetisch ernährt. Es lohnt sich, an der einfachen Figur herumzudenken (Bild 24).

Die Grundlage der motorischen Verbrennung

Schon **Huygens** baute gemäß Bild 25 und 26 einen Schießpulvermotor, welcher die Versailler Wasserkünste am Hofe Ludwigs XIV. betreiben sollte.

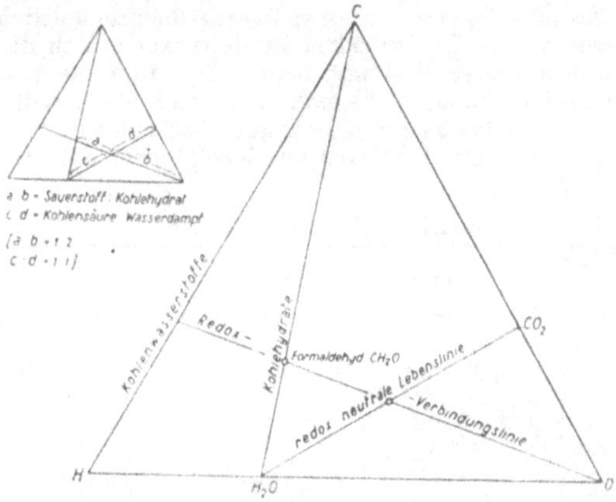

Bild 24. Wesen der Kraftstoffe im Wirken der Natur

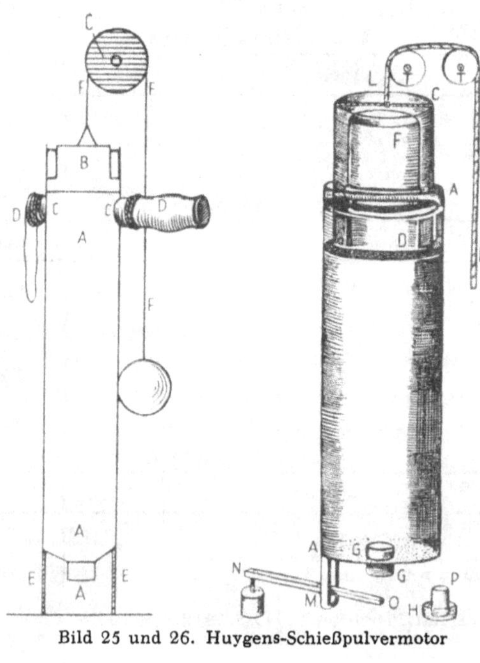

Bild 25 und 26. **Huygens-Schießpulvermotor**

Dieser schoß mit der in der Patrone p untergebrachten Schießpulverladung den schweren Kolben B in die Luft. Der sank dann arbeitsleistend nieder, teils durch sein eigenes Gewicht, teils durch den Luftdruck, teils dadurch, daß die Verbrennungsgase rasch kondensierten und ein starkes Vakuum herstellten.

In der Ballkanone von Harald Schulze (Bild 27), welche häufig bei Experimentalvorträgen des BV gezeigt wird, sind die hier vorliegenden Verhältnisse — die u. a. auch die Grundlage des auf der Deutzer Seite gegenüber dem Kölner Dom als Denkmal zu sehenden Otto-Langen-Flugkolbenmotors bilden — anschaulich gemacht worden. Eine Verpuffung treibt den im Glasrohr leicht, aber dicht beweglichen Ball mit großer Geschwindigkeit vor, worauf die Kondensation ihn ähnlich rasch zurücktreibt. Das alles geht so rasch vor sich, daß man es mit dem bloßen Augen nicht sieht. Das Rohr

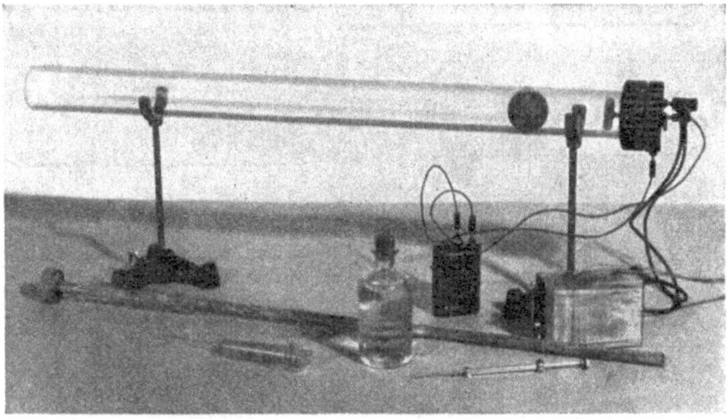

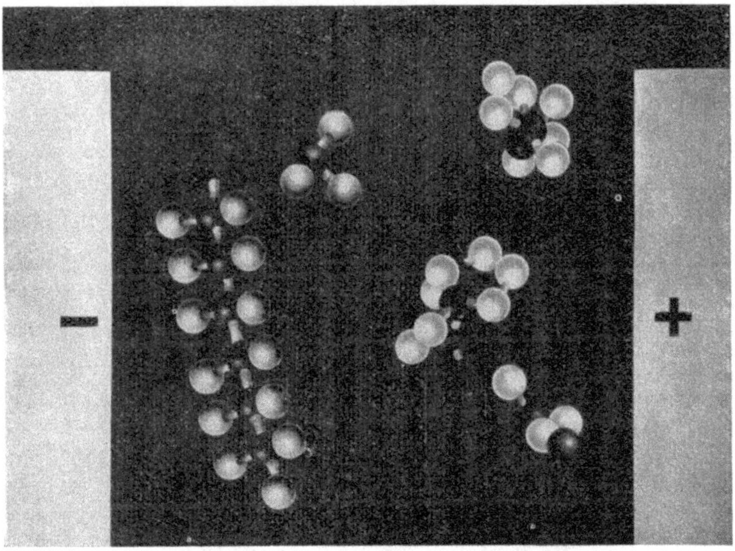

Bild 28. Der Zündvorgang an der Zündkerze, schematisch

wird innerlich bestäubt, wodurch der Weg des Balles vergewissert ist. Wählt man eine etwas stärkere Ladung, fliegt der Ball, wie aus der Kanone geschossen, weit aus dem Rohr heraus.

Der Zündungsvorgang

Der Zündungsvorgang beruht darauf, daß zwischen den beiden Elektroden $\pm'$ (Bild 28) der Zündkerze größere Molekeln in kleinere zerlegt und diese zur Reaktion gebracht werden.

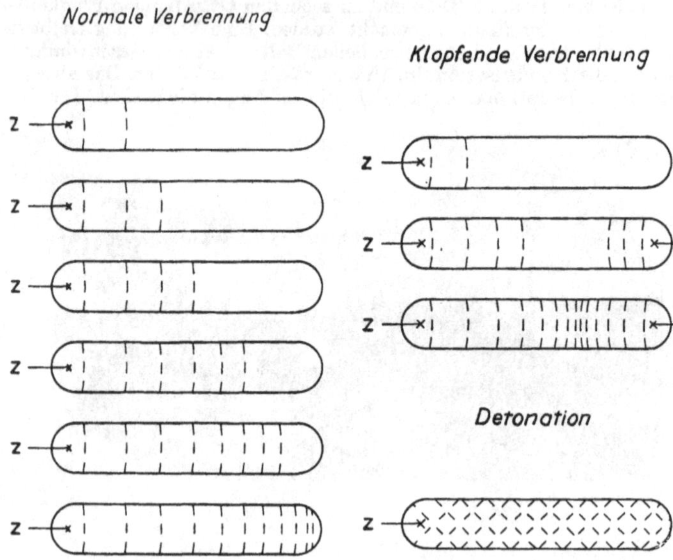

Bild 29 und 30. Verbrennungsarten, schematisch

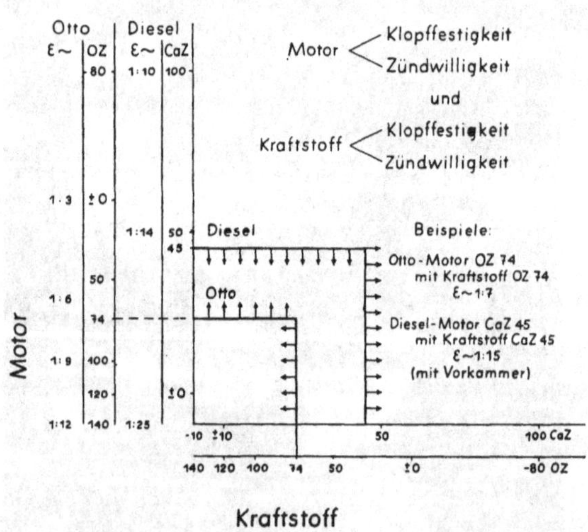

Bild 31. Zusammenhang von OZ und CaZ bei Kraftstoff und Motor

Normale Verbrennung und klopfende Verbrennung

Eine normale Verbrennung im offenen oder im geschlossenen Rohr oder Motorbrennraum verläuft, wie man seit den bahnbrechenden Untersuchungen von **Kurt Schnauffer** weiß, als Wandern einer „Flammenfront". Im geschlossenen Raum macht sich das Steigen des Drucks und der Temperatur naturgemäß bemerkbar.

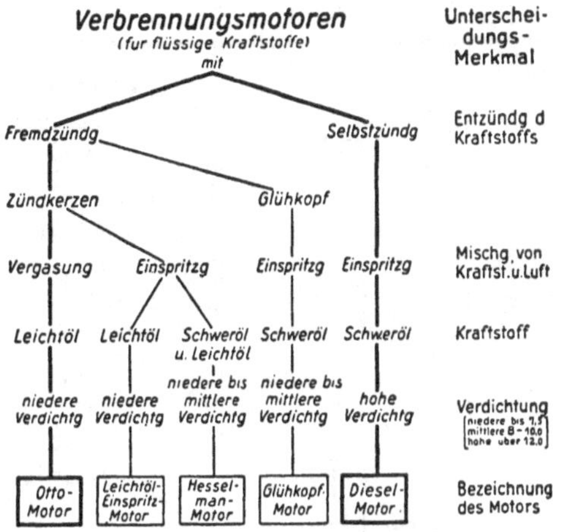

Bild 32. Einteilung von Verbrennungsmotoren

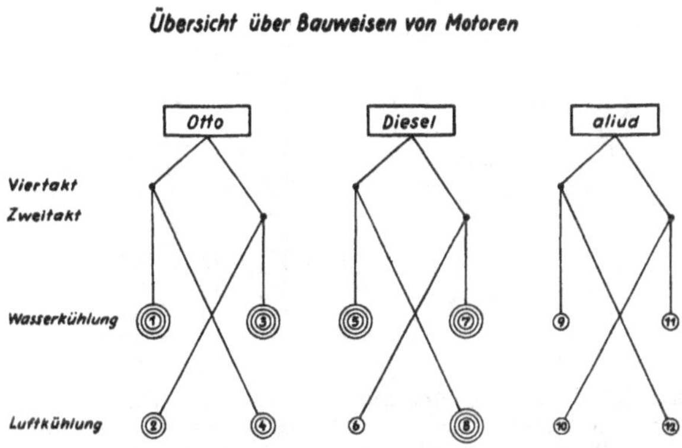

Bild 33. Bauweisen von Motoren

Die typische klopfende Verbrennung besteht, wie fotografisches Festhalten der motorischen Verbrennung durch Quarzfenster gelehrt hat, darin, daß bei fortschreitender Verbrennung, entsprechend gestiegenem Druck und gestiegener Temperatur fern von der Zündstelle (nach **Whatmough** an der heißesten Stelle im Raum des unverbrannten Gemisches) ein neuer Flammenherd entsteht und daß die zwei oder mehr Flammenfronten einander begegnen. Dadurch verläuft die Verbrennung insgesamt schließlich so rasch, daß Klopferscheinungen auftreten. Detonation endlich besteht darin, daß das gesamte Gemisch unter solchen Bedingungen zur Reaktion kommt, bei denen es unreagiert nicht mehr beständig ist.

Zusammenhang von Klopffestigkeit und Zündwilligkeit der Kraftstoffe einerseits und Oktan- und Cetananspruch der Motoren andererseits

Bild 31 zeigt im Lichte der Wesensgleichheit von Klopffestigkeit und Zündwilligkeit die hier vorliegenden kompliziert erscheinenden und im Grunde sehr einfachen Verhältnisse.

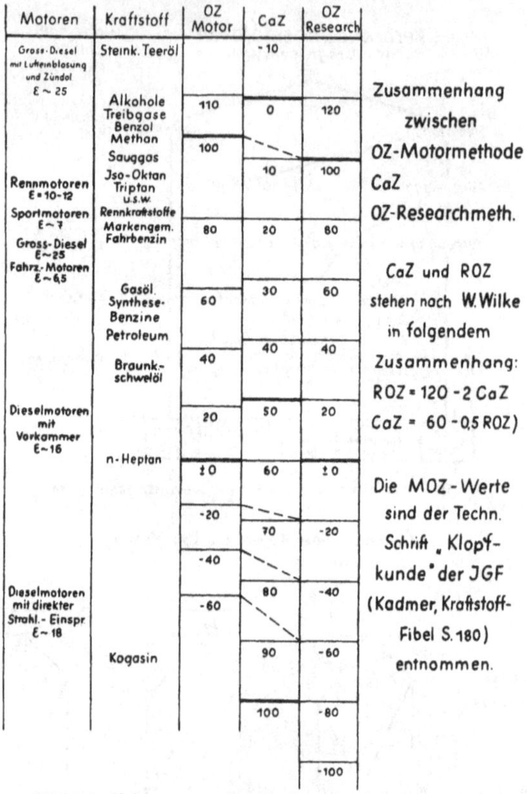

Bild 34. Zahlenwerte für Kraftstoffe und Motoren

Bild 32 gibt die vom Motorenbau aus diesen Verhältnissen gezogenen praktischen Folgerungen, Bild 33 noch weitere Einzelheiten dazu. Zahlenmäßig wird Bild 34 als besonders aufschlußreich gelten können.

Zusammenhang von ROZ (F 1) und MOZ (F 2)

Der zahlenmäßige Zusammenhang zwischen ROZ und MOZ nach Hammerich für Benzolgemische läßt sich aus Bild 35 entnehmen.

Schweflige Säure in Auspuffgasen

Einleitung in eine Spiralwaschflasche mit 10 oder 20 ccm n/10 Jodlösung, destilliertem Wasser und einem Tropfen Stärkelösung bis zur Entfärbung und Volummessung hinter der Waschflasche.

$$SO_2 + 2\,J = 2\,HJ + H_2SO_4$$

1 ccm n/10 Jodlösung wird entfärbt durch 1,0945 ccm SO_2.

Salzsäure und Bromwasserstoff (aus Bleibenzin) lassen sich mit Silbernitrat fangen (Bleihalogenide als Niederschlag).

Elektrische Analysatoren für Auspuffgase

Es gibt von Siemens einen elektrischen Kohlensäuremesser und einen elektrischen Kohlenoxyd-Wasserstoffmesser, welche direkt anzeigende elektrische Meßinstrumente sind und die man hintereinander schalten kann. Hartmann und Braun haben ein ähnliches Gerät, welches unmittelbar die Kraftstoff-Luftverhältnisse von 1 : 10 bis 1 : 15 umfaßt. Der amerikanische Cambridge Exhaust Gas Tester, welcher nach dem gleichen Prinzip arbeitet, hat einen weiteren Meßbereich bis 1 : 20.

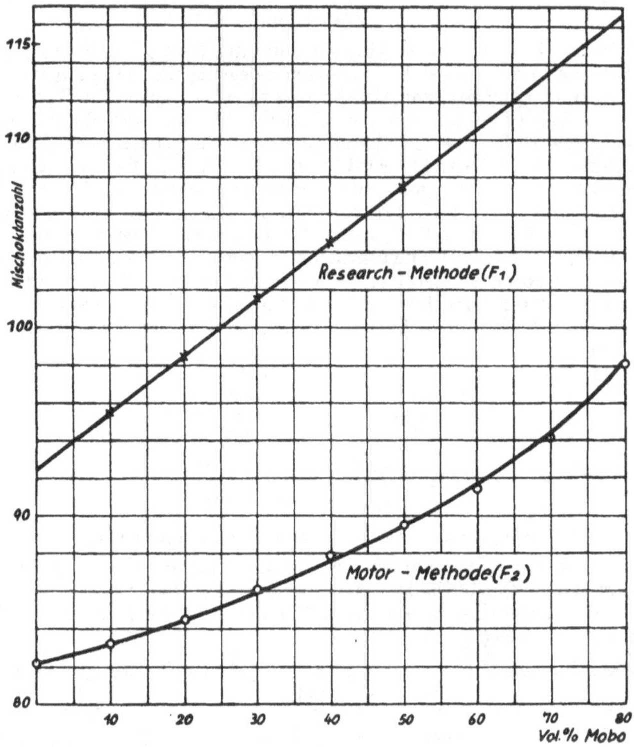

Bild 35. ROZ und MOZ für Benzin-Benzol-Gemische nach Hammerich

Das Prinzip der Kohlensäuremesser beruht darauf, daß die Wärmeleitfähigkeit der Kohlensäure kleiner ist als diejenige von Luft, so daß durch als Wheatstonesche Brücke geschaltete Edelmetall-Glühdrähte der Kohlensäuregehalt unmittelbar abgelesen werden kann. Wasserstoff mit seiner großen Wärmeleitfähigkeit stört die Genauigkeit der Angabe.

Beim Kohlenoxyd- + Wasserstoffmesser liegt eine ähnliche Schaltung vor, bei der durch katalytische Verbrennung des mit Luft angereicherten Auspuffgases an auf etwa 400° C erhitzten Platin eine entsprechende Temperatursteigerung des Drahtes erfolgt. Wasserdampf in der Luft verringert die Genauigkeit des Instrumentes. Der Kohlensäuremesser soll eine Genauigkeit von etwa $^1/_2$% Kohlensäure und der Kohlenoxyd-Wasserstoffmesser eine solche von 0,1% $CO + H_2$ haben.

Endlich gibt es noch einen elektrischen Sauerstoffmesser von Siemens nach ähnlichem Prinzip, welcher mit 0,3% Sauerstoff als Genauigkeit arbeiten soll, allerdings dazu einen elektrischen Wasserstoffentwickler als Komplikation nötig hat[1]).

Mit Ultrarotstrahlen arbeitet der von der BASF entwickelte „Uras"-Schreiber, welcher Kohlensäure, Kohlenoxyd, Kohlenwasserstoffe usw. direkt anzeigt und registrierend bestimmt[2]).

Nach dem Prinzip der chemischen Gasanalyse (ähnlich den Kohlensäureschreibern der Feuerungen, wie Ados) arbeitet das Gerät von Woesthoff-Bochum, welches Kohlensäure mit Lauge, Kohlenoxyd nach Oxydation mit Jodpentoxyd ebenso und Kohlenwasserstoffe nach Verbrennung in gleicher Weise bestimmt.

Auspuffgasfärbungen

Während bei Ottomotoren eine Färbung der Abgase in der Regel nicht zu beobachten ist — abgesehen von dem gelegentlichen Ölrauch von Zweitaktern[3]) (und Qualmen von Glühkopfmotoren) — spielt die Rauch- oder Rußgrenze bei Dieselmotoren betriebstechnisch und verkehrsmäßig eine sehr wichtige Rolle. Bei Kraftstoffüberschuß (der chemisch nicht etwa Sauerstoffmangel bedeutet!) wird vom Dieselmotor die „Rauchgrenze" überschritten. Das ist das gefürchtete Schwarznebeln der Lastzüge, welches im übrigen natürlich sowohl Kraftstoffvergeudung wie Ölverunreinigung (Ölverdickung) bedeutet. Einhaltung der Rauchgrenze ist mithin in jeder Weise dringend nötig. Die neuzeitlichen Regeleinrichtungen an den Fahrzeugdieselmotoren gestatten das auch, solange nicht mißverständlich oder böswillig der Pumpenanschlag verstellt wird. Prof. Schweitzer am Pennsylvania State College u. a. haben Geräte zur Messung der Abgasfärbung entwickelt.

Flammpunkte[4])

Benzin	< —22° C
Schwerbenzin	< +10° C
Benzol	—16° C
Alkohol	+12° C
Petroleum	21—60° C
Gasöl	50—80° C
Schmieröl	150—300° C

Zündgrenzen und Selbstzündungstemperaturen

Im Gemisch mit Luft sind nur bestimmte Mengenverhältnisse zwischen Kraftstoff und Luft zündfähig. Magere und fettere Gemische zünden nicht. Etwa in der Mitte des so gebildeten Zündbereichs liegt das theoretische Mischungsverhältnis (vgl. S. 133).

Übersicht über Zündbereich (in vol. %) und Selbstzündungstemperatur (in °C)

Kraftstoff	Untere Zündgrenze	Obere Zündgrenze	Zündbereich Δ	Theoretischer Luftbedarf kg/kg	Selbstentzündungstemperatur °C
Benzin	2	6	4	15,6	550
Benzol	2	8	6	13,5	730
Alkohol	3—15	12	9	9	430
Flüssiggas	2	10	8	15	570
Wasserstoff	5	70	65	34	585
Leuchtgas	7	50	43	7	600

[1]) Vgl. Müller-Graf, „Technologie der Brennstoffe", Wien 1939, S. 525.

[2]) Vgl. W. Siebert, Glückauf 80/81, S. 113ff. Der Uras-Schreiber wird im Bergbau (Brandgase, schlagende Wetter) benutzt.

[3]) Eine Sache, die noch der technischen Lösung harrt.

[4]) „Brennpunkte" liegen je nach Methode 20—100° C höher:

bis 50° C nach Abel } geschlossener Tiegel
bis 100° C nach Pensky-Martine }
bis 100° C nach Marcusson (offener Tiegel)

Die Selbstentzündungstemperatur von Kraftstoffen hängt sehr von den Bedingungen der Untersuchung (Arbeitsweise nach Moore, Tausz, Constam und Schläpfer, Krupp, Jentzsch, Wollers und Ehmke, Tausz und Schulte usw.), übrigens auch vom Druck ab. Interessanterweise sind die Glühzündungstemperaturen durch glühende Teile im Verbrennungsraum des Ottomotors (z. B. Zündkerzen) um 2—300° höher als die im Laboratorium gemessenen Selbstzündungstemperaturen der betreffenden Kraftstoffe (Bosch, Temperatur-Meß-Kerze).

Zündgrenzen[1])

	untere vol. %	obere in Luft	Δ
1. Gase			
H_2	4,1 (9)	71,5 (66)	67,4 (57)
CO	12,5 (15)	73,0 (72)	70,5 (57)
CH_4	5,6 (6)	14,8 (14)	9,2 (8)
C_2H_6	3,1	10,7	7,6
Propan	2,2	7,4	5,2
Butan	1,7	5,7	4
Pentan	1,4 (5)	4,5 (8)	3,1 (3)
Äthylen	3,0 (3)	22,0 (34)	19,0 (31)
Azetylen	3,3 (3)	52,3 (81)	49,0 (78)
Wassergas	— (6)	— (72)	— (66)
Leuchtgas	— (8)	— (19)	— (11)
2. Dämpfe			
C_6H_6	1,5	5,6	4,1
C_6H_{14}	— (2)	— (7)	— (5)
Toluol	1,4	5,4	4,0
Äthanol	4,4 (3) [2,5]	— (13) [19]	4,4 (10) [16,5]
Äther	2,0 (3) [1,2]	5,0 (7) [51]	3,0 (4) [49,8]
Azeton	2,25 (4) [1,6]	9,6 (9) [15]	7,35 (5) [13,4]
Schwefelkohlenstoff	4,2 (2)	— (31)	4,2 (29)
Ammoniak	— (16)	— (27)	— (11)
Benzin	— [1,4]	— [8,0]	— [6,6]
Benzol	— [0,8]	— [8,6]	— [7,8]
Methanol	— [4]	— [36]	— [32]

[1]) Nach R. V. Wheeler; (eingeklammerte) Werte nach E. Berl, [eingeklammerte] Werte I. G.

Selbstzündungstemperaturen

°C	Stoff	Form-art	Luft od. O_2	Druck	OZ	CaZ	Bemerkungen
100	Schwefelkohlenstoff	Dampf	Luft —	1 at			Brückner
140 →	Kohlenstaub . . \\.	fest	Luft —	1 at			Brückner
180	Benzaldehyd . .	fl.	Luft —	1 at			Tauß u. Schulte
180	Äther	Dampf	Luft (168°)	1 at	< 0		Brückner
200	Äthylnitrit . . .	Dampf	Luft —	1 at			Jantsch
250—450	Holzkohle	fest	Luft —	1 at			Brückner
270	Motorpetroleum .	fl.	Luft —	1 at			Bosch
335	Azetylen	Gas	Luft(350°)!	1 at	~ 80		Brückner
336	Gasöl	fl.	Luft (270°)	1 at			Tauß u. Schulte
375	Benzin	fl.	Luft —	5 at	~ 65		Tauß u. Schulte
380—420	Schmieröl	fl. + Dampf	Luft —	1 at			Kr. u. Brückner
450	Alkohol	fl.	Luft —	1 at	99		Kr.
480—550	Benzin	Dampf	Luft —	1 at	~ 65		Brückner
500	Azeton	fl.	Luft —	1 at	100		Kr.
530	Äthan	Gas	Luft (500°)	1 at	103		Brückner
530—585	Wasserstoff . . .	Gas	Luft (450°)	1 at	~ 60		Brückner
540	Äthylen . . .	Gas	Luft (485°)	1 at	~ 83		Kr. u. Brückner
560	Leuchtgas . . .	Gas	Luft (450°)	1 at	~ 89		Brückner
570	Flüssiggas	Gas	Luft —	1 at	~ 90		Kr.
610	Kohlenoxyd . . .	Gas	Luft —	1 at	~ 100		Brückner
645	Methan	Gas	Luft —	1 at	~ 110		Brückner
650	Steinkohlenöl . .	fl.	Luft —	1 at			Kr.
700	Benzol	Dampf	Luft —	1 at	~ 110		Brückner
700—850	Graphit	fest	Luft —	1 at			Brückner
850	Cyangas	Gasf.	Luft (800°)	1 at			Brückner

Bestandteile von Ottokraftstoffen, physikalische Daten[1])

Name	Formel	Siede-punkt °C	Wichte	OZ (MM—F_2)
n-Butan	C_4H_{10}	— 0,5	0,579	90/92
n-Pentan	C_5H_{12}	36	0,626	61/64
Neopentan (2-2-Dimethylpropan)	C_5H_{12}	9	0,593	83
n-Hexan	C_6H_{14}	69	0,659	(26), 59
Neohexan (2-2-Dimethylbutan)	C_6H_{14}	50	0,649	93/96
n-Heptan	C_7H_{16}	98	0,684	0
Triptan . . . . (2-2-3-Trimethylbutan) . . .	C_7H_{16}	81	0,690	101
n-Oktan	C_8H_{18}	126	0,703	— 17/— 19
Isooktan . . (2-2-4-Trimethylpentan) . . .	C_8H_{18}	99	0,692	100
n-Nonan	C_9H_{20}	151	0,718	(— 28); — 45
n-Dekan	$C_{10}H_{22}$	174	0,730	— 53
2-2-3-4-Tetramethylhexan . . .	$C_{10}H_{22}$	157	0,755	102
Zyklopentan	C_5H_{10}	49	0,745	83/85
Benzol	C_6H_6	80	0,879	< 100
Toluol	C_7H_8	111	0,866	< 100
3 Xylole	C_8H_{10}	138—144	0,861—0,880	< 100
Cumol	C_9H_{12}	153	0,864	99
Isobutylbenzol	$C_{10}H_{14}$	171	0,854	< 100
Methanol	CH_3OH	65	0,791	98
Äthanol	C_2H_5OH	78	0,789	99
n-Propylalkohol	C_3H_7OH	97	0,804	100
tert. Butylalkohol	$C(CH_3)_3OH$	83	0,787	< 100
Azeton	$(CH_3)_2CO$	56	0,791	100
Paraldehyd		124	0,994	56

[1]) Entnommen aus einer umfangreichen Tabelle von Dr. Th. Hammrich in Zerbe „Mineralöle", S. 484.

Wichte

Das spezifische Gewicht, die Dichte oder Wichte des Kraftstoffs, spielte in der Kinderzeit der Kraftfahrt eine große Rolle. Man verlangte damals Benzin von der Wichte 680. Diese Ziffer sollte Gewähr für gute Flüchtigkeit geben. Das traf zu, solange es sich um straight-distillate-Benzin aus paraffinischen (z. B. pennsylvanischen) Erdöl handelte und wurde irreführend ja unsinnig, sobald naphthenische und aromatische Benzine und Kraftstoffe, sowie Crackbenzine vorkamen. Heute ist die Wichte mit umgekehrten Vorzeichen ein ungefährer Anhalt für den Energiegehalt von Kohlenwasserstoffkraftstoffen. Für alkoholhaltige Kraftstoffe gilt die Regel schon nicht mehr. Ein spezifisch schwerer Ottokraftstoff gilt heute im allgemeinen als vorteilhaft, weil man dann mehr Gramm und bei Kohlenwasserstoffkraftstoffen mehr Kilometer je bezahltes Liter erhält. Bei Dieselkraftstoffen dient die Wichte als Hilfsmittel zur Kennzeichnung der Herkunft.

Wichte von Dieselkraftstoffen

Gasöl aus Erdöl	0,84—0,88
Dieselkraftstoff aus Braunkohlenteer	0,85—0,90
Dieselöl aus Steinkohlenteer	0,95—1,0

Die Wichte hängt von der Temperatur ab. Der Ausdehnungskoeffizient, Volumänderung für 1^0 C beträgt 0,0012—0,0016. Die Änderung des spezifischen Gewichts je Grad Celsius beträgt etwa 0,001. Im Kraftstoffhandel werden noch verschiedene Baumé-Grade (gewöhnliche und API.) benutzt, die sich aus der Wichte umrechnen lassen.

Die Wichte wird mit der Mohr-Westphalschen Waage, einem Pyknometer, oder am bequemsten mit der Spindel bestimmt (Temperatur 20^0 C). Auch das Wiegen einer abgemessenen Menge (z. B. Literkolben) führt bequem zum Ziel.

Heizwert

Der Heizwert ist ein Maß für den Gehalt des Kraftstoffs an chemischer Energie. Man unterscheidet oberen und unteren Heizwert. Der obere Heizwert ist nach der Formel $H_o = H_u + 5{,}85\,x = H_u + 52{,}3\,y$ höher als der untere Heizwert, wobei x das Verbrennungswasser in Gewichtsprozenten des Kraftstoffs bei theoretischer Verbrennung, y den Wasserstoffgehalt des Kraftstoffs in Gewichtsprozenten bedeutet. Der untere Heizwert ist richtiger für die vorliegenden Zwecke, weil er von der Kondensationswärme des Verbrennungswassers absieht und diese ja im Motor nicht zur Auswirkung kommt. Im übrigen kann man den Heizwert auf Mol, Liter und Kilo beziehen.

Bestimmt wird der Heizwert durch kalorimetrische Verbrennung entweder kleiner Mengen im Bombenkalorimeter oder eines laufenden Stroms, z. B. im Junkers-Kalorimeter.

Die Heizwerte unterscheiden sich nicht sehr stark voneinander.

Mischbarkeit, Wasserlösevermögen („Wassertiter“, „Wasserwert“) und Wassergehalt

Benzin und Benzol mischen sich in allen Verhältnissen und können außer durch Ausfrieren (oder Fraktionieren) nicht voneinander getrennt werden. Selbsttätige Entmischung scheidet aus. Wo solche beobachtet sein soll, hat niemals vollständige Mischung vorher stattgefunden.

Benzin und Alkohol und Benzol und Alkohol mischen sich miteinander in allen Verhältnissen. Sobald der Alkohol nicht ganz wasserfrei ist, wird die Mischbarkeit begrenzt, und zwar bei Benzinen sehr viel rascher als bei Benzol. Bei Dreiergemischen wirkt Benzol als Lösungsvermittler. Von anderen Lösungsvermittlern seien Isopropylalkohol, Isobutylalkohol, Azeton und Äthyläther genannt. Kompliziertheit eines Gemisches verbessert im allgemeinen die Neigung, homogen zu bleiben.

Benzin und Benzol für sich lösen geringe Mengen Wasser in Abhängigkeit von der Temperatur, wie Bild 1, S. 180, dies zeigt. Benzin-Benzol-Gemisch hat ein kleineres Lösungsvermögen. Alkohole mischen sich in allen Verhältnissen mit Wasser. Alkoholhaltige Kohlenwasserstoffkraftstoffe haben ein Wasserlösevermögen von Bruchteilen eines Prozents, welches zur Betriebskontrolle (Titrieren) benutzt wird. Je größer das Wasserlösevermögen eines alkoholhaltigen Kraftstoffs ist, um so größer ist vergleichsweise seine Kältefestigkeit. (Zweckmäßig über 0,2 vol. % bei 20° C, DIN 53676.)

Das Wasserlösevermögen wird durch Titrieren mit Wasser bis zur bleibenden Trübung unter sorgfältiger Einhaltung der Temperatur bestimmt.

Wasser und Schmutzgehalt lassen sich durch Zentrifugieren erkennen und bestimmen. (Auch durch Karbid ist Wassergehalt zu erkennen.)

Dieselöle geben nach der Mischung gelegentlich sehr störende Abscheidungen (Satz).

Zähflüssigkeit und Kältefestigkeit

Bei Ottokraftstoffen spielt die Zähflüssigkeit keine Rolle. Wohl aber ist die Zähflüssigkeit für Dieselkraftstoffe von Bedeutung. Eine zu geringe Zähflüssigkeit erschwert das Dichthalten und Arbeiten der Einspritzpumpe, so daß man Einspritzpumpen für Ottokraftstoffe schmierende Zusätze zu geben pflegt. Eine zu große Zähflüssigkeit erschwert den Durchfluß durch die für Dieselöl wegen der Empfindlichkeit der Pumpen auf mechanische Verunreinigungen besonders dichten Kraftstoffilter, den Zufluß zu der Dieselpumpe und die Zerstäubung. Es ist deshalb eine Zähflüssigkeit von höchstens 2° Engler bei 20° C üblich. Besonders wichtig ist bei Dieselölen die Erhaltung guter Fließbarkeit auch bei niedrigen Temperaturen.

Die Kältefestigkeit hat für Fahrzeugkraftstoffe bis etwa —25° C, für Flugkraftstoffe noch darüber hinaus praktische Bedeutung. Durch Abkühlung können die verschiedenen Kraftstoffe folgende Veränderungen erfahren:

A. Dieselöl

Erhöhung der Zähflüssigkeit, Festwerden der ganzen Masse (Stockpunkt), Entstehung eines Absatzes (Ausscheiden von Paraffin bei Braunkohlen-, Erdöldieselkraftstoffen und Anthrazen, Phenanthren usw. bei Steinkohlendieselkraftstoffen), Schwinden der Fließ- und Filtrierbarkeit.

Stockpunkt oder genauer gesagt Fließbarkeit und Filtrierbarkeit sind für den praktischen Dieselbetrieb bei Kälte besonders auch deswegen von entscheidender Bedeutung, weil die Rücksicht auf die Haltbarkeit von Einspritzpumpe und Düsen besondere Feinfilterung des Dieselkraftstoffs verlangt, welche natürlich auf steigende Viskosität, Ausscheidung schleimiger oder fester Stoffe usw. sehr empfindlich ist. Hammerich[1]) hat ein genormtes Verfahren zur Bestimmung der Filtrierbarkeit oder Fließbarkeit von Dieselkraftstoffen entwickelt. Im einzelnen handelt es sich darum, daß die Viskosität nicht unter 1,5 c. St. bzw. 2 c. P. sinken soll. Nach Hagemann-Hammerich < 60 Sek. Filtrierdauer für 200 ccm bei —15° C.

B. Ottokraftstoffe

1. Benzine, auch mit Blei: Vollkommen kältefest. Allenfalls können kleine Mengen suspendierten oder gelösten Wassers ausfallen. Das Lösungsvermögen von Benzin für Wasser beträgt bei 20° C nur etwa $^1/_{10}$ g Wasser je Kilo Benzin. Es nimmt mit der Temperatur nur schwach zu.
2. Benzin-Benzol-Gemische: Praktisch vollkommen kältefest.
3. Alkohole: Vollkommen kältefest, deshalb im Ausland vielfach als Gefrierschutzmittel verwendet (in Gestalt wässeriger Lösungen, die starke Gefrierpunkterniedrigung zeigen).

---

[1]) Vgl. Zerbe, S. 509ff (DIN 51 770); vgl. auch Hammerich und Stoll, „Erdöl und Kohle“, 1951, S. 119ff.

4. Alkoholhaltige Benzin- und Benzolgemische: Bei weitgehender Wasser freiheit besteht weitgehende Kältefestigkeit. Wird durch irgendwelche Umstände die Wasserfreiheit unvollkommen — alkoholhaltige Kraftstoffe lösen etwas Wasser —, dann kann Zerfall in zwei Schichten (unten wasseralkoholreich, oben kohlenwasserstoffreich) eintreten, was dann Schwierigkeiten verursacht, wenn (z. B. im Winter über Nacht) die trübe Emulsion sich in zwei klare Schichten getrennt hat.

Die Bestimmung der Kältefestigkeit geschieht in Kälteapparaten, in denen die Kälte durch Verdampfung von Äther oder in Bädern von Spiritus mit fester Kohlensäure hergestellt wird und die Kraftstoffprobe mehrfach mit fallender und steigender Temperatur durch den kritischen Zustand gebracht wird. Es ist zu beachten, daß Überkaltungserscheinungen auftreten können (Schütteln, Kratzen) und daß bei vielen Kältewirkungen die Zeit eine wichtige Rolle spielt.

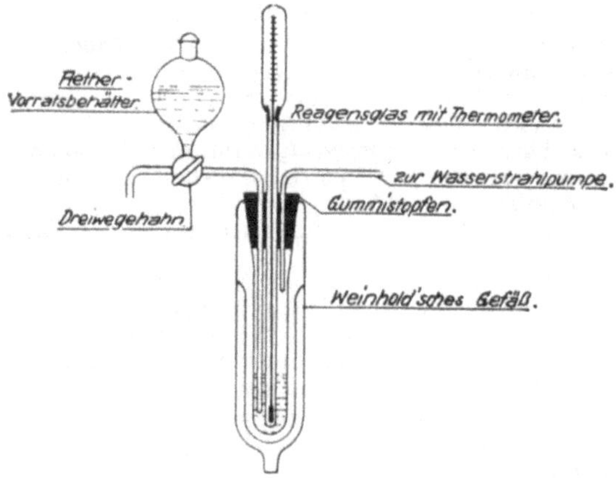

Bild 36. Kaltgerät mit Äthyläther als Kältelieferant

Nachweis von Tetraäthylblei und Eisenkarbonyl

Eine kleine Menge des Kraftstoffs wird ins Sonnenlicht gestellt. Ist der Niederschlag weiß und flockig, handelt es sich um Bleibenzin. Scheidet sich rasch nach Gelbfärbung feines braunes Pulver ab, enthält der Kraftstoff Eisenkarbonyl.

Einige Tropfen des Benzins auf Filtrierpapier werden in der Sonne oder im Quarzlampenlicht getrocknet. Bei Betupfen des Flecks mit Schwefelammon tritt bei Bleibenzin Grau- oder Schwarzfärbung ein — bei Betupfen mit 1%iger Dithiozenlösung im Licht rötlich auf grün.

Lacklösevermögen, Quellung, Korrosion

Für diese praktisch bedeutsamen Gebiete hat man technologische Proben entwickelt.

Man hat heute kraftstoffeste Lacke, sogar zum Innenlackieren von Tanks, Fässern und Kanistern. Besonders stark lacklösend wirkt Benzolspiritus.

Man hat heute gegen Kraftstoffe und Öle quellfeste Stoffe (Thiokol, Perbunan usw.), so daß man Kupferrohrleitungen durch derartige Kraftstoffschläuche ablösen, Gummidichtungen (Simmerringe) für Kurbelwellen usw. benutzen kann.

Die Korrosionsprüfungen haben gleicherweise zur Freihaltung der Kraftstoffe von aktivem Schwefel (Kupferstreifenprobe), Säure und Lauge (vgl. 181), wie dazu geführt, daß man korrosionsgefährdete Metalle und Metallkombinationen vermeidet; Leichtmetall- und Zinklegierungen konnten oft durch geringfügige Änderung der Zusammensetzung korrosionsfest gemacht werden.

Nachweis von Obenschmieröl, Naphthalin usw.

In 50 ccm Kraftstoff in einem Porzellanschälchen hängt man einen Filtrierpapierstreifen, 300×40 mm (Schleicher & Schüll, Nr. 618), und läßt den Kraftstoff bei Zimmertemperatur unter Vermeidung von Sonnenlicht verdunsten. Naphthalinkristalle am Verdunstungsrande weisen Naphthalin nach. Verfärbte und insbesondere ölige Stoffe, welche sich dort anreichern, lassen entsprechende Schlüsse zu.

Bestimmung der Ölverdünnung

Wasserdampfdestillation von 100 ccm des gebrauchten Öls und Messung der aufschwimmenden kraftstoffartigen Anteile des Kondensats.

Anilinpunkt

Der Anilinpunkt wird in den englisch sprechenden Ländern viel benutzt, um den Gehalt an Aromaten zu kennzeichnen, der für Ottokraftstoffe günstig, für Dieselkraftstoffe ungünstig ist.

Es ist zu unterscheiden zwischen Anilinpunkt (Verhältnis Anilin: Kraftstoff = 1 : 1) und kritischer Lösungstemperatur. Für Beurteilung von Dieselölen ist letztere geeigneter[1]), da bei Dieselölen der Trübungspunkt vom Mischungsverhältnis stärker abhängig ist[2]).

Für den Anilinpunkt 1 : 1 lautet die neueste DVM-Vorschrift Nr. 7670 (II. Entw. 39):

„5 ccm Kraftstoff sind zusammen mit 5 ccm frisch destilliertem Anilin in ein Reagenzglas von 2 cm lichter Weite zu füllen. In das Reagenzglas ist ferner ein Rührer und ein in 0,1° geteiltes Thermometer (Meßbereich 0—100° C) zu stellen. Dann ist das Ganze im Wasserbad bis zum Klarwerden der Lösung zu erwärmen und anschließend unter ständigem Rühren abzukühlen. Erwärmung und Abkühlung sind so oft zu wiederholen, bis der Anilinpunkt auf 0,1° genau festgestellt ist.

Bemerkungen:

1. Das Thermometer muß auf die entsprechende Eintauchtiefe korrigiert sein.
2. Bei Benzinen mit leichtflüchtigen Anteilen ist zweckmäßig unter Kühlung je 2 ccm in ein Reagenzglas von etwa 10 mm Weite einzuschmelzen, dieses neben der Thermometerkugel zu befestigen und mit der Hand zu schütteln. Man kann das Gläschen auch auf einer im Wasserbad rotierenden Scheibe befestigen, die es ständig umstürzt. Man liest dann also die Temperatur des Wasserbades ab, bei der Trübung eintritt."

Verdampfungswärme

Die Kraftstoffe haben verschiedene Verdampfungswärmen. Die Verdampfungswärme spielt eine wichtige Rolle für das Füllungsgewicht. Kraftstoffe mit hohen Verdampfungswärmen werden deshalb für Rennfahrzeuge benutzt.

Kraftstoff	Verdampfungswärme [3]) in WE/kg
Benzin	etwa 80
spiritushaltiges Benzin	etwa 120
Benzin-Benzol-Gemisch	etwa 85
Benzol	94
Azeton	125
Äthanol	225
Methanol	262
Dieselkraftstoff	etwa 75

[1]) Vgl. dazu Bestushew, „Erdöl und Teer" 9, 1933, S. 170.

[2]) Die Methode ist im Lunge-Berl II/1, S. 129, Auflage 1932 angegeben, auch in ASTM 1929.

[3]) Sog. „kleine" Verdampfungswärme = Wärmeverbrauch zum Verdampfen am Siedepunkt der Flüssigkeit.

Die Verdampfungswärme wird im Kalorimeter bestimmt.

Spezifische Wärme von Kraftstoffen ·4—·5 bei 0° C, ·6—·7 bei 300° C.

Benzolbestimmung bzw. Bestimmung von „Aromaten"

1. Dracorubinprobe und Dracorubin-Kapillarprobe nach Prof. Dr. Dieterich.
2. Wichte.
3. Löslichkeit der Aromaten in Dimethylsulfat (giftig!) unter vereinbarten Bedingungen.
4. Sulfurierung.

Benzol-Bestimmung mit Draeger-Gasspürgerät

Ein einfaches Verfahren zur Bestimmung von Benzolgehalt von Ottokraftstoffen soll das Draeger-Benzol-Prüfröhrchen 1—50 bzw. das noch empfindlichere 0,1—8 sein. Zur Bestimmung wird 1 g des zu untersuchenden Kraftstoffs in eine gewöhnliche 10-l-Flasche mit doppelt durchbohrtem Stopfen einpipettiert und in dieser verdampft. Ein kurzes und ein auf den Boden reichendes Glasrohr dienen zur Bedienung. Nach vollständiger Verdampfung pumpt man aus dem tief reichenden Rohr durch das Benzolprüfröhrchen, wobei ein Farbumschlag von rosa nach hellbraun bei dem Röhrchen 1—50 und ein solcher von weiß nach rosa bei dem Röhrchen 0,1—8 erfolgt.

Bestimmung von Schwefel

Durch Verbrennung in der kalorimetrischen Bombe und Analyse der Verbrennungsprodukte oder in besonderen Verbrennungsapparaten.

Nachweis von Schwefelkohlenstoff

Bei Zusatz konzentrierter alkoholischer Kalilauge entstehen bei Anwesenheit größerer Mengen von Schwefelkohlenstoff farblose nadelförmige Kristalle von Kaliumxanthogenat. (Schwefelkohlenstoffgehalt läßt auf mangelhaftes Benzol oder Benzolvorlauf schließen.)

Nachweis von Alkoholgehalt[1])

Ein sauberes Glas wird mit Kraftstoff gefüllt und tropfenweise Wasser unter Umschütteln zugegeben. Lösen sich die ersten Tropfen auf und tritt beim Zugießen von mehr Wasser eine milchige Trübung ein, aus der sich zwei Schichten absetzen, dann liegt ein Alkoholgemisch vor. Durch Ausschütteln mit viel Wasser und Beobachtung der Volumverringerung kann man den Alkoholgehalt ziemlich genau feststellen.

Äthanol ist durch die Jodoform-Reaktion, Methanol durch die Morphin-Reaktion vom Chemiker nachzuweisen.

Über die schwierige quantitative Untersuchung von Äthanol und Methanol vergleiche Hammerich[2]).

Gehaltsbestimmung von Alkohol (Äthanol)

Die Prozentigkeit des Alkohols wird üblicherweise durch Spindeln ermittelt.

---

[1]) Kopierstift läuft auf Papier nicht aus, wenn es mit Benzin, wohl aber, wenn es mit Alkoholkraftstoff befeuchtet wird.

[2]) a. a. O. S. 552.

Vol.Gew.	Gew.-% Alkohol	Alkohol Vol %	Vol.-Gew.
0,8118	94	94	0,8194
0,8089	95	95	0,8157
0,8061	96	96	0,8118
0,8031	97	97	0,8077
0,8001	98	98	0,8034
0,7969	99	99	0,7988
0,7938	100	100	0,7937

Brechungsindex

Der Brechungsindex hat nur analytische Bedeutung[1]). Er wird im Abbe-Zeiss- oder im Pulfrich-Apparat bestimmt. Typische Brechungsindizes sind:

Brechungsindizes verschiedener Brennstoffe:

	Refraktion bei 20°
Methanol	1,3290
Äther	1,3521
Pentan	1,3581
Alkohol	1,3617
Baku-Benzin	1,413
Grosny-Benzin I	1,403
Grosny-Benzin II	1,410
B.V.-Motorenbenzol	1,494
Benzol (C_6H_6)	1,5014
Schwefelkohlenstoff	1,6277

Elektrische Erregbarkeit

Während Spiritus wegen seines elektrisch leitenden Wassergehaltes nicht und Alkohol wegen seiner verhältnismäßig großen elektrischen Leitfähigkeit schwer elektrisch zu erregen ist, auch wassergesättigtes Benzol oder Benzin nur schwer elektrostatische Erregbarkeit zeigt, können bei absichtlich oder durch Zufall (starke Kälte) besonders trockene Kohlenwasserstoffkraftstoffe durch rasche Bewegung in Rohren, Schläuchen usw. hohe elektrische Spannungen auftreten. Darum werden ja Tankautos durch eine Kette elektrisch geerdet oder durch elektrisch leitende Reifen (Dunlop), bevor sie ihre Fracht in den Bodentank der Zapfstelle einlaufen lassen.

Bei den chemischen Waschanstalten umgeht man die Gefahr der elektrischen Erregbarkeit von trockenem Benzin durch Zusatz von etwas ölsaurem Magnesium (Richterol) oder ähnliche leitfähigkeitserhöhende Zusätze.

Selektive Extraktion, Adsorption und Desorption

Auf die neuzeitlichen analytischen Verfahren der selektiven Extraktion, Adsorption und Desorption sei nur verwiesen. Sie gestatten die Lösung von bisher als unlösbar angesehenen analytischen Aufgaben.

Oberflächenspannung

Auch die Oberflächenspannung hat nur analytische Bedeutung. Sie wird aus dem mit dem Stalagmometer ermittelten Tropfengewicht abgeleitet. Je größer die Oberflächenspannung, um so größer das Tropfengewicht.

Kohlenoxyd-Nachweis

In Garagen, Werkstätten, ganz besonders aber auch in Personenwagen (keineswegs nur Limousinen) und Lastkraftwagenkabinen, ist der Kohlen-

[1]) Brechungsindex und Oberflächenspannung werden von Heinze und Marder zur Verfeinerung der Ableitung von Oktan- und Cetan-Zahl aus Wichte und Siedekennziffer benützt („Parachor").

oxydnachweis von größter Bedeutung. Mehr als 0,04% Kohlenoxyd sind gefährlich. Selbst im offenen Kabriolet finden sich solche Konzentrationen durch Luftwirbel, erst recht in geschlossenen Kraftwagen[1]).

Eines der bequemsten und sichersten Geräte zur Kontrolle von Garagen, Werkstätten und Fahrzeugen auf Kohlenoxyd ist das Gasspürgerät von Draeger, bei welchem durch eine Handpumpe durch ein CO-Prüfröhrchen „0,01—0,5“ die zu prüfende Luft durchgepumpt wird. Umschlag der Reaktionsschicht des Röhrchens von weiß nach grün oder gar grünbraun warnt vor Kohlenoxyd, wobei die Zahl der Pumpenstöße zahlenmäßige Bestimmung der Kohlenoxydkonzentration gestattet.

Bild 37. Pumpe des Dräger-Gas-Spürgerätes mit Prüfröhrchen (für Kohlenoxyd, aber auch für Benzolbestimmung usw.)

Nachweis von Kraftstoffdampf in Luft

Am einfachsten durch eine Bergwerkslampe (sog. Davysche Lampe), welche bei Anwesenheit von Kraftstoffdämpfen in bedenklicher Konzentration die charakteristische Aureole zeigt.

Mit dem Draeger-Gasspürgerät und einem KW-Prüfröhrchen, 5—100, kann man Kohlenwasserstoffdämpfe leicht und bequem quantitativ nachweisen, wobei die Anzahl der Pumpenhübe bis zum Farbumschlag von gelb auf gelb-braun-rötlich bzw. blau-schwarz wesentlich ist und die Farbtönung des Umschlags sogar über die qualitative Beschaffenheit der Kohlenwasserstoffdämpfe annähernde Auskunft gibt.

Zu erwähnen ist noch der Uras-Schreiber der BASF

Temperatur-Meßkerze und Temperatur-Meß-Stöpsel

Temperaturen messen den Überdruck der Wärme. Wärme am Motor rührt vom Kraftstoff her — entweder direkt (durch Verbrennung) oder indirekt (durch Reibung). Temperaturen von Gasen, Kühlrippen, Auspuffrohren usw. mit dem Thermometer zu messen, das ist unbequem und meist irreführend. Thermo-Elemente sind zuverlässiger und temperaturempfindliche Farben bequemer.

Bosch hat für Ottomotoren Zündkerzen mit eingebautem Thermoelement und für Dieselmotoren Verschlußstöpsel ebenfalls mit eingebautem Thermoelement hergestellt, welche vielseitigen Aufschluß gewähren.

Barometerstand und Leistung

Niedriger Barometerstand — z. B. hoch im Gebirge — verringert verhältig Füllungsgewicht und Motorleistung. Z. B.: 2000 m Höhe ~ 18% Einbuße an Leistung. Wasser kocht schon bei 93° C.

Glühfarben

im Dunkeln erkennbar rotglühend (Selbstreinigungstemperatur der Zündkerzen)	~ 500° C
braunrot	~ 600° C
dunkelrot (Glühkopfmotor)	~ 700° C
dunkelkirschrot	~ 750—800° C
kirschrot	~ 800° C
hellkirschrot (Glühzündungstemperatur von Zündkerzen beginnt.	~ 850° C
hellrot	~ 900° C
gelbrot	~ 1000° C
dunkelgelb	~ 1100° C
hellgelb	~ 1200° C
weiß	über 1250° C

[1]) Die „Limousinenkrankheit“ auf den Rücksitzen, Kopfweh auch des Fahrers im Winter, sind meist unbeachtete CO-Vergiftungen.

Umwandlung von Volumprozenten in Gewichtsprozente

Umrechnungsformel:

$$\text{Vol.-\% A} = \frac{\dfrac{\text{Gew.-\% A}}{\text{spez. Gew. A}}}{\dfrac{\text{Gew.-\% B}}{\text{spez. Gew. B}} + \dfrac{\text{Gew.-\% A}}{\text{spez. Gew. A}}}$$

$$\text{Gew.-\% C} = \frac{\text{Vol.-\% C} \times \text{spez. Gew. C}}{\text{Vol.-\% D} \times \text{spez. Gew. D} + \text{Vol.-\% C} \times \text{spez. Gew. C}}$$

Beispiele:

1. Herzustellen ist ein Bi-Bo-Gemisch 60 + 40 Gew.% aus 0,750 Bi und 0,875 Bo; wieviel Vol.-% Bo enthält das Gemisch?

$$\text{Vol.-\% Bo} = \frac{\dfrac{40}{875}}{\dfrac{60}{750} + \dfrac{40}{875}} = \frac{458}{800 + 458} = 36{,}4\,\%$$

2. Wieviel Gewichtsprozente Benzol enthält das Gemisch 50 : 50?

$$\text{Gew.-\% Bo} = \frac{50 \times 0{,}875}{50 \times 0{,}750 + 50 \times 0{,}875} = \frac{4375}{3750 + 4375} = 56{,}4\,\%$$

Mischungsrechnung

Die praktisch so wichtige und gelegentlich lästige Mischungsrechnung – etwa zur Herstellung von Gemischen bestimmter Benzolgehalte, Wichte, Klopffestigkeit aus zwei oder mehr Bestandteilen – läßt sich sehr vereinfachen. Die gegebenen Regeln und Beispiele gelten für zwei Bestandteile; bei drei oder mehr Komponenten wendet man die Methode wiederholt an. Sie gilt für Volumina und Volumprozente, Gewichte und Gewichtsprozente; nur muß man natürlich bei jeder Rechnung in der gleichen Maßgröße bleiben.

„Andreaskreuz" nennt man das nachstehende Rechenschema:

	Gehalt		Menge	Prozent
A. 1. Mischstoff	a ↘		↗ A = b − c;	$\frac{b-c}{a-c} \cdot 100$
B. Gemisch		b		
C. 2. Mischstoff	c ↗		↘ C = a − b;	$\frac{a-b}{a-c} \cdot 100$
Menge Gemisch . .			B = a − c	= 100

Zweckmäßig wählt man den konzentrierten Mischstoff als A, a. Sonst erhält man negative Zahlen, die zahlenmäßig richtig sind, aber verwirren könnten (Beispiel 2).

Beispiel 1: Aus einem Bibo von 80 % (Gew. oder Vol.) Benzol und einem anderen von nur 10 % Bo soll ein 40 %iges Bibo gemischt werden:

80er Bibo:	80 ↘		↗ 30 Teile (Gew. oder Vol.) = 42,9 % (Gew. oder Vol.)
		40	
10er Bibo:	10 ↗		↘ 40 Teile (Gew. oder Vol.) = 57,1 % (Gew. oder Vol.)
Gemisch:			70 Teile (Gew. oder Vol.) = 100 % (Gew. oder Vol.)

Beispiel 2: Aus einem Benzin mit ROZ 65 und einem Benzol mit ROZ 105 soll ein Bibo mit ROZ 80 gemischt werden (OZ-Mischungsrechnungen stimmen bekanntlich nicht genau!):

65er Bi:	65 ↘		↗ (—) 25 Teile = 62,5 %
		80	
105er Bo:	105 ↗		↘ (—) 15 Teile = 37,5 %
Bibo:			(—) 40 Teile = 100 %.

Außer dem „Andreaskreuz" gibt es noch eine ähnliche einfache Mischungsrechnung mit Zahlen[1]):

A = Ausgangsstoff ...... mit a% Gehalt
B = Endstoff .... mit b% Gehalt
C = Zusatzstoff .... mit c% Gehalt und
$a > b > c$;

dann ist

$$\frac{A}{b-c} = \frac{B}{a-c} = \frac{C}{a-b}.$$

Bedingungsgleichungen sind

$$A \times a + C \times c = B \times b$$
$$A + C = B.$$

1. Beispiel:

Wenn also z. B.:

A = 300 g; a = 100%
B = ? ; b = 60%
C = ? ; c = 0%,

dann ist $\frac{300}{60} = \frac{B}{100} = \frac{C}{40} = (= 5)$;

also: B = 500 g; C = 200 g.

2. Beispiel:

15 cbm Benzin 720 mit Benzol 860 auf Bibo 800 mischen:

A = x ; a = 860
B = y ; b = 800
C = 15; c = 720

$$\frac{x}{80} = \frac{y}{140} = \frac{15}{60} = \frac{1}{4}.$$

15 cbm Bi 720 geben mit x = 20 cbm Bo 860 an Bibo 800 eine Menge von y = 35 cbm.

Beschaffenheitsvorschriften

Gütevorschriften für Treibgas

Begriff: 1. Unter Flüssigtreibgas versteht man Treibgas für Ottomotoren, das bei Drücken bis 25 atü und Raumtemperatur flüssig ist.

Herkunft: 2. Flüssigtreibgas kann auf verschiedene Weise z. B. aus Erd-, Raffinerie- oder Crackgasen sowie durch Hydrierung oder Synthese, gewonnen werden.

Eigensch.: 3. Flüssigtreibgas muß folgenden Anforderungen entsprechen:

Zusammensetzung 1. 4.—31. 8.	Höchstens 3 Gew.% Inerte Höchstens 75 Gew.% C 4 Kohlenwasserstoffe Höchstens 1 Gew.% höh. sied. Bestandteile Rest C 1—C 3 Kohlenwasserstoffe
1. 9.—31. 3.	Höchstens 3 Gew.% Inerte Höchstens 70 Gew.% C 4 Kohlenwasserstoffe Höchstens 1 Gew.% höh. sied. Bestandteile Rest C1—C 3 Kohlenwasserstoffe
Heizwert (unterer)	mindestens 10600 kcal/kg
Dampfdruck	höchstens 16,7 kg/qcm bei 40°
Reinheitsgrad	
schwefelhaltige Stoffe	höchstens 0,1 mg/kg
Schwefelwasserstoff	höchstens 0,1 mg/kg
Gesamtschwefel	höchstens 400 mg/kg
Aktiv-Schwefel	höchstens 1,5 mg/kg
Ammoniak	frei
Harze	frei
Öl	höchstens 50 mg/kg
Wasser	oberhalb — 30 °C frei von sichtbarem Wasser
Geruch	mild

[1]) Vgl. Dr. A. Krause von der BASF, Ludwigshafen a. Rh., in „Chemie für Labor und Betrieb", 1952, S. 14ff.

Prüfmeth.: 4. Probenahme . . . . nach DIN-Entwurf 51610
Zusammensetzung . . . . . . nach DIN-Entwurf 51611
Heizwert . . . . nach DIN-Entwurf 51612
Dampfdruck . . . . nach DIN-Entwurf 51616
Schwefelwasserstoff . . . . . nach DIN-Entwurf 51615
Gesamtschwefel . . . . nach DIN-Entwurf 51615
Aktiv-Schwefel . . . . nach DIN-Entwurf 51613
Ammoniak . . . . nach DIN-Entwurf 51614
Harze . . . . nach DIN-Entwurf 51615
Öl . . . . nach DIN-Entwurf 51614
Wasser . . . . nach DIN-Entwurf 51614

Fachnormenausschuß Materialprüfung im Deutschen Normenausschuß.

Physikalische Daten von Flüssiggas

	Propan	Butan	Treibgas
Siedetemperatur ° C	— 44,5	0,6	
Verdampfungswärme kcal/kg	102	92	
Kritische Temperatur ° C	96,5	133,7	
Kritischer Druck atü	45,5	34,7	
Spez. Gewicht der Flüssigkeit kg/l	0,509	0,585	
Spez. Volumen l/kg	1,97	1,71	
Raumgewicht kg/m^3	1,97	2,59	
Dampfdruck atü bei — 20° C	1,67	—	1 atü
Dampfdruck atü bei — 10° C	5,9	—	1,7 atü
Dampfdruck atü bei ± 0° C	4,1	—	2,5 atü
Dampfdruck atü bei + 10° C	5,9	0,5	3,7 atü
Dampfdruck atü bei + 20° C	8,1	1,5	
Dampfdruck atü bei + 30° C	10,5	2,4	
Dampfdruck atü bei + 40° C	18,1	4,85	
Zündgrenzen % Gas in Luft untere	2,4	1,9	
Zündgrenzen % Gas in Luft obere	9,5	8,5	
Luftbedarf Nm^3/Nm^3 theoretisch	23,8	30,9	
Heizwert Hu kcal/kg	11000	10920	
Heizwert Hu $kcal/Nm^3$	22350	29500	
Gemischheizwert $kcal/Nm^3$	901	900	

Deutsche Stadtgasnormen

1. Das Stadtgas soll ein Mischgas mit H_0 = 4000 . . . 4300 kal/Nm^3 sein.
2. Dieser Heizwert soll durch Zusatz brennbarer Gase zum Kohlengas erreicht werden
3. Dichte unter 0,5 (bezogen auf Luft = 1).
4. Inerte Stoffe (CO_2 u. N_2) unter 12 Vol.-% (Bestimmungsfehler 0,2 Vol.-%).
5. Sauerstoffgehalt < 0,5 Vol.-%, möglichst < 0,2 Vol.-%.
6. Reinheit von H_2S, NH_3 und Teer.
   G_2S bei Fernleitungen im äußersten Fall bis 2 g/100 Nm^3 zulässig. (Der Gehalt des Gases an organisch gebundenem Schwefel beträgt 15 . . . 20 g/100 Nm^3 Gas, bei Verarbeitung von englischen und sächsischen Kohlen 20 . . . 35 g/1000 Nm^3 Gas.) (Die Werte des organisch gebundenen Schwefels sind keine Normen.) NH_3 unter 0,5 g/100 Nm^3. Naphthalin unter p : 5 g/100 Nm^3, worin p = Anfangsdruck des Gases in atü ist.
7. Dauernde Gleichmäßigkeit bezüglich Heizwert, Dichte und Druck:

zulässige Schwankungen	absoluter Wert	Meßergebnisse
Heizwert H_0	± 25 kcal	± 75 kcal
Dichte s	± 0,012	± 0,015

Wird auf Gleichmäßigkeit der Wobbezahl gearbeitet, so betragen die zulässigen Schwankungen der Konstanten K (Wobbezahl) $= \frac{H_0}{\sqrt{s}} = 1{,}5\,\%$.

Czako und Schaak schlagen die Messung der Ottzahl zur Bewertung der Gebrauchseigenschaften des Gases vor. Dieselben Verfasser geben mit ihrem Prüfbrenner ein verbessertes Meßgerät an.

Verbindung von Ottzahl und Wobbezahl führt zu der Czakoschen Kennziffer:

$$\text{Kennziffer} = \frac{\text{Wobbezahl}}{\text{Ottzahl (Prüfbrennerzahl)}}$$

Brückner und Löhr machen Vorschläge zur Erweiterung der Richtlinien nach brenntechnischen Gesichtspunkten.

Anforderungen an Benzol nach den Vorschriften des BV 1939 D 15 870—885

Siedeverhalten	
Beginn	> 80°
bis 100° C	> 65 %
bis 145° C	—
bis 165° C	> 95 %
Abdampfrückstand, mg/100 ccm	< 10 %
Harzbildnertest, mg/100 ccm	< 10 %
Schwefelwasserstoff und aktiver Schwefel	nicht nachweisbar
Gesamtschwefel	—
Trübungspunkt (Wasserausscheidung)	< + 15°

Anforderungen an Treibspiritus nach der Vorschrift der Reichsmonopolverwaltung 1936

Weingeiststärke	> 99,8 Gew. %
Glührückstand	< 5 mg/kg
Chlorgehalt	< 1 mg/l
Kupfergehalt	praktisch frei
Säurezahl	< 15 mg Essigsäure je l
Drawinolgehalt	< 0,009 Gew. %
Aldehydgehalt	< 0,1 Gew. %

Deutsche Beschaffenheitsbedingungen für VK und DK

1. VK

Reinheit	Der Kraftstoff muß klar, frei von ungelöstem Wasser und festen Fremdstoffen sein und darf Kupfer nicht angreifen
Dichte/15 °C	nicht unter 0,710
Klopffestigkeit (Oktanzahl neue Research-Methode)	nicht unter 72

Siedeverhalten	Sommer	Winter
bis 75°	< 25 %	> 10 %
bis 100 %	über 50 %	über 30 %
bis 200 %	über 95 %	über 95 %

	Sommer	Winter
Dampfdruck/Reid kg/cm²	0,30 bis 0,65	0,40 bis 0,80
Abdampfrückstand/220 °C mg/100 cm³	< 10	
Gesamtschwefel	< 0,1 %	
Bleitetraäthyl	< 0,05 Vol. %	

2. DK

a) Handelstechnische Daten

Dichte/15 °C	0,820 bis 0,860
Heizwert/kg	rund 10000 WE
Flammpunkt (PM)	> 55° C
Siedegrenzen	180 bis 380° C
bis 250°	höchstens 65 Vol. %
bis 360°	mindestens 90 Vol. %

b) Betriebstechnische Daten

Zündwilligkeit (Cetanzahl)	über 40
Verkokungsneigung/Conradsontest	nicht über 0,1 Gew. %
Reinheit	
Aschegehalt	nicht über 0,02 Gew. %
Schwefelgehalt	nicht über 1,0 Gew. %
Viskosität/20	1,1 bis 1,85 Engler
Verhalten gegen Zink	nicht über 4 mg — Gewichtsabnahme
Kältebeständigkeit (Winterqualität)	
Beginn der Paraffinausscheidung	nicht über minus 10° C
Stockpunkt	nicht über minus 15° C
filtrierbar (nach DIN 51 770)	bis minus 12° C

USA-Vorschriften
A.S.T.M. D 439 — 48 (T)
Ottokraftstoffe

	A	B	C
Flüchtigkeit.	normal	höher	geringer
Siedeverhalten . . . . °C	Winter Sommer Übergang	Winter Sommer Übergang	Winter Sommer Übergang
10%-Punkt . . . . °C	< 60 65 70	< 60 65 70	< 75
50%-Punkt . . . . °C	< 140	< 125	< 140
Rückstand . . . . Vol.-%	< 2	< 2	< 2
Dampfdruck (Reid) kg/qcm	< 0,950 < 0,667 < 0,810	< 0,950 < 0,667 < 0,810	< 0,950 < 0,667 < 0,810
Oktanzahl MM-F₂ regular	< 70	< 70	< 50
premium	< 77	< 77	—
Aktiver Schwefel (Kupferstreifentest)	negativ (Anlauffarben zulässig)		
Gum (A.S.T.M. D 381) mg/100 ccm	< 5	< 5	< 5
Gesamtschwefel 1940	0,25	—	—

Anforderungen an Steinkohlentreiböl für Dieselmotoren der Kohlenwertstoff A.-G., Gruppe Vertrieb für Teererzeugnisse, Bochum (Zerbe, S. 1072ff)

Wichte bei 20° C 1,02—1,08 g/ccm
Siedegrenzen (Kupferkolben) bis 300° C 50—65%.
Flammpunkt im offenen Tiegel über 65 ° C.
Satzfreiheit nach 24-stündigem Stehen bei 0 ° C.
Chlor unter 0,01%.
Schwefel unter 1%.
Verkokungsrückstand nach Conradson unter 2%.
Wasser unter 0,5%.
Xylolunlösliches unter 0,2%.
Asche unter 0,02%.
Unterer Heizwert etwa 9000 Kcal/kg.

Temperaturmessung durch Thermochrom und Thermocolor

Faber-Castell bringt Farbstifte heraus, welche gemäß nachstehender Tabelle durch Farbumschlag bestimmte Temperaturen erkennen lassen (z. B. Dunkelbraun in Rot = 350° C). Wesentlich ist dabei, daß nicht der kalte Gegenstand, sondern der heiße Gegenstand mit dem Stift bestrichen wird; sonst tritt der Farbumschlag unter der aufgedruckten Temperatur ein. Die temperaturempfindlichen Stoffe der Thermochrommeßstifte sind irreversibel: Der einmal eingetretene Farbwechsel bleibt bei Abkühlung bestehen.

Umschlagtemperatur	Stiftfarbe	Umschlagfarbe
670° C	dunkelgrün	weiß
600° C	blau	weiß
500° C	ziegelrot	schwarz
450° C	rosa	schwarr
410° C	weiß	gelb
350° C	dunkelbraun	rot
320° C	blaugrün	weiß
300° C	hellgrün	braun
280° C	dunkelgrün	schwarz
200° C	hellgrün	schwarz
150° C	lichtgrün	dunkelveil
120° C	hellveil	grün
100° C	gelbrosa	blau
75° C	kreß	grün
65° C	veil	hellgrün

Übersicht über Thermocolore

Umschlagtemperatur °C	Ausgangsfarbe	Umschlagfarbe
	mit 1 Umschlag	
40	rosa	blau
60	hellgrün	blau
80	rosa	blau
95	rosa	lila
110	gelb	violett
140	purpur	blau
165	blaugrün	schwarz
175	weiß	braun
220	grün	braun
290	gelb	rotbraun
340	weiß	braun
440	grün	weiß
560	rot	gelb
	mit 2 Umschlägen	
65	hellrosa	hellblau
145	hellblau	hellbraun
145	graugrün	gelb
220	gelb	schwarzbraun
190	blaugrün	gelbbraun
330	gelbbraun	schwarz
55	rosa	lila
85	lila	blau
	mit 3 Umschlägen	
65	graugrün	hellblau
145	hellblau	olivgrün
220	olivgrün	schwarzbraun
	mit 4 Umschlägen	
65	hellgrün	hellblau
145	hellblau	gelb
220	gelb	schwarz
340	schwarz	schwarzbraun

Die mit Spiritus als Lösungsmittel durch Pinsel oder Spritzpistole aufzutragenden Thermocolore sind ebenfalls in der Regel irreversibel, hingegen zum Teil empfindlich auf Feuchtigkeit. Über die Ausgiebigkeit ist zu sagen, daß 1 kg Farbe für 9—14 qm ausreicht. Die Ausgangs- und Umschlagfarben weichen von denen der Thermochromstifte stark ab. Insbesondere gibt es Thermocolorfarben mit 2, 3 und sogar 4 Farbwechseln für entsprechende Temperaturen, wie vorstehende Übersicht zeigt:

Die Farbmessung der Temperaturen ist sehr bequem und erstaunlich genau. Sie wird zunehmend — z. B. zum Studium der Luftkühlungsvorgänge — benutzt.

7. Umgang mit Kraftstoffen

Lagern, Mischen, Messen, Löschen

Als hochwertige Energieträger können Kraftstoffe — durch Brand und Explosion — auch Unheil anrichten. Wie bei Starkstrom, Stadtgas usw. verringert sachliche Aufklärung der Verbraucher die denkbaren Gefahren. Tatsächlich sind ernstere Unfälle mit Kraftstoffen so selten, daß man die Sicherheitsvorschriften nicht verschärfen mußte, im Gegenteil mildern konnte (Sicherheitsnetze in Fahrzeugtanks, Kiestöpfe bei Pumpen, Schutzgasverfahren usw.).

Volle Kraftstoffbehälter — Fässer, Fahrzeugtanks usw. — sind ungefährlicher als angeblich „leere“, welch letztere in Wirklichkeit aus Kraftstoffwerten und Luft leicht explosive Gemische bilden können, welche bei Zündung den Behälter zerstören. Darum dürfen z. B. eiserne Kraftstofffässer aller Art nur nach Füllung mit Wasser an der freien Blase (unter Offenhalten der Füllöffnung) oder nach Sicherung mit fester Kohlensäure oder dgl. geschweißt oder gelötet werden — Fahrzeugtanks entsprechend. Ein voller Behälter wird nur dann gefährlich, wenn bei druckfestem Verschluß äußere Wärme Kraftstoff verdampft und den Behälter zerknallt. Aus offener Füllöffnung herausbrennende Kraftstoffbehälter lassen sich leicht durch Luftabschluß löschen.

In Krieg und Frieden müssen oft größere Kraftstoffmengen — unbeschadet der Zinskosten — auf längere Zeit gelagert werden; etwa jährliche Auswechselung ist zu empfehlen. Auch im Rahmen des normalen Umschlags von Rohkraftstoffen und Fertigerzeugnissen läßt sich ein Lagern in großem Umfange natürlich nicht vermeiden. Der Bau und Betrieb von schmiedeeisernen Tanks und ihre Sicherung gegen Feuerschäden ist eine Wissenschaft für sich geworden. Heute werden Tanks zum Zwecke der Fernhaltung der Sonnenwärme gern aluminiert. Ihr Atmen wird von Überdruck- und Unterdruckventilen (mechanisch oder hydraulisch geregelt und z. B. durch eine absorbierende oder adsorbierende Gaskehle zugute gebracht. Eingebaute Anagen für Feuerschutz durch Schaum und andere neuzeitliche Mittel sorgen für Sicherheit.

Während des Krieges und wohl auch heute hat man in den nordischen Ländern, in Frankreich, in Italien und der Schweiz verschiedene Wege beschritten, um große Kraftstoffmengen möglichst billig und verlustarm zu lagern. Ein von den Franzosen entwickeltes überraschendes Verfahren beruht darauf, daß trockener Beton zwar nicht undurchlässig für Kohlenwasserstoffkraftstoffe ist, nasser Beton jedoch vollkommen. Naß gehaltene Betontanks sind mithin dicht. Ihre Auskleidung mit Aluminiumfolie war und ist durchaus fehl am Ort.

Interessieren mag das u. a. von den nordischen Ländern angewandte Verfahren, in toten Bergwerken, Tropfsteinhöhlen usw. nach entsprechender Abdichtung Benzin auf Wasser zu lagern. Läßt man den Wasserspiegel steigen, fließt das Benzin aus. Verdampfungsverluste oder Verunreinigungen durch Eisenkorrosion gibt es nicht.

Ähnlich elegant ist das Verfahren der Benzin-Taucherglocke, welches von den Italienern an der Meeresküste, von den Schweizern im Vierwaldstättersee angewandt worden sein soll und darauf beruht, daß man das Benzin in eine Art von Taucherglocke hineinpumpt, welche im Meer oder anders unter Wasserspiegel angeordnet ist und nach Maßgabe der Füllung mit Benzin das Wasser verdrängt. Eine solche Lagerung hat kein Kraftstoffdampf-Luft-Gemisch oberhalb des Kraftstoffspiegels, im Gegenteil selbsttätigen Kraftstoffausfluß unter mäßigem Druck.

Das Mischen von Kraftstoffen ist eine technische Operation, weil einmal erfolgreich gemischte Kraftstoffe sich zwar nie wieder entmischen können, wohl aber der Mischvorgang selbst keineswegs so rasch verläuft, wie man sich häufig vorstellt (vgl. S. 140).

Für jedes Mischen — ob von Kraftstoffen, Schmierölen, Zweitaktmischungen oder auch Kraftstoff mit Luft im Vergaser usw. — ist die Mischungsregel von fundamentaler Bedeutung. Diese besagt, daß man beim Mischen von A + B unklug tut, wenn man die Mischungsbestandteile zusammenfügt und dann durch Umrühren oder Umpumpen zu mischen versucht. Viel rascher und qualitativ besser zum Ziel führt das Verfahren des „scheibchenweise abgehackten Hundeschweifs", d. h. die Anwendung der „Stufenregel", daß man nämlich Vorgemische aus der Gesamtmenge des einen Bestandteiles und einem Anteil des zweiten Bestandteiles herstellt und dieses Vorgemisch mit dem Rest des zweiten Bestandteiles zusammenbringt. Auf diese Weise werden z. B. die äußerst empfindlichen (pulverigen) homöopathischen Verreibungen in wiederholten Mischstufen hergestellt. Auf diese Weise stellt der erfahrene Zweitaktfahrer seine 4%igen Ölmischungen her, ganz besonders im Winter, wenn er kein selbstmischendes oder dünnes Öl, sondern (veraltet!) ein dickes, bei Kälte honigartiges Öl verwendet. Diese Stufenregel ist auch die Erklärung dafür, daß in den neuzeitlichen Vergasern die sog. Bremsluft nicht nur die Dosierung regelt, sondern darüber hinaus die Qualität des vom Vergaser gelieferten Gemisches ganz erheblich verbessert (vgl. auch „Mischungsrechnung" S. 214 und „Mischen" S. 140).

Es kommen noch sehr merkwürdige Dinge hinzu, über die man bei Hammerich[1]) nachlesen kann. Zunächst einmal ist schon die Wichte eines Kraftstoffs bei Großumschlag nicht genau genug bestimmt, insofern als der nach dem archimedischen Prinzip wirksame Auftrieb in Luft von 1,2 mg/ccm nicht berücksichtigt ist. Das gibt für Wichten von 710 = $^4/_{10000}$, für Wichten von 710—790 = $^3/_{10000}$ und für Wichten von über 780 = $^2/_{10\,000}$ positive Korrektur. Weiter kommt die Temperaturkorrektur hinzu, welche je Grad Celsius bei Benzin $^{84}/_{100\,000}$, bei Benzol $^{103}/_{100000}$, bei Methanol und Äthanol $^{94}/_{100000}$ bzw. $^{86}/_{100000}$ ausmacht.

Es kommt noch überraschend hinzu, daß beim Mischen von Benzin und Benzol z. B. nicht nur Wasser ausfällt, wenn beide Kraftstoffe wassergesättigt waren, sondern das Gemisch ein wenig mehr Volum einnimmt, als der Summe der Komponenten entspricht[2]).

Was das Messen von größeren Kraftstoffmengen anlangt, so haben sich hierfür verschiedene Kolbenmesser, die Siemens-Uhr (Ringkolbenmesser) und der Ovalradzähler von Bopp & Reuther neben dem unvermeidlichen Peilstab bewährt. Uhren verlangen sehr sauber arbeitende Vorfilter und klemmfreie Montage.

Der Transport von Rohkraftstoffen und Fertigerzeugnissen erfolgt außer durch Rohrleitungen durch Tankautos, Eisenbahnkesselwagen und Tankkähne. Die Autokesselwagen haben sich im 18 cubikmetrigen Sattelschlepper zu sehr beachtlichen Einheiten entwickelt. Wie im einzelnen durch Befördern in irgendwelchen Einheiten oder durch kontinuierliches Leiten in Rohren (vgl. Abschnitt 2) die Flächendisposition der verschiedenen Rohstoffe und Kraftstoffe am günstigsten gestaltet wird, darüber läßt sich Allgemeingültiges schwerlich sagen. Daß Wasserumschlagstellen sich der zwar zeitraubenden und zinsenfressenden, im übrigen aber billigen Schifffahrtfracht erfreuen, bedarf ja keiner besonderen Erwähnung.

Auf großen Sattelschleppern wird übrigens keineswegs nur flüssiger Kraftstoff, sondern z. B. auch in Hochdruckkesseln (350 atü) Methan transportiert, im Wettbewerb zu den Hochdruck-Methanleitungen (350 atü), welche es im Ruhrgebiet gibt, und als Ergänzung der Hochdruckmethantanklager, welche man auch im Ruhrgebiet findet.

Aufmerksamkeit verdienen sowohl beim Lagern, wie beim Mischen, Messen und Befördern von Kraftstoffen die Leck- und Verdampfungsverluste aller Art, auch die im Kraftfahrzeug. Sie sind, wie gelegentliche Untersuchungen gezeigt haben, immerhin so hoch, daß es sich lohnt, sie zu verringern.

Kraftstoffe können durch Brennen und Explodieren Unheil anrichten. Darum ist das Löschen von Kraftstoffflammen so wichtig. Bedenken muß man dabei, daß Permagas und Methan, welche Undichtigkeiten entweichen, nach oben streben und dort Gefahren schaffen, wohingegen Flüssiggas und Dämpfe von allen flüssigen Kraftstoffen auf dem Boden hinkriechen und hier selbst auf erstaunlich weite Entfernungen — besonders auch in Kanälen aller Art — Fernzündungen hervorrufen können.

Bei Explosionen ist hinterher nichts zu machen; sie sind schon vorbei, wenn man sie und ihre Folgen merkt. Gegen Explosionsgefahr hilft Lüften, und nichts besser als Lüften. Gegen brennende flüssige Kraftstoffe hilft Abschneiden der Luft, also Schaum, das sog. „nasse", d. h. durch Netzmittel wirksamer gemachte zerstäubte Wasser, ferner die erstickende Kohlen-

---

[1]) Vgl. Zerbe, „Mineralöle", S. 487ff.
[2]) Vgl. Hammerich, Zerbe, S. 487/488.

säure, sowie Chlorkohlenwasserstoff-Verbindungen, Bromkohlenwasserstoff-Verbindungen u. dgl. Dinge, welche die Luft fernhalten. Bei Tankgroßbränden treten aber alle solche Maßnahmen gegenüber der Frage zurück, ob man durch Anbohren des Tanks und Wegpumpen von möglichst viel Kraftstoff der Gefahr die Nahrung zu nehmen vermag.

Bei Chlorkohlenstoffverbindungen, insbesondere bei Tetrachlorkohlenstoff als Löschmittel, muß man vorsichtig sein, weil hierbei giftiges Phosgen sich bilden kann. Sie sollen deshalb in geschlossenen Räumen nicht Verwendung finden. — Sehr empfohlen wird das Löschvermögen von Ammoniaklösung (Salmiakgeist); dieses Löschmittel hat ja aber bekanntlich einen beißenden und das Sehen erschwerenden Geruch.

Leiten von Kraftstoff

Grundsätzlich ist eine Leitung der Beförderung in Kanistern, Fässern, Kesselwagen und auch Riesensattelschleppern überlegen, weil eine Leitung Tag und Nacht still und unausgesetzt laufen kann und so erstaunlich hohe Transportleistungen unauffällig bewirkt.

In Leitungen werden Rohgase und Reingase befördert. Die Ruhrgas-Gesellschaft ist dadurch bekannt, daß sie Deutschland durch ein ausgedehntes Rohrnetz mit reinem Ruhrgas versorgt. Außerdem gibt es z. B. Hochdruckgasleitungen, welche rohes Erdgas nach dem Revier führen, und Reinmethanleitungen von z. B. 350 atü Druck, welche im Ruhrgebiet BV-Methan an die verschiedenen Zapfstellen und Methanhochdrucklager verteilen (S. 169).

Viel bekannter sind die Rohöl-Pipelines von den Vereinigten Staaten, auch von den arabischen Gebieten her, durch welche Rohöl in großen Mengen, z. B. von den Ölfeldern zu den Häfen fließt. Solche Rohölleitungen im Kleinen baut man neuerdings in Deutschland, z. B. von Duisburg zu dem Gelsenkirchener Hydrierwerk, „mehrgleisig" z. B. (Shell) in Harburg unter der Süder-Elbe.

Endlich gibt es noch Pipelines für Fertigerzeugnisse, so z. B. die, welche die Alliierten über den Kanal von England nach Frankreich anläßlich der Invasion legten, und wie sie vielleicht zunehmend sich zur Versorgung der Zwischenlager von Otto- und Dieselkraftstoffen aus den Erzeugerstellen, vielleicht später einmal auch zur Versorgung von Zapfstellen aus den Zwischenlagern entwickeln werden.

Tankstellen und Tanken

Die Tankstellen sind zu dem geworden, was vor hundert und mehr Jahren einstmals die „Gasthöfe zur Post" gewesen sind, d. h. solche Flecken Erde, wo der Kraftfahrer Futter für seine Pferde, Verständnis für seine Nöte, dazu mehr oder weniger Versorgung seiner selbst findet. International befindet sich das Tankstellenwesen in einer aufregenden Entwicklung. Kaufte man früher einmal Benzin in der Apotheke, Benzol und Dieselkraftstoff auf abgelegenen Lagerhöfen, so findet man heute in den Ortschaften, an den Landstraßen und an den Autobahnen Tankstellen verschiedenster Ausrüstung und Einrichtung. Das geht von der (aussterbenden) einfachen Tankstelle — die womöglich noch von einem weder fachkundigen, noch interessierten Friseur, Zigarrenhändler oder Gastwirt bedient wird — bis zum Autobahn-Rasthaus, welches neben allen Bequemlichkeiten für das Fahrzeug Nahrung und Unterkunft für Fahrer und Insassen liefert, und dazu noch Waschen, Abschmieren des Wagens und womöglich noch mehr. Eine Philosophie der Tankstelle dürfte noch nicht geschrieben sein. Im Gegenteil sind die verschiedenen Interessenten und Interessenten-Organisationen sehr verschiedener Meinung darüber, wie weit der von USA aus nach Europa vordringende „Tankstellenhandel" (mit Reifen, Batterien usw.) zweckmäßig ist, wie weit die Reparaturhilfe des Tankwarts gehen darf. Da hilft Überlegung nicht weit gegenüber der praktischen Entwicklung der Dinge. Man wird abwarten müssen und im übrigen hoffen, daß kein Mensch etwas dagegen haben wird, wenn der Tankwart kameradschaftliche Hilfe zur Fahrfähigkeit und Fahrsicherheit leistet, wenn im übrigen auf dazu geeigneten Tankstellen Schokolade, Tabak und Erfrischungen zu haben sind, soweit eben nicht etwa ein Rasthaus wirklichen Gasthausbetrieb der Tankstelle nahe bringt.

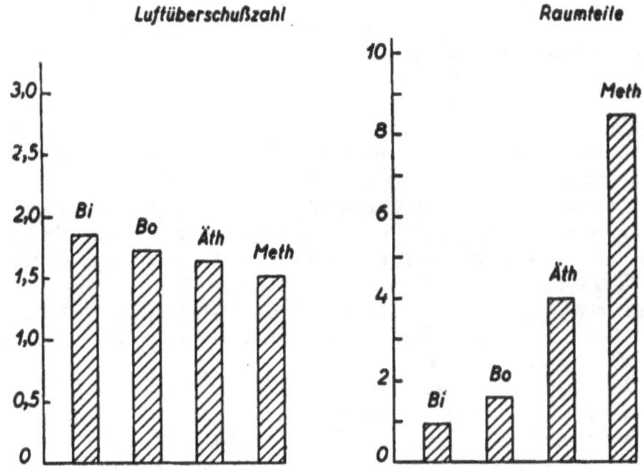

Bild 1. Untere Zündgrenze

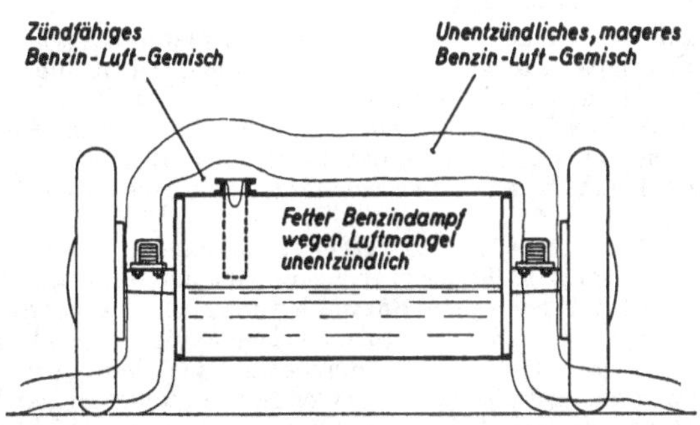

Bild 2. Feuersgefahr beim Tanken

Über die zweckmäßige Verteilung und Anordnung von Tankstellen hat man sich viele Gedanken gemacht. Die Straßenforschungsgesellschaft hat im November 1950 ein bemerkenswertes Merkblatt für die Anordnung von Tankstellen an öffentlichen Straßen herausgebracht.

Aber wie man mit den Kleinstverbrauchern, welche 1 l Benzin mit 4% Schmieröl gemischt haben wollen — und außerdem noch ein wenig Luft in ihre Reifen — und gleichzeitig mit den Kapitänen riesiger Diesellastzüge auf der gleichen Tankstelle zurechtkommen soll, oder wie zweckmäßig eine Differenzierung stattzufinden hat, das dürften noch nicht voll gelöste Fragen sein. Die Entwicklung dürfte dahin gehen, daß man für die Kleinstverbraucher (Lohmann, Viktoria usw.) passende Zweitaktergemische fertig gemischt vorrätig hält, so daß sie die Großkunden nicht unnötig aufhalten, und daß man den Lastkraftfahrern mit ihren Diesellastzügen nach Möglichkeit Raum gewährt, sich aufzubauen und mit ihren Bedürfnissen fertig zu werden, so daß dazwischen die VK-Tankstelle für den PKW-

Verkehr liegt, an welche sich der Waschdienst, Abschmierdienst und sonstige Kundendienst anschließt.

Hierbei spielt die Frage der Motorräder hinein, welche stets kleine Kunden sind, welche sich leicht gegenüber den größeren Kunden der PKWs vernachlässigt fühlen, andererseits schon durch die Ölbeimischung der Zweitakter besondere Ansprüche zu stellen pflegen. Die neuen selbstmischenden und korrosionsschützenden Zweitakteröle dürften in dieser Hinsicht Erleichterung schaffen. Aber Trennung mindestens von Vergaserfahrzeug und Diesel scheint sich anzubahnen.

Was die PKW-Tankstellen anlangt, so haben diese sich in den letzten Jahren zum Vollschlauch-System und zur Selbstrechnung entwickelt (US und Kienzle). Der Quittungsdrucker befriedigt noch nicht. Schiefe Fahrbahnen, welche Vollfüllen bei seitlicher Tanköffnung erschweren, dürften kaum mehr vorkommen, was nichts daran ändert, daß eine mittlere Tanköffnung im verschließbaren Heckgepäckraum große Vorteile hat.

Die Beleuchtung der Tankstellen ist entwickelt, so daß Blendung ausgeschlossen ist, während umgekehrt farbige Bahnen und Leitlinien bei Tag und Nacht richtiges Anfahren erleichtern.

Die Feuersgefahr beim Tanken von Ottokraftstoffen wird leider durch rauchende Kraftfahrer und Kraftfahrerinnen häufig nicht beachtet. Merkwürdig, daß so selten etwas passiert.

Beim Betanken von Wagen, erst recht beim Füllen der Erdkessel aus Tankwagen wird kraftstoffdampfgesättigte Luft verdrängt, die für sich nur brennbar (weil zu fett), bei weiterer Verdünnung mit Luft aber explosiv ist. Zur Vermeidung von Folgen elektrischer Erregung (Funken) werden Tankwagen beim Abfüllen durch eine Kette geerdet. Dunlop stellt neuerdings elektrisch leitende Luftreifen her.

Dieseltankstellen geben neuerdings ihren Kraftstoff auch nur mehr nach Litern ab. Flüssiggas-Tankstellen verkaufen nach Gewicht und wechseln die Flaschen aus. Methan-Tankstellen verkaufen nach Druck.

Bei den Tankstellen entwickelt sich der Wasch- und Schmierdienst zunehmend. Neuzeitliche Anlagen dafür entstehen allerwärts. Zu bedenken ist, daß der wartende Kunde unterdessen irgendwie beschäftigt sein will oder werden muß.

Die neuzeitlichen Anlagen sind raffiniert durchdacht, so daß z. B. Staubsaugen, Waschen und Abschmieren erfolgen, ohne daß der Wagen von seinem Heber oder der LKW von seiner Rampe heruntergeholt zu werden braucht. Für das Abnebeln gibt es Sprühpistolen, welche wenig Nebel bilden. Das Abschmieren und Ölabfüllen erfolgt unmittelbar aus dem Originalfaß. Das Waschen erfolgt mit neuzeitlichen benetzenden und schäumenden Waschmitteln [1]). Man achtet darauf, daß in allen diesen Anlagen gutes Licht und rutschfester Boden, Fehlen von Fallgruben usw. Betriebssicherheit gewährleistet. Aber man lernt sehr vieles dabei, was die Konstrukteure der Kraftwagen berücksichtigen könnten und sollten. Schon beim Wagenwaschen unterscheidet man solche Karossen, bei denen der Dreck kiloweise abfällt und die Außenhaut schwer verunreinigt ist, von den besseren, aktiv und passiv schmutzschlüpfigen Aufbauten. Beim Hochheben des Wagens findet man heraus, daß es Fahrzeuge mit schönem glatten Bauch und guten Ansatzstellen für die Heber gibt, aber auch andere. Beim Wagenwaschen erweist sich der Elektroteil häufig als keineswegs unempfindlich gegen Spritzwasser, wohingegen die Zugänglichkeit der Batterien zum Nachfüllen von destilliertem Wasser und Säubern und Einfetten der Kabelkontakte nur zu oft sehr zu wünschen übrig läßt. Kommt man gar auf den Ölmeßstab, die Ölfüllöffnungen, die Ölablaßschrauben, Ölsiebe und Ölfilter und vor allem auf Schmiernippel zu sprechen, dann lernt man sehr viele Verbesserungsmöglichkeiten des Gebrauchswertes unserer Kraftfahrzeuge kennen. Es gibt wenig interessantere Flecken für einen Autokonstrukteur, dem am Gebrauchswert

[1]) Welche keine Wasserringe auf dem Lack hinterlassen, (Rei, Priel usw.).

seines Fahrzeuges liegt, als die Wasch- und Schmierplätze der Tankstellen. Allein wassernasse und darum versagende Bremsen sind doch eigentlich heute — unwürdig.

Garagendienst hat sich bei den deutschen Tankstellen erst vereinzelt gezeigt.

Festkraftstoffe kommen bei den heutigen deutschen Tankstellen nicht mehr vor.

Fahrzeugtanks

Der Tank ist eigentlich die Hauptsache am Kraftfahrzeug. Er enthält den Kraftstoff, den Energieträger. Das ganze Fahrzeug ist ja nichts als ein Gerät, um die chemische Energie des Kraftstoffs zur Vergrößerung der menschlichen Herrschaft in Zeit und Raum einzusetzen.

Von solcher Hochachtung vor dem Fahrzeugtank merkt man häufig wenig. Im Gegenteil ist nur zu oft der Tank aus Blech in verzwicktesten Formen zusammengeklebt, so daß er mit Luftblasen, Korrosionen, Undichtigkeiten usw. Schwierigkeiten macht. Eingebrannte Innenlackierung ist besser als Verzinnung oder Verbleiung. Einfache Formen sind erwünscht. Mittlere, womöglich durch den Gepäckraumdeckel verschließbare Füllöffnungen sind zweckmäßig. Teilung des Tankbodens durch eine Mittelrippe zum Zwecke der Herstellung eines wirklich bequemen Reservebenzins mit einfachem Dreiweghahn ist vorteilhaft. Dichtungen in den Kraftstoffhähnen müssen wirklich kraftstoffest sein. Siebe in den Kraftstoffseihern sollten wirklich nicht mehr aus Messing hergestellt werden, weil sie irgendwann doch einmal aktivem Schwefel begegnen und dadurch pulverig zerbrechlich werden (V2A, Kunstharz, Glasfritten, Keramik usw. bieten sich neben Hele Shaw-Filtern an, wobei die segensreiche Wirkung der Schwerkraft zur Vorabscheidung von Wasser, Schmutz und in der Grenzfläche zwischen Wasser und Benzin und anderen Unsauberkeiten nicht übersehen werden sollte). Ebenso könnte man den Schlammsäcken in den Fahrzeugbehältern mehr Aufmerksamkeit schenken, als dies heute der Fall ist.

Das Luftloch im Tankverschluß ist eine Angelegenheit, welche die Aufmerksamkeit des Konstrukteurs verdient[1]). Schwallbleche im Tank sieht man nicht. Sie sind aber trotzdem sehr nützlich.

Neuerdings kommt man dazu, Tanks nicht nur aus Blech, sondern auch aus anderen Werkstoffen, z. B. aus mit kraftstoffestem Buna gummierter Leinewand, herzustellen. Auch wenn solche Tanks nicht dicke plastische Schichten enthalten, welche sie für Wehrmachtszwecke schußfest machen sollen, haben sie den großen Vorteil der Unempfindlichkeit gegen Verklemmungen.

Angesichts der Ungenauigkeit der bis heute entwickelten Benzinstandmesser und des gelegentlichen Versagens der Reservebenzinhähne durch Verstopfung mit Schmutz führen viele Kraftfahrer einen Reservekanister mit sich. Es empfiehlt sich, den Inhalt des Reservekanisters so alle halben Jahre mit zu verbrauchen und zu erneuern.

Bei schweren Dieselfahrzeugen findet man häufig große Reservetanks und ein entsprechend kompliziertes Rohrleitungsnetz zum Anschalten der verschiedenen Tanks. Wichtig ist dabei, daß das Eintreten von Luft in das Rohrleitungsnetz verhindert wird, um das gelegentlich lästige „Entlüften" zu vermeiden.

Förderpumpe

Bei hinten liegenden Tanks muß der Kraftstoff durch eine Förderpumpe dem Vergaser oder der Hochdruckpumpe zugedrückt werden. Diese Förderpumpen sind als Membranpumpen hoch entwickelt. Mit dem Werkstoff der Membrane hat es Schwierigkeiten gegeben, die heute vollkommen überwunden sein dürften. (Reservemembran trotzdem zu empfehlen!)

---

[1]) U. a. Sicherheit gegen Verstopfung durch Dreck oder Bosheit — Wasserdichtheit —, Schutz gegen Spritzverluste von Kraftstoff usw. (Auch kühle Anordnung des Tanks ist bei Leichtkraftstoffen zur Vermeidung von Verdampfungsverlusten wichtig.)

Außer mechanischem Antrieb vom Motor her für Förderpumpen findet man auch gelegentlich elektrischen Antrieb von Förderpumpen; das hat den Vorteil, daß man hinsichtlich der Anordnung der Förderpumpe vollkommen frei ist.

Bei der Verlegung der Saugleitungen von Förderpumpen sind Luftsäcke zu bedenken bzw. zu vermeiden.

Dieselpumpen und -düsen

Die Hochdruck-Dieselpumpen und zugehörigen Einspritzdüsen sind hochentwickelte Spitzenerzeugnisse der Feinmechanik. Errechnet man die winzigen Mengen an Kraftstoff, welche genau gezeitet unter Drucken von 100 atü und darüber fein vernebelt werden müssen, und zwar so, daß der Nebel die hochverdichtete Luft im Brennraum möglichst erschöpfend durchstreicht, dann wundert man sich darüber, daß diese Geräte so erstaunlich betriebssicher sind. Vom Kraftstoffstandpunkte aus ist zu ihnen auf ihre große Empfindlichkeit gegen feste Verunreinigungen hinzuweisen. Schutz dagegen bilden die hochentwickelten Feinfilter, deren Wartung bzw. Erneuerung geradezu ausschlaggebend für Betriebssicherheit und Lebensdauer der Motoren ist. Bei unbefriedigender Kältefestigkeit von Kraftstoffen pflegt zu allererst eine Verstopfung des Feinfilters mit abgeschiedenem Paraffin einzutreten. In solchen Fällen hilft künstliches Anwärmen des Feinfilters oder aber Einfüllen von Petroleum in das Feinfilter.

Filter und Explosionsschutz

In der Jugendzeit der Tankstellen war man behördlicherseits und privaterseits sehr ängstlich wegen der Feuersgefahr, so daß ein von Martini & Hünecke entwickeltes System von durch Schutzgas in Doppelleitungen geschützten Tankstellen sich durchsetzte. Heute hat sich international die einfache Tankstelle durchgesetzt, welche nicht einmal mehr „Kiestöpfe“ als Sicherungen enthält. Die Praxis hat gezeigt, daß die Sorge um die Feuersgefahr übertrieben gewesen ist, obwohl schärfere Beachtung des Rauchverbotes an Tankstellen und sonstige Vorsicht durchaus am Platze sein dürften.

Die Kraftstoffe werden in ungemein reinem, wasserfreiem und schmutzfreiem Zustande von den Tankautos an die Tankstellenkessel abgeliefert, wobei runde Transportmengen, Peilstab und am Tankwagen befindliche Uhr die Messungsgrundlagen liefern. Als Sicherheit sind häufig noch Vielfachsiebe (Faudi) eingeschaltet. In den Kraftfahrzeugen selbst ist die Seiher- und Filterfrage eine Angelegenheit für sich, welche weiterer Entwicklung bedarf. Ganz besonders empfindlich auf die feinsten Verunreinigungen sind bekanntlich die Dieselmotoren.

Einige angelsächsische Raummaße

USA	England
1 barrel (Petroleumfaß) 158,76 l	1 Imp. quarter = = 8 Imp. bushels = 290,79l
1 US-bushel = = 4 US-pecks = 35,24 l	1 Imp. bushel = = 4 Imp. pecks 36,37 l
1 US-gallon = = 4 US-liqu. quarts 3,785 l	1 Imp. gallon = = 4 Imp. quarts = 4,546 l
1 US-liqu. quart = = 2 US-liqu. pints = 0,9464 l	1 Imp. quart. = = 2 Imp. pints 1,1364 l
1 US-liqu. pint = = 4 US-gill = 0,4732 l	1 Imp. pint = = 4 Imp. gills = 0,5682 l

1 Kubikfuß	= 28,32 l	1 Liter	= 0,0353 Kubikfuß
1 Kubikyard	= 0,7645 cbm	1 cbm	= 1,30786 Kubikyard
1 Registertonne	= 2,8316 cbm		= 0,3532 Registertonne

1 BTU/lb = 0,556 Kcal/kg

Bezeichnung für Erdöl, Erdöl- und ähnliche Produkte in verschiedenen Ländern[1])

Deutschland	England	USA	Holland	Frankreich	Rußland
Erdgas	natural gas	natural Gas	Aardgas	gaz naturel	Naturalni Gaz
Erdöl, Rohöl Rohnaphtha Mineralöl	petroleum crude oil	petroleum crude oil	Aardolie Ruwe olie Mineralolie	huile brute petrole brute	Neft Syraja neft
Petroläther, Gasolin Leichtbenzin	light petrol petroleumether	ligt gasoline	Petroleumaether, Gasoline Vluchtige benzine	essence volatile	Benzinowy setj Gasolin Legkij Benzin
Rohbenzin	benzine	benzine	Ruwe benzine Benzine	benzine	Benzin
Motorenbenzin Benzin, „Sprit"	petrol motor spirit	gasoline gas	Benzine	essence Essence moteur	Benzin
Lösungsbenzin, Testbenzin, Waschbenzin Solvent Naphta	white spirit solvent naphta	naphta solvent naphta	Waschbenzine Solvent Nafta	white spirit solventnaphta	Legkij Benzin Test-Benzin
Petroleum, Leuchtöl Solaröl, TraktoreF-Kraftstoff	kerosine paraffin oil paraffin	kerosine kerosene	Petroleum Lampolie Kerosine Tractorolie	pétrole essence à pétrole pétrole lampant	Kerosin Oswetiteljnoje maslo Solarowoje masjlo
Gasöl, Dieselkraftstoff Schweröl, helles Rohöl	gas oil Diesel Oil	gas oil Diesel oil	Gasolie Dieselolie	gas-oil huile pour Diesel	Gaseil Diseljnoje topliwo
Heizöl Masut	fuel Oil	fuel oil furnace oil	Stockolie	fuel oil mazout	Topotschnyj-Masut Masut
Schmieröl	lubricants	lubricants	Smeerolie	huiles de graissage lubrifiants	Smasoschnoje maslo
Benzol Reinbenzol	benzene	benzene	Benzol Gezuiverdebenzol	benzole	Benzol Tschistyj Benzol
Motorenbenzol BV-Benzol	benzole	benzole	Motorbenzol	benzole moteur	Motornyj Benzol Benzol
Alkohol Äthanol, Äthylalkohol Motorensprit	alcoholic-spirit	Spirit ethyl alcool	Alcohol Aethanol	alcohol moteur alcohol	Spirt, Alkohol Etylowyj Spirt

[1]) Unter weitgehender Benutzung von R. A. H. Rothe, „Flüssige Kraftstoffe", 1949, S. 147.

8. Wirtschaftlichkeit und Wirtschaft

Beim Befördern denkt man in erster Linie an die zurückgelegte Strecke, also in Fahrgastkilometern und in Tonnenkilometern, allenfalls an das vorübergehend oder auf längere Zeitabschnitte hin erreichte Tempo, nur selten aber an den Begriff der Transportleistung = Fahrgastkilometer: Zeit oder Tonnenkilometer: Zeit oder Fahrgast × Tempo oder Tonnen × Tempo, welcher allerdings erst dann wesentlich wird, wenn die Ausnutzung des Fahrzeugs weitgehend vollkommen erfolgt. Der Vergleich von Sauggasfahrzeugen mit Benzinfahrzeugen und Dieselfahrzeugen zwang auch der Wirtschaft diese Klarheit auf. Man brauchte eben zur Erfüllung der gleichen Transportleistung, also der gleichen Anzahl von Tonnenkilometern am Tag oder im Monat, bei dem minder leistungsfähigen Fahrzeug die doppelte oder noch größere Anzahl von Fahrzeugen, Fahrern, Reifen usw.

In diesem Zusammenhang ist die Frage interessant, ob die heute in Deutschland so weit verbreitete Überladung von Lastkraftwagen womöglich mit zwei Anhängern ganz unabhängig von Fragen der Verkehrssicherheit auch nur wirtschaftlich vollkommen gerechtfertigt werden kann. Der Kraftstoffverbrauch je Transportziffereinheit ist günstig, die Transportleistung hoch, der Anteil an Fahrerlohn, Autosteuer usw. verhältnismäßig niedrig. Fragt sich, ob die verringerte Betriebssicherheit und erhöhte Reparaturanfälligkeit eines überbeanspruchten Fahrzeugs den auf den ersten Blick vorhandenen Gewinn nicht mehr als aufzehrt.

Im einzelnen strebt man Wirtschaftlichkeit von Kraftfahrzeugen durch dünnes Schmieröl, genügend hohe Betriebstemperatur, mageres Gemisch im Teillastbereich (überhaupt richtige Vergasereinstellung), hohe Verdichtung (neuerdings Einspritzbetrieb), Aufladung usw. an. In Deutschland hat man herausgefunden, daß es richtiger ist, solche Maßnahmen anzuwenden, als am Preise und damit der Qualität von Kraftstoff und Schmiermittel zu sparen. Die Erfahrungen der Schwerölvergaser schrecken. In USA fährt man in Großfahrzeugen gelegentlich klopfenden Schwerkraftstoff (third grade gasoline) mit einem Gerät, welches bei passenden Betriebszuständen einen klopfhindernden zweiten Kraftstoff einspritzt.

Ausschlaggebend für die Wirtschaftlichkeit eines Kraftfahrzeuges ist letzten Endes stets der Fahrer. Die Kunst, rechtzeitig den Gashebel ausreichend zurückzunehmen und im übrigen auch mit möglichst wenig Zacken im Fahrtschreiberdiagramm, mit möglichst wenigen Betätigungen der Bremse zu fahren, ist bekanntlich von entscheidender Bedeutung. Der Kraftstoffverbrauch zur Beförderung von einer Person oder 100 Kilo über eine Strecke von 100 km mit einem heutigen Kraftfahrzeug beträgt im ganz rohen Durchschnitt etwa 2 l oder rund 5 Pferdekraftstunden.

Der Kraftstoffverbrauch ist in keiner Weise so entscheidend abhängig von der Motorgröße, wie man dies gemeinhin annimmt. Tatsächlich können bei gleichem Tempo die Verbräuche z. B. eines starken und eines schwachen Personenkraftwagens mit gleicher Sitzzahl durchaus gleich sein, ja kann sogar der stärkere Personenkraftwagen einen kleineren Verbrauch aufweisen. Das ist auch einleuchtend, weil an sich die Motorstärke, wenn sie nur überhaupt für die Transportaufgabe ausreichend ist, mit der Transportleistung wenig zu tun hat und der Kraftstoffverbrauch ja in erster Linie durch die Transportleistung bestimmt wird.

Maßgebend hängt der kilometrische Verbrauch natürlich von der Fahrgeschwindigkeit ab. Für gleichmäßiges Tempo in der Ebene können reproduzierbare Verbrauchsziffern leicht angegeben werden. Solche Verhältnisse liegen aber nur auf ebenen Autobahnen vor. Für ebene Autobahnen können infolgedessen Tempo-Verbrauchskurven für jedes Fahrzeug aufgemessen werden. Entsprechend hat man auch den „Normverbrauch“[1]) durch Fahrten unter bestimmten Bedingungen auf der Autobahn festgelegt.

[1]) Vgl. S. 232.

Vergleichsfahrten auf Autobahn und Landstraße

mit 6,5 t Daimler-Benz Lastzug (Triebwagen mit Anhänger)

unbeladen Fahrt 7-10

Fahrt 7

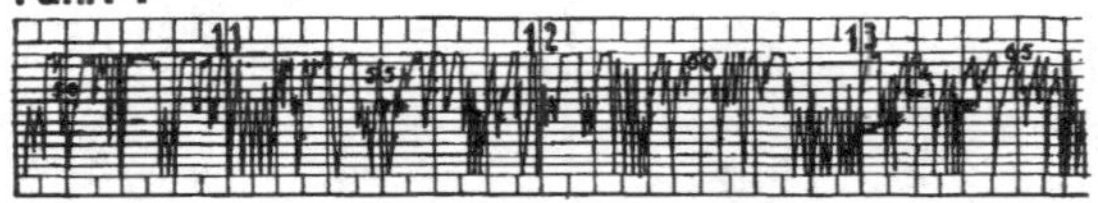

Landstraße Bruchsal-Nauheim

Fahrt 8

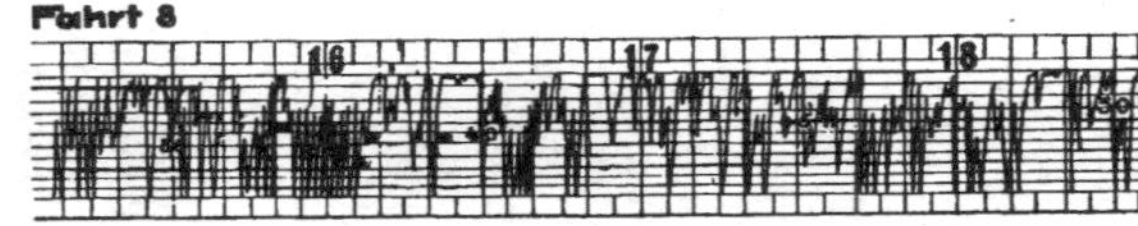

Landstraße Nauheim-Bruchsal

Mittlere Reisegeschwindigkeit 45,7 km/Std.

Fahrt 9

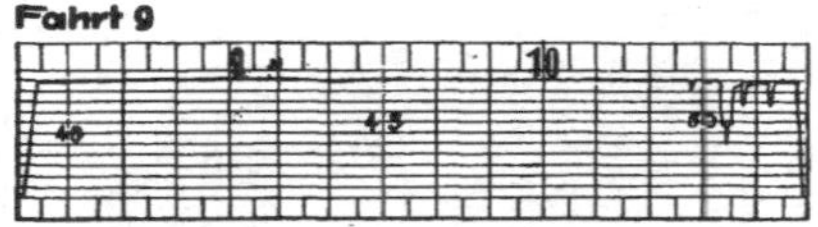

Autobahn Bruchsal-Nauheim

Fahrt 10

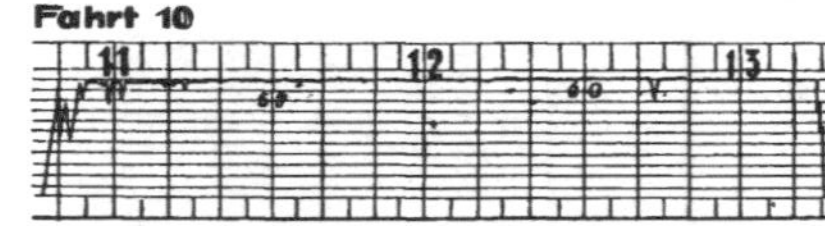

Autobahn Nauheim-Bruchsal

Mittlere Reisegeschwindigkeit 60 km/Std.

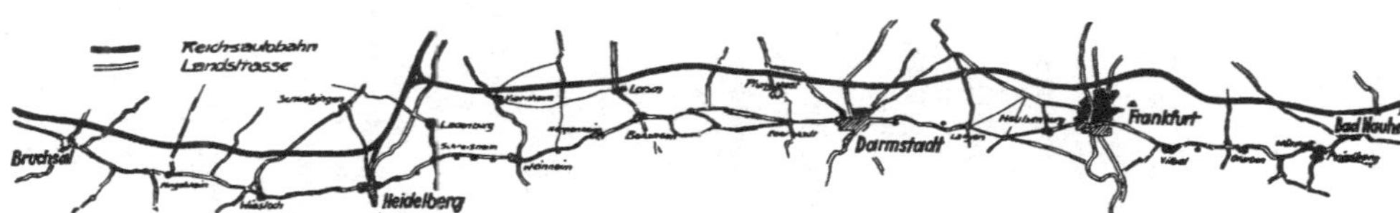

Streckenführung Bruchsal-Bad Nauheim (Autobahn und Landstraße)

Bild 1. Vergleichsfahrten

Empfindlich ist dieser Verbrauch sehr auf die Windschlüpfigkeit des Fahrzeugs und auf den Reifendruck. Außerdem spielt natürlich die Verbrauchskurve des Motors eine große Rolle, weshalb verhältnismäßig starke Motoren bei entsprechend niedrigem Übersetzungsverhältnis günstige Verbrauchsziffern zu liefern pflegen.

Auf den Bundesstraßen und in den Ortschaften liegen aber ganz andere Verhältnisse vor. Hier werden etwa 40% des entsprechend höheren Kraftstoffverbrauchs dazu aufgewendet, das aus irgendwelchen Gründen abgestoppte oder abgebremste Fahrzeug neu zu beschleunigen. Diese Gründe liegen einerseits in der Verkehrsgeometrie, welche durchschnittlich je 100 km Bundesstraße 600 Gefahrpunkte (Abzweigungen und Kreuzungen) auftreten läßt und zum anderen in dem Fremdverkehr auf der Straßenfahrbahn, der etwa 1500 Gefahrpunkte je 100 km bedeutet. Insgesamt hat man also je 100 km mit über 2000, je Kilometer also mit über 20 Gefahrpunkten durchschnittlich auszukommen, so daß auch ein sehr guter und erfahrener Kraftfahrer je Kilometer Fahrt einige Tempowechsel bzw. in seinem Fahrdiagramm je Kilometer Fahrt einige kraftstoffverbrauchende Zacken zu haben pflegt.

Das Ausmaß dieser Zacken bestimmt die Sparsamkeit einer gewöhnlichen Fahrt. Je kleiner die Zahl und je geringer die Höhe der Zacken, um so sparsamer die Fahrt. Die Länge des Diagrammstrichs, die durch den Kienzle-Wechselzähler unmittelbar in 10 km/h Einheiten ausgemessen wird, ist ein Maß für die Verschwenderischkeit der Fahrt über die gleichmäßige Fahrt hinaus. Für einen mittelstarken Wagen sind 1—2 Wechsel je Kilometer gute, 5 Wechsel schlechte Werte. Für starke Wagen liegen die Erfahrungswerte höher, für schwache Wagen niedriger. Auf der Autobahn handelt es sich nur um winzige Bruchteile von Wechsel je Fahrtkilometer.

Die Erfahrung hat gelehrt, daß man durch Beachtung dieser Verhältnisse ohne Einbuße an Reisegeschwindigkeit erheblich sparen kann. Besonders wichtig ist dabei das Vermeiden von Tempospitzen.

Bei der Fahrt auf Land- und Stadtstraßen muß man unterscheiden zwischen Reisetempo und Spitzentempo. Beide liegen auf der Bundesstraße weit auseinander. Um ein Reisetempo von 60 km/h zu erreichen, sind häufige Spitzengeschwindigkeiten von 80 und 90 km/h nötig. Ein Straßenreisetempo von 70 km/h läßt sich ohne Überschreitung der 100 km/h Grenze nur mit einem sehr starken (gut beschleunigenden) Wagen durchhalten. Umgekehrt ist auf der Autobahn Reisetempo und Spitzentempo nahezu gleich, weil keine Verkehrsnotwendigkeiten für die Änderungen der einmal beabsichtigten Reisegeschwindigkeit vorliegen[1]). Diese Verhältnisse lassen ohne weiteres klar werden, warum der Kraftstoffverbrauch für gleiches Tempo auf der Autobahn so viel niedriger sein kann.

Als A u t o b a h n r e g e l läßt sich angeben:

1. Bei gleichem Reisetempo spart man auf der Autobahn bis zu 40% an Kraftstoff (hat man auf der Bundesstraße einen Mehrverbrauch bis zu 65%).
2. Auf der Autobahn spart man bei Ausnutzung des autobahnfesten Fahrzeugtempos bis zu 30% an Zeit (auf der Bundesstraße verbraucht man bis zu 40% mehr Zeit bei scharfer Fahrt), in der Regel bei praktisch gleichem Verbrauch je 100 km.

---

[1]) Aus diesem Grund wird man vielleicht auch im Personenwagenbau wieder zum Regler kommen, den es schon früher gab und den man bei den Diesellastwagen ja heute auch hat. Nur wird ein solcher „Autobahn-Regler" auf eine gewünschte Fahrgeschwindigkeit einstellbar sein und einen Totmannsknopf haben. Handgas, in verfeinerter mechanischer Form von Nöldechen und verfeinerter elektrischer Form als „Autobahngasgeber" löst die Aufgabe nicht, bergauf mehr Gas zu geben und bergab zu drosseln. Alle derartigen Behelfe müssen im übrigen beim instinktiven „Tritt auf die Bremse im Notfall" oder beim Erkranken des Fahrers selbsttätig auf Leerlauf zurückkehren.

Das Reisetempo auf gewöhnlichen Straßen hat über längere Strecken gemessen einen oberen Grenzwert („scharf, aber ohne Verkehrsgefährdung fahren"), der maßgebend abhängig vom Fahrzeug und verhältnismäßig wenig abhängig von Strecke, Wetter, Fahrer usw. ist. Dieser Wert eignet sich also zum Vergleich mit der sauberen Meßkurve, welche für windstille Autobahn Tempo und Verbrauch miteinander vereinigt.

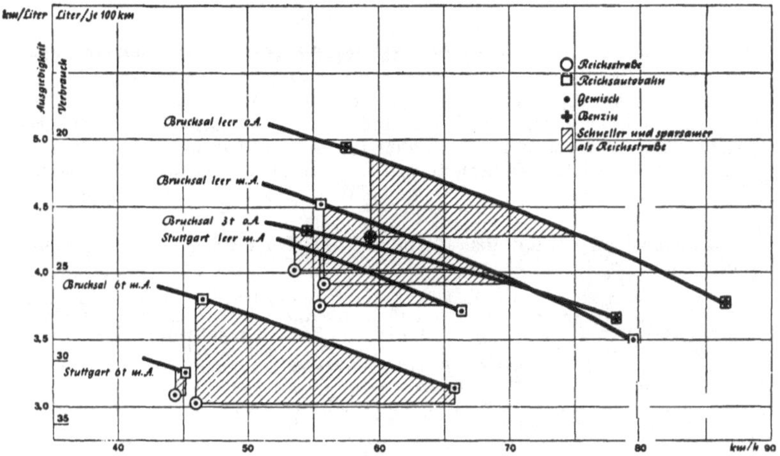

Bild 2. Vergleichsfahrten

So kommt man zu **Fahrdreiecken**, welche Tempo und Verbrauch in gewöhnlichen Koordinaten darstellen. Der Verbrauch wird dabei, um bequeme Darstellungsverhältnisse zu erhalten, nach ausländischer Weise reziprok, d. h. in Kilometern je Liter angetragen, — wobei natürlich die üblichen **Verbrauchswerte** in Liter je 100 km als Funktionsleiter ablesbar gemacht werden.

Diese Fahrdreiecke[1]) eignen sich zur Beurteilung der Verbrauchsverhältnisse des betreffenden Fahrzeugs oder ähnlicher Einheiten. Je größer das Dreieck ist, um so vorteilhafter für das betreffende Fahrzeug ist einleuchtenderweise die Autobahn. Ein Verschwinden oder Negativwerden des Dreiecks, also eine Unterlegenheit der Autobahn gegenüber der Straße, konnte nie gefunden werden. Aber durch starke Überlastung oder viel zu kleinen Motor oder zu niedrige Übersetzung zwischen Motor und Triebrädern kann das Dreieck stark verkleinert werden.

Ein solches **Fahrbild** gestattet Kraftfahrbetrieben wirtschaftliche Fahrplanberechnungen, besonders für Autobahnstrecken. Natürlich streuen die Werte durch Wind und andere Umstände etwas.

Interessant ist die Ausbildung der rechten unteren Ecke des Fahrdreiecks. Bei normalen Fahrzeugen liegt eine wohl ausgebildete Ecke vor. Straßengrenzverbrauch und Autobahngrenzverbrauch sind also praktisch gleich. Bei überladenen oder zu niedrig übersetzten Fahrzeugen tritt — zu mal für bergige Autobahnstrecken — an Stelle der rechten unteren Ecke ein stumpfer Abschnitt ein. Umgekehrt haben leere, zu hoch übersetzte, mit zu starken Motoren ausgerüstete Fahrzeuge an Stelle der Ecke einen Schwanz. Dieser besagt, daß man durch Überdrehen und unter Kraftstoffvergeudung das Tempo über den Normalhöchstwert steigern kann.

[1]) Entwickelt bei den Vergleichsfahrten zwischen Straße und Autobahn, vgl. Schriftenreihe der „Straße" 10, „Wirtschaftlichkeit von Autobahnen".

Interessanterweise ist auch die Steigung der Autobahnkurven verschieden. Viertaktmotoren haben flachere Steigungen als Zweitaktmotoren. Dem entspricht die Tatsache, daß bei Zweitaktmotoren in der Spitze (wegen Überfettung aus Sorge vor Wärmeüberlastung) der Verbrauch besonders hoch, bei Teilleistungen jedoch (wegen voller Verdichtung auch in Drosselstellungen) der Verbrauch recht bescheiden zu sein pflegt.

Kraftstoffnormverbrauch

Das vom Fachnormenausschuß der Kraftfahrindustrie (FAKRA) über die Versuchsbedingungen aufgestellte Normblatt sieht die Autobahn als Versuchsstrecke vor. Etwa 50 bis 60 km ebene Autobahnstrecke ist mit gleichmäßiger Geschwindigkeit entsprechend zwei Drittel der Höchstgeschwindigkeit des betreffenden Fahrzeugs hin und zurück zu durchfahren. Der dabei ermittelte Verbrauch wird zur Berücksichtigung ungünstiger Umstände um 10% erhöht, und dieser Wert gilt als der Kraftstoffnormverbrauch.

Im einzelnen enthält das Normblatt (DIN Kr 30) u. a. folgende Bestimmungen:

Das zur Ermittlung des Kraftstoffverbrauchs verwendete Fahrzeug muß in allen seinen Teilen sowie in der Vergaser- und Zündeinstellung der reihenmäßigen Ausführung entsprechen. Das Fahrzeug muß bei den Versuchen entsprechend seinem zulässigen Gesamtgewicht voll belastet sein. Der Motor soll eingelaufen sein und bei Beginn der Versuche die übliche Betriebstemperatur aufweisen. Bei den Versuchsfahrten ist die kleinste Untersetzung zu benutzen.

Bezüglich der Fahrstrecke wird bestimmt, daß eine ebene Autobahnstrecke (kurze Steigungen und Gefälle von höchstens 1,5 %) von 50 bis 60 km Länge bei windstillem Wetter (höchstens Windstärke 2 bis 3) hin und zurück zu durchfahren ist. Hin- und Rückfahrt müssen unmittelbar aufeinander folgen. Die genaue Länge der Strecke ohne den Auslauf des Fahrzeugs ist an Hand der Streckenzeichnung zu ermitteln. Sie wird in Kilometern für den Buchstaben *W* in die unten angegebene Formel eingesetzt.

Die Geschwindigkeit soll über die gesamte Fahrstrecke möglichst gleichmäßig zwei Drittel der gestoppten Höchstgeschwindigkeit bzw. der Reglergeschwindigkeit des Fahrzeugs betragen.

Für Ottomotoren ist handelsüblicher Leichtkraftstoff, einer der Bauart des Motors entsprechenden Oktanzahl, für Dieselmotoren handelsüblicher Dieselkraftstoff zu verwenden.

Die für die Zurücklegung der Versuchsstrecke verbrauchte Kraftstoffmenge ist genau zu bestimmen. Diese Menge in Litern wird für den Buchstaben *K* in die unten angegebene Formel eingesetzt. Der sich aus den Versuchen ergebende Verbrauch wird zur Berücksichtigung ungünstigerer Umstände um 10 % erhöht.

Danach ergibt sich folgende Formel für den Kraftstoffverbrauch:

$$kn = 1{,}1 \cdot \frac{K}{W} \cdot 100 \text{ Liter/100 km}.$$

Darin bedeutet:

kn = Verbrauch in Liter/100 km,
W = der bei dem Versuch zurückgelegte Weg in km,
K = die zur Zurücklegung des Weges verbrauchte Kraftstoffmenge in Liter.

Der so ermittelte Verbrauch wird als Kraftstoffnormverbrauch bezeichnet. Er ist auf eine Stelle hinter dem Komma abgerundet (unter 0,05 nach unten, 0,05 und darüber nach oben) stets anzugeben; z. B. Kraftstoffnormverbrauch 9,7 Liter/100 km. Bei Nachprüfungen gilt für den Kraftstoffnormverbrauch zur Berücksichtigung unvermeindbarer Unterschiede in den Versuchsbedingungen eine Toleranz von + 5 %.

Die Kraftstoffverbrauchsangabe zum Beispiel: Kraftstoffnormverbrauch 9,7 l besagt, daß der nach den Bedingungen des Normblattes DIN Kr 30 ermittelte Verbrauch 9,7 l/100 km beträgt.

Die Angabe kann auch z. B. lauten: Kraftstoffverbrauch 9,7—11 l. Daraus geht hervor, daß der nach den Bedingungen des Normblattes ermittelte Verbrauch 9,7 l/100 km beträgt, daß aber im durchschnittlichen Fahrbetrieb mit einem höheren Verbrauch bis zu etwa 11 l zu rechnen ist. Verbindlich ist bei der Angabe von 2 Verbrauchswerten auf jeden Fall nur der erste, d. h. der Kraftstoffnormverbrauch.

Für die Einregelung von Kraftfahrzeugen auf gute Wirtschaftlichkeit gibt es die BV-Wagenprüfstände.

Für Nutzfahrzeuge und Omnibusse sehr zweckmäßig ist der Fahrtschreiber von Kienzle, dessen Einbau für manche Fahrzeugarten vorgeschrieben ist. Erwähnt sei auch das neue Motor-Kilometergerät von Kienzle, welches die Umdrehungen der Kurbelwelle, zu den vom Fahrzeug zurückgelegten Kilometern in Beziehung setzt, was wertvolle Schlüsse auf die Kunst des Mannes am Steuer erfahrungsgemäß zuläßt. Als Bezugsgröße führt sich neuerdings der Begriff „Gramm Kraftstoff je Million Hübe" ein. Ein Kraftstoffmeßgerät, welches die durchflossene Menge in Litern angibt, ist der Ovalradzähler von Bopp & Reuther, welcher besonders für Dieselfahrzeuge empfehlenswert ist und sehr genau und zuverlässig arbeitet, falls ein sehr gutes vorgeschaltetes Filter ihn vor Schmutz schützt und der Zähler auch geschützt vor thermischen und mechanischen Verspannungen eingebaut wird.

Zur Beurteilung der Wirtschaftlichkeit von Gasbetrieb sei erwähnt, daß

1 kg Treibgas	theoretisch 1,4 l Benzin,	praktisch 1,6 l Bi,
1 cbm Methan	theoretisch 1 l Benzin,	praktisch 1,25 l Bi,
1 cbm Permagas	theoretisch 0,5 l Benzin,	praktisch 0,55 l Bi

entspricht; zu beachten ist außerdem noch die bei Gasbetrieb zu beobachtende Schonung und mithin Ersparnis von Schmieröl.

Ottokraftstoff nach 1945 in der Trizone (in 1000 t)[1]

	1946	1947	1948	1949	1951	1952
Erzeugung:						
Benzin	66	49	63	304	1385	1507
Benzol[2])	18	30	68	120	184	308
Einfuhr:						
Bleibenzin MOZ 70/72	360	551	639	443	210	144
Absatz, einschl. Berlin-West u. Besatzungstruppen	380	506	625	743	1500	1806
Schwarzer Markt, besonders in den ersten Jahren	erheblich					

Erdölverarbeitung

1951 ergaben:

1,13 Mio t deutsches Rohöl und 3,3 Mio t Importöl = 1,4 Mio t Autobenzin und 1,2 Mio t Dieselkraftstoff.

Von dieser Erzeugung entfielen 700000 t auf die Hydrierwerke Gelsenberg und Wesseling.

Benzolerzeugung in der Deutschen Bundesrepublik

1947 = 140000 t,
1951 = 360000 t.
1952 = 440 000 t.

Ottokraftstoffe nach 1945 in der Sowjet-Zone[3])

11 Betriebe — jetzt meist Sowjet-Aktiengesellschaften —, Hydrier-, Synthese- und Schwelwerke hatten für 1949 ein Plansoll von 800000 t Benzin, Dieselkraftstoff und Treibgas.

[1]) Nach Hammerich in Zerbe, „Mineralöle", S. 478.
[2]) Einschl. Selbstverbrauch der Werke.
[3]) Nach Hammerich in Zerbe, „Mineralöle".

Preise

Lediglich als Anhalt für allgemeine Überlegungen seien einige im Sommer 1952 geltende Preise genannt. Bei dem Wechsel der staatlichen Belastungen und andere Umstände handelt es sich lediglich um Anhaltswerte.

1. Benzin	Zapfstellenpreis je nach Zone	64—69 Pfg/l
2. Benzin-Benzol-Gemisch . . .	Zapfstellenpreis je nach Zone	71—76 Pfg/l
3. Dieselkraftstoff	Zapfstellenpreis je nach Zone	41—43,5 Pfg/l
4. Treibgas (versteuert)	Zapfstellenpreis je nach Zone	74—80 Pfg/cbm
5. Motormethan (8550 kcal/cbm)		40 Pfg/cbm
6. Permagas		18—19 Pfg/cbm
7. Markenöle	Zapfstellenpreis je nach Zone	2,35—2,75 m/l

9. Literatur[1])

1. Prof. H. Buschmann, „Taschenbuch für den Automobil-Ingenieur".
2. „Mineralöl-Handbuch" vom Mineralöl-Zentralverband, 1950.
3. „Motor Oils and Engine Lubrication" von C. W. Georgi, 1950.
4. K. H. von Thümen, „Jahrbuch der Mineralölwirtschaft", 1939/40.
5. Dr. Wahl, „Die Grenzen des Kohlenstaubmotors", 1940.
6. Prof. Aufhäuser, „Brennstoff und Verbrennung", 1928.
7. Egon Mühlner, „Praktische Motor-Physik", 1939.
8. Harry R. Ricardo, „Schnellaufende Verbrennungsmotoren", 1932.
9. Prof. F. A. F. Schmidt, „Verbrennungskraftmaschinen", 1951.
10. Prof. F. Saß, „Kompressorlose Dieselmaschine", 1929.
11. Prof. Dr. Pye, „Die Brennkraftmaschinen", 1933.
12. Dr. M. Brunner, „Über das Klopfen der Ottomotoren und die Klopffestigkeit von Motor und Treibstoff, Empa, Zürich, 1944.
13. Prof. Dr. Karl Dieterich-Helfenberg, „Die Analyse der Kraftstoffe", 1920.
14. Dr. Rudolf A. H. Rothe, „Flüssige Kraftstoffe", 1949.
15. F. Jantsch, „Kraftstoff-Handbuch", 1949.
16. Prof. Dr. E. H. Kadmer, „Kraftstoff-Fibel" 1942.
17. Dr. A. Philippovich, „Die Betriebsstoffe für Verbrennungskraftmaschinen" im Handbuch Prof. List „Die Verbrennungskraftmaschine", 1949.
18. Dr. F. Schildberger, Dr. Eugen Diesel usw., „Bosch und der Dieselmotor", 1950.
19. Prof. Dr. Kamm, „Versuche in einem Vergasermotor mit Selbstzündung", Deutsche Kraftfahrforschung, Zwischenbericht Nr. 99, 1941.
20. Prof. Dr. A. W. Schmidt, „Untersuchung der Klopfgeräusche von Ottomotoren mit elektroakustischen Meßgeräten", Deutsche Kraftfahrforschung, Heft 33, 1939.
21. „Motor und Kraftstoff", Wissenschaftliche Herbsttagung 1938 des VDI, 1939.
22. „Flüssige Energie", Esso, 1950.
23. Prof. Dr. W. J. Müller und Dr. E. Graf, „Kurzes Lehrbuch der Technologie der Brennstoffe", 1939.
24. Prof. Rudolf Wagner, „Handbuch der chemischen Technologie", 1873.
25. Prof. Dr. Heidebroek, „Das Verhalten von zähen Flüssigkeiten, insbesondere Schmierflüssigkeiten in engen Spalten", 1950 und viele andere Aufsätze und Schriften.
26. „Tatsachen und Zahlen aus der Kraftverkehrswirtschaft", VDA, 1951.
27. Prof. Dr. Zerbe, „Mineralöle", 1952, besonders die Beiträge von Dr. Hammerich, Dr. Weller, Dr. Koelbel, Prof. Dr. Mallison, Dipl.-Ing. Waldmann.
28. Dr. Th. Hammerich, „Gesetzmäßiges im Verhalten der Klopfbremsen", 1949.
29. Prof. Dr. Pohl, „Lehrbuch der Physik".
30. Traumüller und Gerland, „Geschichte der physikalischen Experimentierkunst" 1899.
31. Dr. Walter Krönig, „Hydrier-Verfahren", 1951.
32. „Motortechnische Zeitschrift".
33. „Automobiltechnische Zeitschrift".
34. „Erdöl und Kohle".
35. „Brennstoff-Chemie".
36. Bericht Nr. 16 d. Schweiz. Ges. f. d. Studium der Motorbrennstoffe, Bern 1951 (Brunner: Vitameter; Ruf: Straßen-OZ, Leistungszahl).
37. Bosch, Kraftfahrtechnisches Taschenbuch.

[1]) Zugleich für das nachfolgende Schmierungs-Kapitel

Schmieren und Schmiermittel

Wa. Ostwald, Heppenheim a. d. B.
und H. Waldmann, Dipl.-Ing., Bochum

Einleitung

Wenn zwei feste Körper aneinander möglichst stark reiben oder dank Wälzlagerung, Schmierung od. dgl. möglichst wenig reiben sollen, so ist eine Relativbewegung die Voraussetzung dazu. Diese Relativbewegung kann in einem Abheben, in einem Wälzen, in einem Gleiten oder in einer Verformung bestehen.

Ohne Relativbewegung kann die gegenseitige Berührung zweier fester Körper allerdings auch überraschende Wirkungen haben. Wenn man z. B. die einander berührenden Oberflächen immer stärker verfeinert, so wie dies etwa bei sehr genauen Endmaßen der Fall ist, dann „springen die Flächen aufeinander an", d. h. sie kleben zusammen und lassen sich nur schwer, manchmal sogar nicht ohne gegenseitige Verletzung, ohne Herausreißen kleiner Teile aus den hochwertigen Oberflächen, wieder voneinander trennen. Bei verschiedenartigen Metallen läßt sich sogar der Nachweis führen, daß (bei trockener Berührung und gewöhnlicher Temperatur) die Metalle ineinander diffundiert sind. Daß solche intensive trockene Berührung sich verhältnismäßig leicht erreichen läßt, ist um so erstaunlicher, als man genau weiß, daß auf den Metalloberflächen adsorbierte Gasschichten (Luft) sitzen, welche an den Klebstellen also erst verdrängt werden müssen.

Nach Umstätter[1]) kann man sich derartige und ähnliche Tatsachen molekularkinetisch näher bringen. Auch ein fester Stoff besteht ja aus sich bewegenden Molekülen, so daß es einleuchtend ist, wenn solche in gesetzlicher Anordnung beweglichen Teilchen je nach Harmonie oder Disharmonie ineinander dynamisch sich verhaken oder nicht.

Das Trennen zweier dicht aufeinander gepaßter fester Körper wird auch durch den Luftdruck erschwert. Dies kann man besonders deutlich merken, wenn man die Zwischenschicht zwischen den beiden trockenen Flächen mit einer Flüssigkeit (z. B. Öl oder Wasser) ausfüllt und dann den Versuch macht, die beiden Teile auseinanderzureißen. Das erweist sich in der Luft als fast unmöglich, unter dem Flüssigkeitsspiegel aber als verhältnismäßig leicht — besonders leicht durch Schieben — möglich. Macht man den Versuch mit zwei alten photographischen Trockenplatten oder zwei mikroskopischen Objektträgern und Wasser, dann wird man finden, daß der Versuch einer Trennung in freier Luft unfehlbar zum Zerbrechen führt, während unter Wasser die Trennung immerhin verhältnismäßig leicht möglich ist.

In Wirklichkeit handelt es sich aber nur um eine Auswirkung der Ungeduld. Wenn man sich genügend Zeit nimmt oder nehmen könnte, dann würde man die Platten in beiden Fällen voneinander reißen können. Der Zeitbedarf für ein solches Lösen der Platten aus dem „Kontaktzustand" ist ein Maß für die Zähflüssigkeit und offenbar noch weitere wichtige Eigenschaften derjenigen Flüssigkeiten—insbesondere Schmiermittel—, welche beim Zusammenpressen der Platten zum Kontaktzustande weitgehend, aber nicht ganz verdrängt wurden.

Im Institut von Prof. Dr. E. Heidebroek an der Technischen Hochschule Dresden, hat man diese ungemein interessante und überraschende Tatsache zur Konstruktion einer Ölprüfmaschine nach Prof. Dr. E. Heidebroek entwickelt, über welche z. B. in der Zeitschrift „Die Technik", 1947, S. 528ff., in den „Berichten der Sächsischen Akademie der Wissenschaften zu Leipzig", Bd. 97, Heft 6, 1950, und Band 100, Heft 4, 1952, von Heidebroek selbst eingehend berichtet wird.

[1]) Strukturmechanik 1948.

Es ist nun eine merkwürdige Tatsache, daß man bei der gegenseitigen Berührung zueinander beweglicher fester Körper meist einen von zwei Grenzwerten anstrebt. Entweder will man dabei — z. B. bei Kuppel- oder Bremsbelägen — größtmögliche Reibung erzielen oder aber — z. B. bei der Lagerschmierung — kleinstmögliche Reibung erreichen, mittlere selten. Gegenseitige Fixierung durch Reibung (bei Nägeln, Schrauben, Keilen usw. oder auch beim Verschweißen) ist eine Sache für sich.

Tritt größtmögliche Reibung ein, dann werden Kräfte, welche die Teile gegenseitig bewegen, vernichtet, die die Bewegung bewirkende Energie verwandelt sich dann zur Hauptsache in Wärme; kleine Teile von ihr werden für Verformung und Abrieb verbraucht.

Umgekehrt ist die Aufgabe einer guten Schmierung kleinstmögliche Reibung. Sie soll bewirken, daß der Kraftverlust auf ein Minimum zurückgeht, und infolgedessen von der Energie nur möglichst wenig sich in Wärme verwandelt. Gut geschmierte Lager sind kühl, schmierkranke Lagerstellen heiß.

Beachtet werden muß im übrigen, daß die Oberfläche eines festen Körpers, z.B. eines Metalls, nicht einfach das Aufhören der festen Phase, sondern in jedem Falle etwas qualitativ Anderes ist. Meist ist noch durch Einlaufwirkung, durch Läppen, durch Polieren und andere Umstände die Oberfläche mechanisch gegenüber dem darunter liegenden Fleisch veredelt. Nach Prof. Föppl, Braunschweig, wird sogar durch Drücken, Kugelstrahl usw. die Oberfläche (zur Erhöhung der Dauerfestigkeit des Gebildes) zugleich gehärtet und gereckt, so daß sie gleichsam mit negativer Spannung auf dem Fleisch sitzt[1]). Durch Veredlungen aller Art der Oberfläche (z.B. Härten oder Vergüten) und passende Werkstoffkombinationen erreicht man, daß das oben erwähnte gegenseitige „Benetzen" von exakt gearbeiteten Metallflächen weniger leicht auftritt[2]). Das ist erwünscht, weil anders z.B. bei Wälzreibung (Zahnräder) gegenseitiges Herausreißen (pitting) als Folge „zu exakter" Arbeit eintritt. Solche „zu exakte" Herstellung von Metallflächen ist auch anders gelegentlich an schädlichen Folgen zu erkennen. Beispielsweise dürfen Kolbenringe auf der Gleitfläche nicht poliert sein, da sie anders nicht nur schwerer einlaufen, sondern auch leichter Freßerscheinungen veranlassen. Es gibt Bestwerte der Glätte für aufeinander sich bewegende Metallflächen, eine Angelegenheit, welche für die Praxis noch eingehender Untersuchungen bedarf.

Man kann bei Reibungsvorgängen eine innere und eine äußere Reibung unterscheiden. Eine innere Reibung bedingt Verformungsarbeit, welche bei festen Stoffen zu elastischer oder bleibender Gestaltänderung, auch zu Verhärtung und ähnlichen Erscheinungsformen führen kann, bei plastischen Stoffen elastische oder bleibende Formänderung bewirkt, bei flüssigen Stoffen Bewegungen der Teilchen zueinander bedeutet, wobei diese Bewegung mit verhältnismäßig geringer Reibung schichtig oder laminar, mit größerer Reibung wirbelig oder turbulent erfolgen kann. Jeder Reibungsvorgang ist von der Umwandlung mechanischer Arbeit in Wärme begleitet.

Bei der äußeren Reibung kann man Zerkleinerungsarbeit und Abrieb beobachten. Beim Reiben fester Stoffe aufeinander tritt z.B., wie Blok gezeigt hat, durch hartes Berühren mikroskopisch kleiner Unebenheiten unter blitzartigem Auftreten hoher Temperaturen örtliches Verschweißen und Wieder-Auseinanderreißen der Schweißstellen ein, eine Hauptursache für Abrieb und ein Vorspiel des Freßvorgangs. Beim Einlaufen werden vorstehende Rauhigkeiten teils unter Aufwendung von Zerkleinerungsarbeit zu Abrieb verarbeitet, teils plastisch verformt und geglättet. Ähnliche äußere Reibungsvorgänge kann man auch bei plastischen und flüssigen Stoffen beobachten.

---

[1]) Umgekehrt wie bei der vorgespannten Bewehrung von Beton.
[2]) Hierzu sind die molekularkinetischen Anschauungen von Umstätter besonders aufschlußreich.

Es dürfte zweifelhaft sein, daß diese Beschreibung der Reibung in innerer und äußerer Reibung vollständig ist. Wenn man etwa an Bremsbacken und ihre im Vergleich zu den zu Wärme entwerteten Energiebeträgen geringen Verschleißerscheinungen denkt, sucht man hinter der Naturerscheinung der Reibung noch etwas Anderes, welches näherer Untersuchung und Beschreibung bedarf. Energetisch betrachtet bedeutet die Reibung eine Undichtigkeit und die Schmierung ein Dichtungsmittel gegen energetische Undichtigkeiten eines Mechanismus.

Im einzelnen kann man gasförmige, flüssige, plastische und feste Reibung voneinander unterscheiden. Die gasförmige Reibung (sowohl innere Reibung, wie solche an Flüssigkeiten oder festen Körpern) interessiert vorliegend nicht, so interessant und u. U. z. B. für Verbrennungsraum-Pneumatik wichtig die „Schmierung" eines Gasstrahls mit Gas sein mag. Bei der flüssigen Reibung kann man, soweit es sich um innere Reibung handelt, die schichtige oder laminare und die wirbelige oder turbulente Reibung voneinander unterscheiden. Plastische und elastische Reibung interessierten vorliegend kaum. Die bisher bestuntersuchte Form der Reibung ist die von fest auf fest.

Außer durch Gasschmierung rotierender Wellen und vielleicht in noch höherem Maße läßt sich die Reibung geradezu quantitativ durch Schwingungen beseitigen. Näheres über diese äußerst überraschenden Tatsachen hat R. Auerbach von der Bamag-Meguin AG, Berlin, anläßlich der 2. rheologischen Tagung kürzlich berichtet („Kolloid-Zeitschrift", Bd. 129, Dezember 1952, S. 82ff.). Er wendet (gar nicht besonders hochfrequente) Schwingungen (100 Herz) an. Das Wesentliche ist aber überraschenderweise eine genügend große Amplitude der Schwingung, so daß diese steiler abfällt, als die Fallkurve, und mithin der betreffenden Last sozusagen „den Boden unter den Füßen wegzieht". Auf diese Weise kann man den Schüttwinkel von Haufwerken praktisch verschwinden lassen. Auerbach führt neben vielen Tatsachen die Meinung an, ein Geschwindigkeitsweltrekord eines Propellerschlittens müsse sich unter Zuhilfenahme senkrechter Schwingungen des Schlittens erreichen lassen, weil diese die Kufenreibung praktisch beseitigen. Für Lagerschmierung ist anscheinend das bahnbrechende neue Mittel noch nicht angewendet worden, aber offensichtlich auch aussichtsvoll. Energetisch betrachtet liegt natürlich kein „Zauber" vor. Der Arbeitsaufwand für die Schwingungen ist der Gegenwert zur ersparten Reibungsarbeit.

Die Reibung ist im übrigen eine „Kraft mit Sperrklinke", ein „Widerstand", der nur hemmen, nicht fördern kann, einsinnig wie die Zeit:

Reibungsarbeit	(z.B. in PSh)	= Reibungskraft × Weg
Reibungsleistung	(z.B. in PS)	= Reibungsarbeit : Zeit
		= Reibungskraft × Geschwindigkeit

Die Reibung von Motoren wird leicht durch thermische Verklemmungen beeinflußt.

Das Wesen der Reibung läßt sich vielleicht molekularkinetisch dadurch verstehen, daß Wärme Wucht streunend bewegter Moleküle, mechanische Arbeit aber die Auswirkung von Wucht parallel gerichteter Moleküle ist. Durch Reibung werden parallel gerichtete Moleküle aus dem Gleis geworfen und dadurch zum Träger von Abwärme[1]).

Läßt man auf einer verstellbaren schiefen Ebene einen Gleitstein abrutschen, dann kann man beobachten, daß die Reibung der Ruhe („Haftung") größer ist als diejenige der Bewegung; in anderen Worten, daß der ruhende Gleitstein erst bei einem steileren Anstellwinkel der Gleitplatte ins Rutschen kommt, als der einmal im Rutschen befindliche Gleitstein zur Erhaltung seiner Bewegung bedarf. Man kann sich diesen Vorgang so veranschaulichen, daß der ruhende Gleitstein mit mikroskopischen Unebenheiten in mikroskopische Unebenheiten der Gleitplatte gleichsam verzahnt eingreift, und das Herausheben aus dieser Verzahnung nötig sei, um den Ruhezustand zu überwinden[2]).

---

1) Umgekehrt werden in der Lichtmühle oder auch durch den Motorkolben streunende Molekeln der Wärme durch Gleichrichten zu mechanischer Arbeit gemacht.

2) Bei geschmierten Flächen kann die merkwürdige Eigenschaft der Thixotropie eine Rolle spielen, welche darin besteht, daß ein ausgeruhtes Öl größeren Widerstand gegen Bewegung zeigt, als ein solches, welches schon ein- oder zweimal bewegt wurde. Im Ruhezustand kehrt die größere Zähigkeit wieder. Auch das läßt die Haftreibung der Gleitreibung überlegen sein.

Die Unterscheidung der größeren Reibung der Ruhe und der kleineren Reibung der Bewegung ist praktisch von Bedeutung. Beispielsweise brauchen ruhende Maschinen verhältnismäßig große Kräfte zur Einleitung der ersten Bewegung. Beispielsweise liegt ein Kraftfahrzeug mit abrollenden Rädern, also mit einem Fahrbahngriff „relativer Ruhe" erheblich fester auf der Fahrbahn, als wenn durch übermäßiges Bremsen oder Gleitvorgänge die relative Ruhe des Abrollens in Relativbewegung verwandelt wird [1]).

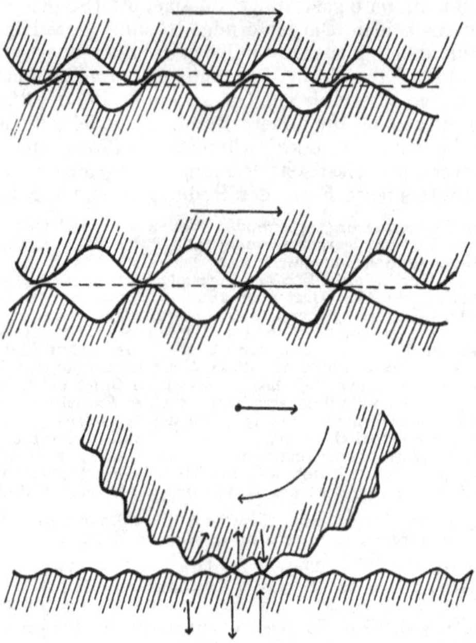

Bild 1
Schemata zum Verstehen der verschiedenen Reibungsbeiwerte

1. Haften (Ruhreibung)
2. Gleiten
3. Rollen (Wälzen)

Den Tangens des Gleitwinkels nennt man den Reibungsbeiwert.

Die Art der Reibung ist grundverschieden, je nachdem, ob es sich um trockene Reibung oder geschmierte Reibung handelt. Trockene Reibung hat sozusagen einen Anspringbedarf für die Bewegung, um gleichsam die festgehakten Feinteile anzuheben. Das ist die anschauliche Verständigung für den höheren Wert der Ruhreibung. Voll geschmierte Reibung hat umgekehrt keinen Anfahrwert, sondern sollte von der kleinsten bewegenden Kraft an Bewegung erzeugen. Zwischen Trockenreibung und Vollschmierung gibt es in der Wirklichkeit viele Zwischenzustände. Auch bei Vollschmierung können die Erscheinungen der Thixotropie und der Strukturviskosität der Schmiermittel Mindestwerte der Startarbeit hervorrufen. Eine Übersicht über die sehr merkwürdigen hier vorliegenden Verhältnisse gibt die Tabelle S. 242.

[1]) Der Bestwert der Reibung von Luftreifen auf Fahrbahn wird allerdings nicht bei glattem Abrollen, sondern bei ~10% Gleitung erreicht (z. B. Bremsmessungen von Zoeppritz im Kammschen Institut).

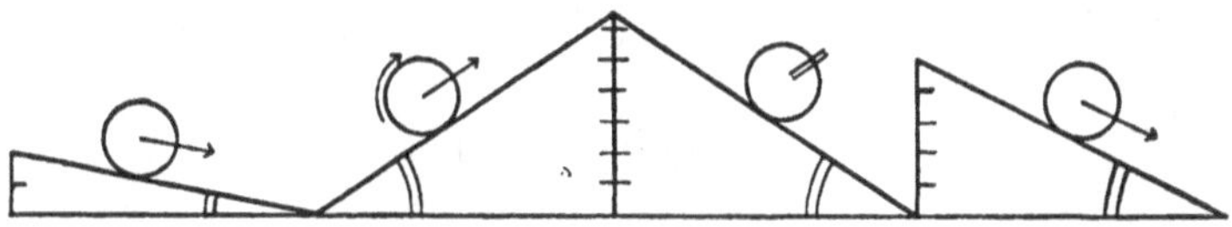

Rollwiderstand	Antriebshaftung =	Haftreibung	Reibung der Bewegung
Grenzgefälle, bei dem ein luftbereifter Kraftwagen auf trockener, schlechter Erdstraße von selbst abrollt	Grenzsteigung, die ein luftbereifter Kraftwagen auf trockenem Beton erklimmen kann	Grenzgefälle, bei dem ein festgebremster Kraftwagen auf trockenem Beton noch nicht ins Gleiten kommt	Grenzgefälle, bei dem ein ins Rollen od. Gleiten gekommener Kraftwagen auf trockenem Beton durch Bremsen nicht mehr angehalten werden kann

Bild 2. Schematische Darstellung von Rollwiderstand, Antriebshaftung (Ruhreibung) und Reibung der Bewegung

Tabelle 1. Reibungszahlen[3])

	Rollende[4])		Ruhende[5]) [6])		Gleitende[7])	
			Reibung			
	(Wälzwiderstand oder Zugkraft beim Rollen; Abhebehaftung; Rollwinkel)		(Haftreibungsgrenze für Antrieb und Bremsen; Gleitwiderstand in Ruhe; Haftwinkel)		(Gleitwiderstand in Bewegung; Zugkraft für [m. block. Brems.] rutsch. Wagen; Gleitwinkel)	
	kg/t	°	kg/t	°	kg/t	°
1. Reibung von festen Stoffen[5]) [6])						
Eisen auf Eisen, trocken	4	14′	—	—	230	13°
Eisen auf Eisen, geölt[5])	—	—	—	—	60	3°30′
Gußeisen a. Gußeisen, fettig[5])	—	—	160	9°	150	8°30′
Stahl auf Stahl (Wälzlager) ..	2	7′	—	—	—	—
Eisen auf Bronze, trocken ...	—	—	—	—	100	6°
Eisen auf Bronze, geölt[5])	—	—	—	—	60	3°30′
Eisen auf Eis	—	—	—	—	14	48′
Schmiedeeisen auf Eichenholz, geschmiert	—	—	110	6°15′	80	4°40′
Schmiedeeisen auf Eichenholz, naß	—	—	650	33°	220	12°30′
Bronze auf Bronze, trocken ..	—	—	—	—	200	11°15′
Leder auf Metall, trocken ...	—	—	540	28°	400	22°
Leder auf Metall, geschmiert[5])	—	—	280	16°	160	9°
Leder auf Holz	—	—	470	25°	270	15°
Seil auf Holz	—	—	800	39°	520	27°30′
Holz auf Holz, trocken	—	—	500	27°	340	19°
Holz auf Holz, geschmiert[5]) ..	—	—	210	12°	70	4°
Eisen u. Gummi, trock., glatt	30	1°45′ bis	1000	45°	—	—
Eisen u. Gummi, trock., prof.	—	—	600	31°	—	—
Eisen und Gummi, ölig[5]) ...	—	—	200	11°30′	—	—
Eisen und Gummi, wassernaß, glatt[5])	—	—	58	3°25′	12	40′
Eisen und Gummi, schlammig, prof.[5])	—	—	650	33°	—	—

[3]) Der auch häufig benutzte Reibungswert μ ist der Tangens des gegebenen Grenzwinkels oder $^1/_{10}$ des Zahlenwertes der gegebenen Reibungskraft von Kilogrammen je Tonne (Gewicht oder Druck). — Die — wenig genauen — Zahlen sind aus den verschiedensten Quellen gesammelt und zum Teil durch Schätzung zueinander in Einklang gebracht. Sie können nur als Anhalt dienen.

[4]) Rollende Reibung wächst verhältig dem Druck (Gewicht), verkehrt verhältig zum Zylinder(Rad)durchmesser und wenig abhängig von der Länge der Berührungslinie.

Nach Kadmer sind Reibungsbeiwerte typisch:

μ = 0.010—0.030 geschmiertes Gleitlager
= 0.001 „ Kugellager
= 0.001—0.002 „ Rollenlager
= 0.006—0.010 „ Nadellager.

Tabelle 1: Reibungszahlen (Fortsetzung)

	Rollende[4])		Ruhende[5]) [6])		Gleitende[7])	
			Reibung			
	(Wälzwiderstand oder Zugkraft beim Rollen; Abhebehaftung; Rollwinkel)		(Haftreibungsgrenze für Antrieb und Bremsen; Gleitwiderstand in Ruhe; Haftwinkel)		(Gleitwiderstand in Bewegung; Zugkraft für [m. block. Brems.] rutsch. Wagen; Gleitwinkel)	
	kg/t	°	kg/t	°	kg/t	°
Gummi u. Holzpflaster, trock.	—	—	700	35°	600	331°
Gummi u. Holzpflaster, naß[5])	—	—	400	22°	300	17°
Gummi und Beton, trocken ..	—	—	700	35°	650	33°
Gummi und Beton, naß[5]) ...	—	—	560	29°	550	29°
Gummi und Beton, ölig[5]) ...	—	—	200	11°30′	180	10°15′
Gummi u. Beton, schlammig[5])	—	—	100	5°45′	80	4°30′
Gummi, glatt, und Eis[5])	—	—	90	5°	—	—
Gummi, prof., und Eis	—	—	200	11°30′	—	—
Gummi, glatt, und Schnee[5]) .	—	—	150	8°30′	—	—
Gummi und Leder	—	—	380	21°	—	—
Gummi und Gummi, trocken .	—	—	300	17°	—	—

Tabelle 1: Reibungszahlen (Fortsetzung)

	Rollende[4])		Ruhende[5]) [6])		Gleitende[7])	
			Reibung			
	(Zugkraft in der Ebene; Rollwinkel)		(Zugkraft, um einen m. blockiert. Bremsen stehenden Wagen in [rutschende] Bewegung zu setzen; Haftwinkel für stehenden festgebremsten Wagen u. größte befahrbare Steigung)		(Zugkraft und Gleitwinkel für in Bewegung befindlichen Wagen mit blockierten Bremsen; größtes bremsbares Gefälle)	
	kg	°	kg/t	°	kg	°
2. Reibung von Haufwerken[6]) (Schüttwinkel)						
Lehm	—	—	1000	45°	—	—
Erde, Sand	—	—	700	35°	—	—
feiner Schotter	—	—	840	45°	—	—
grober Schotter	—	—	1000	45°	—	—
Getreide	—	—	580	30°	—	—
3. Reibung von Fahrzeugen[6])						
a) Eisenbereifter Wagen						
schlechter Erdweg	200	11°15′	—	—	—	—
loser Sand	160	9°	—	—	—	—
guter Erdweg	50	3°	—	—	—	—
Makadamstraße	25	1°30′	—	—	—	—
schlechtes Pflaster	40	2°15′	—	—	—	—
gutes Pflaster	20	1°15′	—	—	—	—
Asphalt	15	50′	—	—	—	—
Beton	10	35′	—	—	—	—

[5]) Trocken ruhende und gleitende Reibung wächst verhältig dem Druck und ist ziemlich unabhängig von Berührungsfläche, Geschwindigkeit und Temperatur. Zapfenreibung (Achsreibung) ist beim „Losbrechen“ Haftung, in Bewegung Gleitung. Bei geschmierter Gleitung verschwindet die Haftung, und es entsteht innere Reibung des flüssigen Schmierfilms (bei Vollschmierung). Der Reibwiderstand ist dann durch die Viskosität (Reibkraft des Schmiermittels) bestimmt, und zwar ohne Schwelle verhältig der Filmfläche, der Gleitgeschwindigkeit, der Quadratwurzel des Preßdruckes und umgekehrt verhältig der Schmierfilmdicke. Er nimmt mit der Temperatur stark ab. Das ist der Regelfall geschmierter Maschinenteile (vgl. auch Bremsfading).

Tabelle 1: Reibungszahlen (Fortsetzung)

	Rollende[4]) (Zugkraft in der Ebene; Rollwinkel)		Ruhende[5]) [6]) Reibung (Zugkraft, um einen m. blockiert. Bremsen stehenden Wagen in [rutschende] Bewegung zu setzen; Haftwinkel für stehenden festgebremsten Wagen u. größte befahrbare Steigung)		Gleitende[7]) (Zugkraft und Gleitwinkel für in Bewegung befindlichen Wagen mit blockierten Bremsen größtes bremsbares Gefälle)	
	kg	°	kg/t	°	kg	°
b) Luftbereifter Wagen						
Makadam, trocken	25	1°30′	500	27°	400	22°
Makadam, naß	25	1°30′	250	14°	200	11°15′
Pflaster, trocken	20	1°15′	600	31°	500	27°
Pflaster, naß	20	1°15′	300	17°	200	11°15′
Asphalt, trocken	15	50′	500	27°	400	22°
Asphalt, naß	15	50′	200	11°15′	150	8°30′
Beton, trocken	10	35′	650	33°	500	27°
Beton, naß	10	35′	350	19°	300	17°
Erdweg, schlecht trocken..	200	11°15′	500	27°	—	—
Erdweg, gut trocken	50	3°	500	27°	—	—
Erdweg, schmierig	100	5°45′	200	11°15′	—	—
Schnee	50	8°30′	150	8°30′	—	—
Eis	5	17′	50	3°	—	—
c) Schlitten	—	—	—	—	20	1°15′
d) Eisenbahn	2	7′	—	—	—	—

[6]) Interessant ist die Tatsache, daß Haftungen über tausend Kilo je ton (oder Schüttwinkel über 45° oder Reibungswert $\mu > 1$) vorkommen, z. B. beim Schleifen von Gummi mit Schleifscheiben, beim Schütten von fettem Lehm oder Packlagesteinen, beim scharfen Bremsen luftbereifter Kraftwagen auf trockenem Beton. Diese Fälle werden anschaulich verstehbar, wenn man die besonders starke Haftung durch Verkleben oder Verkeilen in Betracht zieht.

[7])

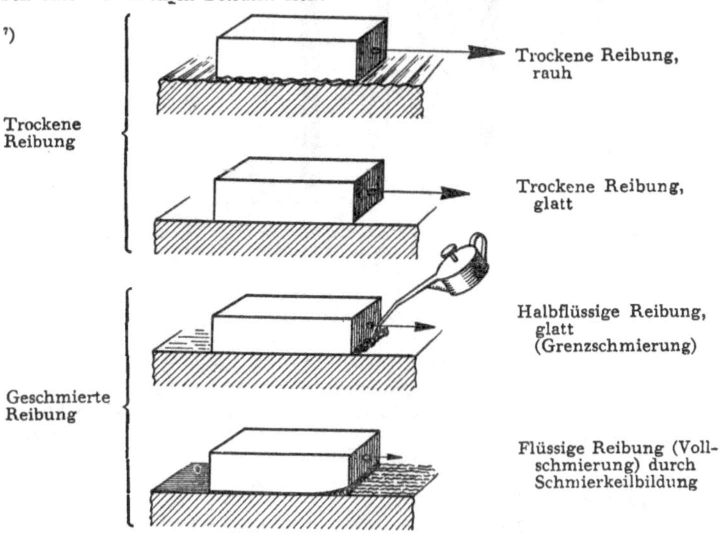

Bild 3

Trockene Reibung: $R_t = K_1 \, Dr^1 \, Fl^0 \, T^0 \, V^0$

(Coulombsches Gesetz)

Geschmierte Reibung: $R_s = K_2 \, Dr^{0,5} \, Fl^1 \, T^{-x} \, \Delta^{-1}$

K = Konstante Dr = Druck oder Last Fl = Fläche T = Temperatur

Δ = Filmdicke

Einflußstärken (Potenzen) bei:

Gleitreibung	trocken	geschmiert
Fläche	± 0	+ 1
Geschwindigkeit	± 0	∼ 1
Temperatur	± 0	kompliziert negativ
Druck	+ 1	+ ½ ($=\sqrt{p}$)
Filmdicke	—	∼ — 1

Ruhreibung gibt es bei Trockenreibung, Zwischendinge bei Mischreibung, kaum mehr bei Vollschmierung. (Bei geschmierter Reibung gegebenenfalls Thixotropie und Strukturviskosität.)

(Jnteressant in diesem Zusammenhang sind die Arbeiten der Wissenschaftler von Phoenix-Harburg über rutschfeste Reifen: wenn Reifen (Buna besser als Naturkautschuk) und Fahrbahn hydrophil (wasserbenetzbar) sind, dann ist der Griff auch bei Nässe gut. Also hydrophile Reifen und Beseitigung der Oelspuren auf der Fahrbahn.)

Bei der Frage, was Schmierung ist, kann man davon ausgehen, daß es Stoffe gibt, welche trocken gut, d. h. mit geringer Reibung, oder schlecht, d. h. mit starker Reibung, aufeinander laufen. Die einen braucht man für Gleitlagerungen aller Art, die anderen für Kupplungs- und Bremszwecke.

Messing auf Schmiedeeisen, Gußeisen auf Gußeisen, Stahl auf Bronze, Weißmetall usw., Stahl auf wassergeschmiertem Gummi, Glas, Quarz, phosphatierter Stahl auf Hartstahl usw. zeigen gute Laufeigenschaften. Für eine geschmierte Gleitung irgendwelcher Art ist folgendes zu bedenken:

Im Falle eines Versagens oder beim Fehlen eines Schmierfilms dürfen die dann nackt aufeinander reibenden Feststoffe keine Neigung zum örtlichen Verschweißen oder Fressen zeigen, sie müssen gut aufeinander laufen, ihre Oberflächenspannungen müssen einander feindlich sein.

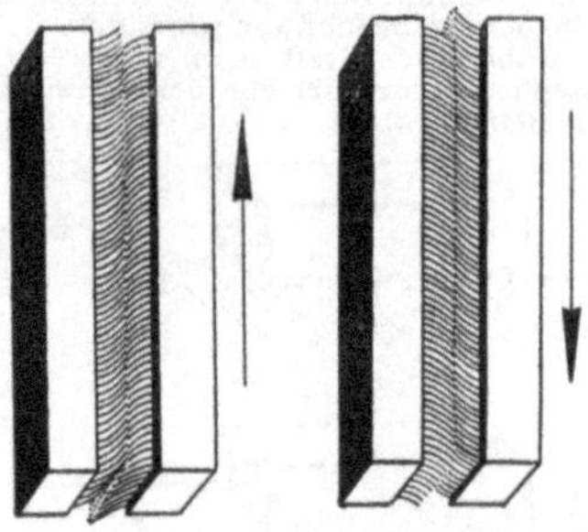

Bild 4. Durch polare Gruppen festgekrallte Molekülpelze werden bei Auf- und Abbewegung (z. B. Kolben) hin und her gezerrt, wie zwei Kartenspiele oder Bürsten (schematisch)

Umgekehrt verhält es sich, wie Dr. Umstätter klargestellt hat, mit dem etwaigen — festen oder flüssigen — Schmiermittel zwischen den beiden reibenden Flächen. Dieses muß sowohl auf der einen, wie auf der anderen reibenden Feststofffläche möglichst fest haften, sich also oberflächenspannungsmäßig günstig verhalten. Es handelt sich also für beste Schmierung darum, zwei aufeinander gleitende feste Werkstoffe zu finden, welche keinerlei Neigung zu gegenseitigem Benetzen zeigen und außerdem einen Schmierstoff, welcher sowohl zu dem einen, wie auch zu dem anderen Feststoff möglichst festes Haften aufweist.

Dieses feste Haften bei den im allgemeinen als Schmiermittel benutzten Mineralölen, auch pflanzlichen und tierischen Ölen, beruht auf den sog. „polaren" Gruppen, welche sich gleichsam chemisch in die Metalloberflächen einkrallen. Wie wesentlich solche polaren Gruppen, welche sich im natürlichen Erdöl finden, sind, kann man daraus entnehmen, daß hochraffiniertes, weiß-farbloses Paraffinum liquidum ausgesprochen schlechte Schmiereigenschaften hat. Bei neuzeitlichen Schmiermitteln, den Premium-Ölen, HD-Ölen, HPL-Schmiermitteln für schwierigste Fälle, sind „polare Gruppen" und andere chemische Angriffe des Schmiermittels auf die aufeinander arbeitenden Werkstoffe zwingende Voraussetzung. Gute Schmierung besteht darin, den richtigen Mittelweg zwischen guter Haftung, chemischer Festnagelung des Schmierstoffs auf den festen Körpern einerseits und der untrennbar damit verbundenen Korrosion zu finden. Darum zeigen die sog. HPL-Schmiermittel (high pressure

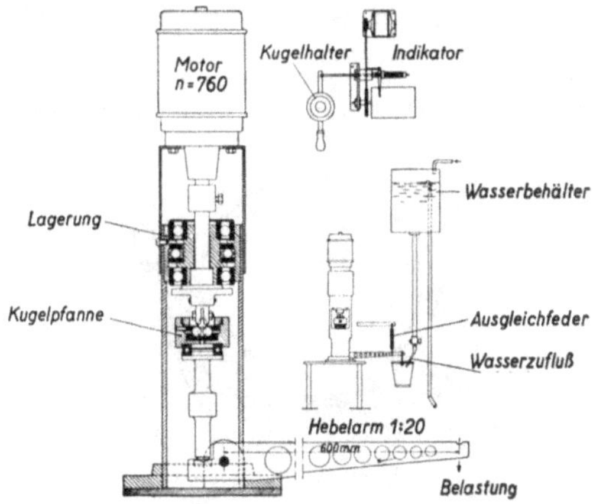

Bild 5. Vierkugelmaschine nach Boerlage und Broeze zur Messung von h.p.l.-Eigenschaften

(Rotieren mit so lange wachsender Last — Wasser —, bis Fressen oder sogar Verschweißen eintritt. Das gibt die sog. „Filmfestigkeit", die aber mit Korrosion bezahlt wird)

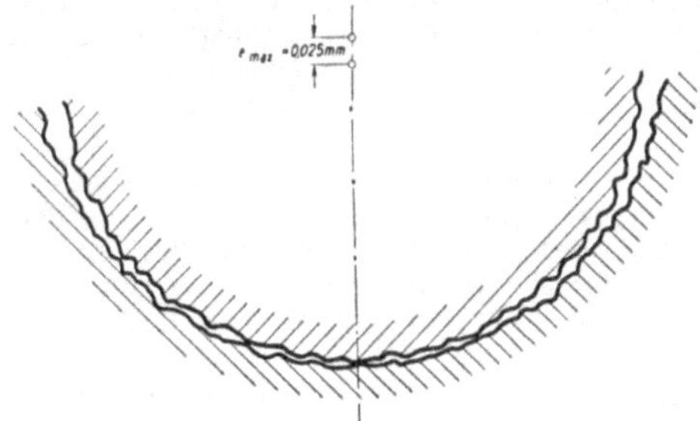

Bild 6. Pumpender Gleitlager-Schmierkeil nach Falz (schematisch)

lubricants), welche für besonders kitzelige Schmieraufgaben, wie Antriebsschnecken usw., sich eignen, stets verhältnismäßig starke Korrosion oder Niederschläge, mag es sich um Rhizinuserzeugnisse, Fischtran, Bleinaphthenat, chlorierte Kohlenwasserstoffe oder anderes mehr handeln. Insofern darf man dem Bleibenzin gar nicht so böse sein, wenn es die Hälfte mehr Halogenwasserstoffe (Bromwasserstoff und Salzsäure) in den Motor bringt, als der Bleimenge entspricht, welche dadurch flüchtig gemacht werden soll[1]). Zwar entstehen dadurch Korrosionen — insbesondere sobald

[1]) Bei verbleitem Fliegerbenzin handelt es sich nur um Bromwasserstoff und nicht um einen Überschuß.

der Taupunkt der motorischen Verbrennungsgase von 65—70° C unterschritten wird —, aber das Schmieröl erhält dadurch gewisse HPL-Eigenschaften.

Ein anderer Weg, den Schmierfilm festzunageln, besteht im Zusatz von Phosphorverbindungen. Während Chloride, Bromide usw. entsprechende Eisenverbindungen entstehen lassen, welche mehr oder weniger weich und hygroskopisch sind, krallen sich die entsprechenden Phosphorverbindungen in die Oberfläche des Eisens ein. Man kennt sie als Rostschutzschichten, welche durch Bondern oder Atramentieren erzeugt werden. Diese Eisenphosphatschichten besitzen sowohl für sich die Fähigkeit, gegenseitiges Benetzen, d. h. Fressen zu erschweren, wie auch diejenige, flüssige Schmiermittel besonders gut festzuhalten. So ist vielleicht die Wirkung von Trikresylphosphat zu verstehen, welches die Schwierigkeiten des Bleibenzins verringern soll.

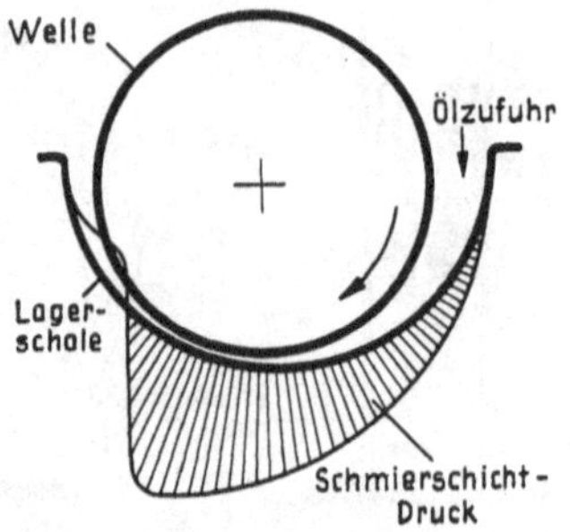

Bild 7. Lage und Druckverteilung bei einem voll geschmierten Gleitlager (schematisch)

Die Flüssigkeit, welche in der Regel das Schmiermittel bildet, wird bei mäßigen Drucken und Gleitgeschwindigkeiten laminar, durch schichtweise Verschiebung, beansprucht. Bei hoher Beanspruchung entstehen in der Schmierschicht tragfähige, aber energiekostende Wirbel (turbulente Schmierung), welche gleichsam eine Kugellagerung durch Flüssigkeitswirbel darstellen.

Im übrigen muß man besonders bei rotierenden Gleitlagern auch an die dynamische Tragfähigkeit eines Schmierfilms denken. Während etwa bei Zahnrädern der Schmierfilm hauptsächlich auf Durchdrücken beansprucht wird, entstehen in Gleitlagern durch die Pumpwirkung der rotierenden Welle Hochdrucke, welche die Tragfähigkeit eines Schmierfilms vervielfachen.

Wichtig ist hierbei die Funktion der Schmiernuten, welche einerseits Schmiermittel zuführen sollen, andererseits natürlich Schmierfilm abzuschaben vermögen. Eine Schmiernut darf nie dort sein, wo eine dynamische Hochdruckwelle des Schmierfilms entstehen soll. Außerdem soll eine Schmiernut nie scharfe Kanten haben, weil ihre Aufgabe nie auf Abschaben eines Ölfilms, sondern nur auf Zufuhr gerichtet sein soll.

Auf Grund solcher Erfahrungen war man in den letzten Jahren von den Schmiernuten weitgehend überhaupt abgekommen und sah sie eigentlich selten mehr anders als in den Lagerteilfugen vor. Neuerdings hat sich das geändert. Nach Frössel[1]) kann man durch passende sehr feinfühlige Verformung der Lagerschale an Stelle eines dynamischen Druckberges deren mehrere erzeugen, so daß die Welle gleichsam auf mehreren dynamischen

[1]) Vgl. z. B. Öl und Kohle, 1952, S. 167ff. Das Frössel-Lager dürfte sich besonders elegant dadurch herstellen lassen, daß man die Lagerschalen passend verklemmt, zentrisch mit dem Diamanten ausbohrt und dann wieder zurückfedern läßt.

Schmiermittelwellen ruht bzw. rotiert. Es ist das das gleiche Prinzip, wie das seit langen Jahren bekannte und bewährte Mitchell- oder Germania-Werftlager zur Aufnahme axialer Drucke, welches stumpfwinkelige, kippende Sektoren enthielt und auf diese Weise auch eine Mehrzahl dynamischer Druckberge herstellte („Mehrgleitflächenlager").

Einen anderen Sonderfall bilden Lagerschalen für gleitende, rotierende oder schwingende Lagerungen aus Sintermetall, bei denen aus der Gesamtfläche des Lagermetalls Schmiermittel hervorquillt.

Ölgetränktes Sintermetall als Lagerung bei Zangen verbürgt dauernd leichten Gang. — Durch Bondern vor Schwefelangriff geschütztes, mit Schwefel vollgegossenes Sintereisen soll glaubhaft — geschmiert oder trocken — ein ausgezeichneter Gleitstoff für Stahl, auch und gerade bei hohen Drucken und großen Geschwindigkeiten sein.

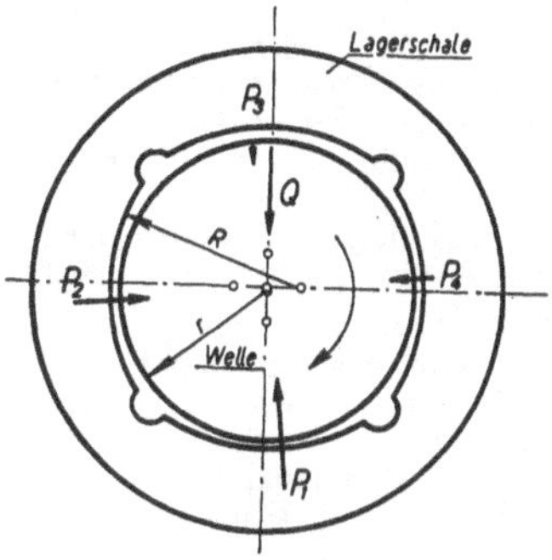

Bild 8. Frössel-Lager (schematisch)

Eine wichtige Frage für sich ist die Unterscheidung zwischen dosierender Frischölschmierung und Umlaufschmierung, sowie deren Zwischenstufen. Idealfall ist die dosierende Frischölschmierung, weil sie mit stets frischem Schmiermittel in bemessenem Umfange zu tun hat, während Umlaufschmierung u. dgl. mit verunreinigtem Schmiermittel auskommen muß. Da aber eine Großzahl von Lagern wärmekrank ist und das Schmiermittel in solchen Fällen gleichzeitig Kühlmittel, Wärmetransporteur sein muß, ist das verhältnismäßig seltene Auftreten der dosierenden Frischölschmierung im Motorenbau verständlich.

I. Bewegungsformen als Schmieraufgaben

1. Abheben, Drücken, Prallen, Tupfen

Reibungsvorgänge und Schmiererscheinungen können auch bei solchen einfachsten Relativbewegungen fester Körper wichtig sein, welche man als Drücken, Stoßen, Prallen, Abheben usw. beschreiben kann. Man denke etwa nur an Ventilstößel mit Ventilluft und die eigenartigen Erscheinungen, welche in diesem Zusammenhang beobachtet werden können. Dafür, was für erstaunliche Dinge in diesem Zusammenhang möglich sind, diene als Beispiel ein höchst interessanter Versuch, den Dr. Pietsch im Heidebroek-Laboratorium[1]) entwickelt hat:

Über einem Stahlblock ist eine kleine Stahlstange so angeordnet, daß sie sich mit ihrer planeben geschliffenen unteren Stirnfläche der planeben geschliffenen Oberfläche des Stahlblocks dicht nähern kann. Durch ein Nockenwerk wird die Stahlstange oszillierend mit mäßiger Frequenz bewegt. Man kann den Abstand zwischen der oszillierenden Stahlstange und dem Stahlblock natürlich bis auf winzige Bruchteile von Millimetern (z. B. 0,05 mm) verringern, ohne daß irgendetwas Besonderes geschieht. Wenn man aber — z. B. mit Hilfe eines Glasstabes — einen Tropfen Schmieröl an die kritische Stelle bringt, so daß der oszillierende Stift den Tropfen pulsierend einlutscht und auspreßt, dann entsteht unter der oszillierenden Stahlstange zunächst eine

[1]) Vgl. S. 235.

Rauhigkeit und schließlich eine Art Loch in dem Stahlblock. Der Vorgang ist so zu verstehen, daß die innere Reibung des Schmieröltropfens so groß ist, daß beim Hochgehen des Stahlstiftes die Festigkeit der Stahlblockoberfläche sich als geringer erweist, mithin Stahl aus der Oberfläche herausgerissen wird. Es ist das eine der Kavitation und den Ultraschallwirkungen eng verwandte Erscheinung. Man kennt die katastrophalen Wirkungen von Wasserschlägen in Wasserleitungen, das unerträgliche Knattern von in ein Wasserbad eingeleitetem Wasserdampf (entstehend durch Zusammenknall der Wandungen kondensierender Dampfblasen), man weiß, daß Flüssigkeitsschläge in Leitungen flüssiger Sprengstoffe nicht nur Zündung, sondern Detonation hervorrufen, daß niederfrequenter Ultraschall[1]), wie etwa bei dem Schallwäscher von Bosch, Kavitationskorrosion hervorruft, daß hochfrequenter Ultraschall in Flüssigkeiten sogar Lichterscheinungen bewirkt.

Im einzelnen kann man bei der Reibung durch Drücken oder Prallen für den Fall eines Schmiermittels sagen, daß dieser einerseits auf Durch- oder Wegdrücken, zum anderen auf Abreißen beansprucht wird. Ein gutes Schmiermittel für diesen Zweck muß also drei Bedingungen erfüllen:

a) Es muß das gegenseitige Benetzen, das lokale Verschweißen, etwaige Kavitationserscheinungen der beiden festen Körper erschweren.
b) Der Schmierfilm darf sich nur schwer durchdrücken lassen, muß also gut haften.
c) Der Schmierfilm muß sich doch auch wieder leicht abreißen lassen, ohne dabei zu Kavitationserscheinungen zu führen.

Es darf in diesem Zusammenhang nicht unerwähnt bleiben, daß z. B. durch Kolloidgraphit oder auch gewöhnlichen Graphit hergestellte Graphoidschichten, durch Schwefel oder schwefelhaltige Stoffe entstandene hauchfeine Schwefeleisenschichten, aber auch andere Korrosionsschichten (z. B. durch Kohlenwasserstoffchloride oder durch Bleinaphthenat) das unmittelbare Verschweißen erschweren und dadurch eine Schmierung für den vorliegenden Schmierfall bewirken können, allerdings auf Kosten einer gewissen Korrosion (mit Ausnahme der Grafite).

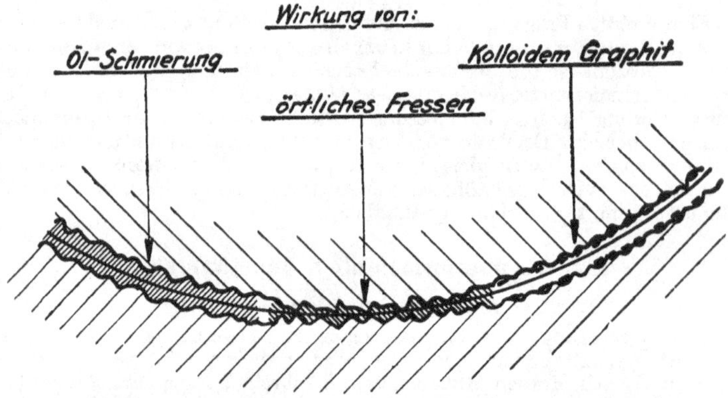

Bild 9. Schema des Schmiervorgangs. Links ist die vollflüssige Schmierung, in der Mitte die Grenzschmierung dargestellt, bei der an der Berührungsstelle der Schmierfilm zunächst bis zur Molekulardicke durchgedrückt und schließlich unter Bildung örtlicher Temperaturblitze bis zur metallischen Berührung und örtlichem Verschweißen (Freßvorgang) durchgestoßen wird. Rechts ist die Kolloidgrafitschmierung grob dargestellt. Neben der ersichtlichen Ausfüllung von Unebenheiten tritt eine Adsorption von feinsten Grafitteilchen an das Metall ein, wodurch sich eine Schutzschicht bildet, welche ähnlich den Korrosionsschichten der Hochdruckschmiermittel die gegenseitige metallische Berührung erschwert und dem Schmierfilm besseres Haften ermöglicht.

[1]) Unter „Ultraschall" sei hier entgegen dem allgemeinen Sprachgebrauch nicht nur hochfrequenter Schall (z. B. über 20000) verstanden, bei welchem als Folge der hohen Frequenz die Steilheit der Wellen ein bestimmtes Maß überschreitet, sondern ganz allgemein solcher Schall, bei welchem (auch bei niedriger Frequenz) ein Stückchen der Welle die kritische starke Steigung zeigt, wodurch dann auch (z. B. beim Bosch-Schallwäscher oder bei dem Schmidtrohr (V 1) die für hochfrequenten Ultraschall bekannten und typischen eigenartigen Erscheinungen mehr oder weniger vollständig auftreten.

Eine Sonderheit bei tupfender Berührung sind die Ventile der Viertaktmotoren. Die Berührungsstellen zwischen Stößeln und Ventilschäften sind in der Regel gehärtet, manchmal ölhydraulisch entgiftet. In allen Fällen ist es sowohl für die Berührungsstellen zwischen Stößel und Ventilschaft, wie auch vor allem für den Ventilkegel vorteilhaft, wenn eine Rotation des Ventils stattfindet. Das gilt besonders für den heute üblichen Bleibenzinbetrieb. Solche Rotation kann dadurch erreicht werden, daß Stößel und Ventilschaft etwas außermittig und vielleicht auch nicht genau gefluchtet zu einander angeordnet werden. Man gibt der Angelegenheit aber solche Bedeutung, daß zwangsweise arbeitende Rotationsgeräte entwickelt wurden und in Gebrauch sind (Teves).

2. Wälzen

Die einfachste Bewegung nach dem Abheben ist das Wälzen, welches darin besteht, daß ein Wälzkörper auf einem anderen, der auch eben sein kann, abrollt, wobei die Berührungsorte sich je nachdem aus Punkten zu einer Linie oder aus Berührungslinien zu einer Fläche entwickeln (Kugel-, Walzen- und Nadellager). Das Wesentliche bei einer Wälzbewegung ist das Ausbleiben von Relativbewegungen der Reibkörper zueinander, von Gleitungen. Dieser Grenzfall wird weder bei Zahnrädern, noch bei Wälzlagern vollständig erreicht, im Gegenteil manchmal absichtlich vermieden. Reines Abwälzen beansprucht einen etwaigen Schmierfilm lediglich auf Durchdrücken, so daß es verhältnismäßig leicht zum pitting der Zahnräder, zu Abnutzungserscheinungen der Wälzlager kommt, während auch schon geringe Gleitungen vorteilhaft sind, sowohl etwa anwesende mechanische Verunreinigungen zerquetschen, als auch dynamische zusätzliche Tragfähigkeit von Schmierfilmen erzeugen können.

Charakteristisch für alle[1]) Wälzlager ist mithin die Empfindlichkeit auf mechanische Verunreinigungen. Das läßt die sog. „Drahtlager", abgesehen von ihrer Billigkeit und von ihrer Festigkeit gegen Erschütterungen[2]) deswegen aussichtsvoll auch für kleine Ausmaße erscheinen, weil sie feste Verunreinigungen leicht beseitigen können und außerdem nicht rein abwälzen, sondern teilweise gleiten.

Die Roll- oder Wälzreibung spielt bei Zahnrädern und anderen abwälzenden Mechanismen, sowie bei Kugellagern, Walzenlagern usw. die ausschlaggebende Rolle. Bei Zahnrädern muß man durch absichtliche Ungenauigkeiten der Konstruktion und der Fabrikation dafür sorgen, daß keine ganz exakte Abwälzung erfolgt, weil diese weder durch Schmierung, noch trocken besser zu befriedigen vermag, als Abwälzen mit ein wenig Gleitung. Ähnlich liegt der Fall bei Kugellagern und anderen Wälzkörperlagern, welche, falls sie ohne Käfig für die Wälzkörper funktionieren, einleuchtenderweise in sich durch Gegenbewegung mit doppelter Geschwindigkeit irgendwie gehemmt sind und bei denen die Anwendung von Käfigen zur Vermeidung dieses Mißstandes zu den wohlbekannten anderweiten Schwierigkeiten führen muß. Eine sehr elegante französische Lösung legt zwischen je zwei Wälzkörper zwei etwas kleinere, welche bei höherer Drehzahl durch die Zentrifugalkraft orientiert werden und so möglicherweise tatsächlich bessere Ordnung im Wälzlager schaffen.

---

[1]) Elastische Walzen (nach Hyatt aus Stahlblech gewickelt) haben sich nicht durchgesetzt, obwohl sie unempfindlich sind.

[2]) „Drahtlager" wurden von der optischen Industrie zuerst als Wälzlager entwickelt, welche große Durchmesser und kleine Belastungen haben (an optischen Geräten), um die Zerstörung durch Grübchenbildung auszuschalten, welche bei Schiffs- oder Eisenbahntransport als Folge der Erschütterungen bei Wälzlagern aller Art, auch Autokugellagern, zu beobachten ist. Sie beruhen darauf, daß die Wälzkörper mindestens eine der Laufbahnen durch erzwungene Kaltverformung von schmalen Gußstahldrähten sich selbst herstellen. Die Entwicklung dieser aussichtsreichen Konstruktion für kleine schnellaufende Wälzlager, Kugellager, Walzenlager, Nadellager läßt noch auf sich warten.

Trotz seiner prinzipiellen Unglaubhaftigkeit hat das Wälzlager aller Arten durch seine Leistungen gewaltige Verbreitung gefunden. Man möchte vermuten, daß eine Zukunftsentwicklung mehr dahin gehen wird, die bei Wälzreibung einander berührenden festen Stoffe zueinander gleitwillig und abriebfest zu wählen, als nach besonders günstigen Schmiermitteln zu suchen. Reine Wälzung ist etwas, das eigentlich ungeschmiert am besten funktionieren sollte.

3. Gleiten

Kennzeichnend für das Gleiten ist die Relativbewegung der Berührungsorte, welche sowohl beim Abheben wie beim Wälzen fehlt. Diese Relativbewegung ist das Entscheidende für das Gleiten. Entsprechend kann man unterscheiden zwischen einem Gleiten aus dem statischen Ruhezustand oder aus dem dynamischen Ruhezustand gleichförmigen Abrollens und einem Gleiten in Bewegung, im einzelnen auch von einem oszillierenden oder auch einem rotierenden Gleiten.

a) Gleiten aus der Ruhe

Um eine ruhende Maschine in Bewegung zu setzen, muß man sie „losbrechen". Ganz allgemein ist der Reibungsbeiwert der Ruhe höher als der Reibungsbeiwert der gleitenden Bewegung[1]).

Die Reibung der Ruhe beruht auf einem Ineinanderhaken der Unebenheiten der Reibflächen, darüber hinaus vielleicht auf einer thixotropischen Versteifung des dazwischen liegenden Schmiermittels, hinzu vielleicht auf einer Schwingungsharmonie der Moleküle u. Ä. m. — den Luftdruck nicht zu vergessen. Wie weit die Oberflächenbeschaffenheit nach chemischem Charakter dabei eine Rolle spielt, zeigen Messungen von W. F. Campbell[2]), welcher u. a. Stahl auf Stahl reiben ließ und dabei die Ruhreibung maß. Bei reinlichen Stahloberflächen betrug der Reibungsbeiwert 0,78. Schwefeln der Oberflächen senkte ihn auf 0,39, Oxydieren auf 0,27 und Verunreinigen mit Oleinsäure auf 0,11. Hierdurch ist die Eigenart des Schmierens schon für die Ruhreibung zu erkennen. Schmiermittel, mögen sie fest, flüssig oder gasförmig sein, müssen die relativ zueinander beweglichen Flächen daran verhindern, sich stereometrisch miteinander zu verhaken, physikalisch zu benetzen, chemisch zu vereinigen oder miteinander lokal zu verschweißen, ineinander zu diffundieren. „Entfremdung" durch das Schmiermittel tut not.

Der Reibungsbeiwert der Ruhe hat fahrpraktisch Bedeutung dann, wenn man bei Glatteis mit Steigungen oder Gefällen zu tun hat, sowohl für statische, wie dynamische Ruhe, im übrigen besonders Bedeutung für das „Losbrechen" kalter Maschinen beim Kaltstart.

b) Gleiten in Bewegung

Der Reibungsbeiwert der Ruhe ist größer als der Reibungsbeiwert des Gleitens, also der Bewegung. Das gilt schon für trockene Reibung. Das gilt erst recht für geschmierte Reibung dann, wenn die aufeinander gleitenden Flächen starr oder beweglich einen sich verengenden Schmierspalt bilden, so daß ein flüssiges Schmiermittel ein dynamisches Polster bildet, welches unmittelbare Berührung verhindert und durch laminare oder meistens turbulente Bewegung des Schmiermittels eine Art molekulares Kugellager für den Gleitvorgang besteht. Beim bewegten Gleiten gibt es nur zwei wunde Punkte, den Anfang und das Ende. In diesen beiden Punkten hört die selbsttätige Bildung dynamischen Tragvermögens des Schmiermittels auf. (Zylinderabnutzung, große Schädlichkeit des Starts im Vergleich zum Betrieb.)

---

[1]) Interessant ist dabei, daß bei rollender Reibung zwar die Reibung der relativen Ruhe, d. h. also des planmäßigen Abrollens, größer ist als diejenige der Relativbewegung (also des Rutschens), daß aber der höchste Reibungswert merkwürdigerweise bei etwa 10 %igem Gleiten vorliegt (wenigstens für luftbereifte Kraftfahrzeuge).

[2]) Vgl. von Philippovich, S. 150.

c) Oszillierendes Gleiten

Das erwähnte Aufhören der dynamischen Tragfähigkeit des Schmierfilms tritt bei oszillierendem Gleiten, für welches die Kolben unserer Verbrennungsmotoren typisch sind, zwangläufig regelmäßig ein. Bei der Bewegungsumkehr der Gleitkörper ist die Schmierung allein auf die Zähflüssigkeit und den sonstigen Durchdrückwiderstand des Schmierfilms angewiesen, während über den Kolbenlauf hin die dynamische Tragfähigkeit des Schmierfilms hinzukommt. Folgerichtig sind die Abnutzungserscheinungen von Kolbenmaschinen an den Umkehrpunkten oben und unten am stärksten. Ein sachgemäßes Schmieren oszillierender Mechanismen ist sozusagen überhaupt nicht möglich.

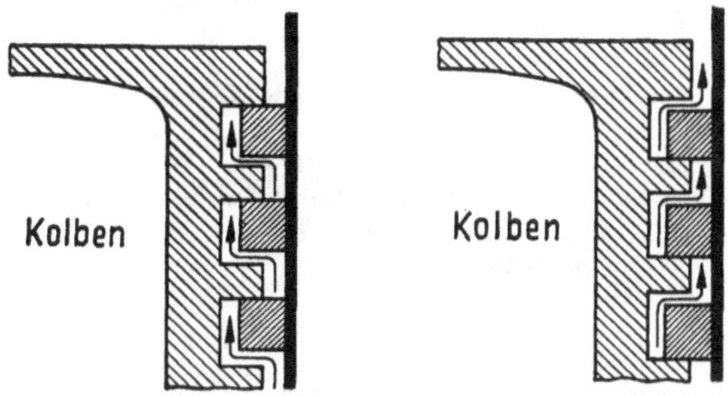

Bild 10. Kolbenring-„Pumpen" als Beispiel für die Eigenart oszillierenden Gleitens

d) Rotierendes Gleiten

Das übliche Gleiten im Maschinenbau hat rotierende Beschaffenheit. Typus dafür ist die im Gleitlager rotierende Welle. Eine solche Welle soll sich theoretisch in vollflüssiger Stützung bewegen, vollhydraulische Schmierung, Vollschmierung. Zugunsten eines solchen Zustandes wirkt es, daß ein rotierendes Gleitlager zugleich als intensive Mikropumpe wirkt, welche das flüssige Schmiermittel an den kritischen Stellen zu sehr hohen hydraulischen Drucken verdichtet. Darum ist es wichtig, diesen für den abnutzungsfreien und reibungsschwachen Lauf des Lagers entscheidenden Vorgang nicht etwa durch an unpassender Stelle angebrachte oder durch scharfe Kanten schmierfilmschabende Schmiernuten zu gefährden. Die Zähflüssigkeit des Schmiermittels spielt beim rotierenden Gleiten gegenüber der dynamischen Tragfähigkeit des Schmierfilms überhaupt keine Rolle. Das hatte Henry Ford schon vor ungefähr 50 Jahren begriffen. Neuerdings beginnt man das auch im ganzen Kraftfahrwesen einzusehen, so daß die Viskosität der üblichen Autoschmiermittel von früher einmal SAE 50 und 40 auf heute SAE 30, 20 und immer häufiger SAE 10 herabgeht. Wie wichtig das für die Energieökonomie ist, dafür sollte jeder Honigtopf oder jedes Teerfaß zwingend beweiskräftig sein. Der Versuch, in einem zähflüssigen Medium einen Löffel oder einen Stock rasch zu bewegen, stößt auf entscheidende Schwierigkeiten. Schmierung des rotierenden Gleitens hat lediglich die Aufgabe, als molekulares Kugellager gegenseitige Abnutzung von Welle und Lagerschale zu verringern oder zu verhindern. Dazu sind Haftfestigkeit und andere Eigenschaften des Schmiermittels wichtiger, als die früher im Vordergrunde des Interesses stehende Viskosität. Im Gegenteil erhöht hohe Viskosität meist durch ungenügende Kältefestigkeit das zum Losbrechen bei Kaltstart notwendige Drehmoment.

Wichtig ist hingegen der sog. „Viskositätsindex", d. h. die größere oder geringere Empfindlichkeit des Schmiermittels gegen Temperatursteigerung. Natürlich ist dasjenige Schmiermittel überlegen, welches unempfindlich auf Temperatursteigerung ist. Die Reihenfolge typischer Schmiermittel dabei ist die, daß Steinkohlenteeröl-Schmieröle sehr empfindlich, asphaltische oder naphthenische Erdöl-Schmieröle weniger empfindlich, rein paraffinische (z. B. pennsylvanische) Schmieröle besonders wenig empfindlich sind, und daß sich synthetisch Schmieröle herstellen lassen, welche allen natürlich vorkommenden Ölen oder ihren Bestandteilen hinsichtlich der Unempfindlichkeit der Zähflüssigkeit auf Temperatur überlegen sind.

Wichtiger noch aber als alle Zähflüssigkeitsfragen ist die Eigenschaft der Durchdrückfestigkeit, des Haftvermögens des Schmierfilms, der sog. „Oiliness", für welche es bislang weder ausreichend klare wissenschaftliche Definitionen, noch auch nur technologisch einwandfreie Meßverfahren gibt. Man weiß z. B. nur, daß höchst raffiniertes schneeweißes Erdöl (paraffinum liquidum) selbst bei paraffinischer Zusammensetzung miserable Schmiereigenschaften hat, etwa im Gegensatz zu vorsichtig raffinierten pennsylvanischen paraffinischen Erdölen oder zu naphthenischen Erdölen oder auch gar zu Rizinusöl oder Rindertalg.

Für das rotierende Gleiten bieten die Frössel-Lager[1]) neue aussichtsreiche Möglichkeiten.

Abnutzung

Abnutzung von geschmierten Gleitstellen erfolgt durch

1. Erosion (metallische Berührung, unvollkommene Schmierung),
2. Abrasion (harten Schmutz),
3. Korrosion (chemischen Angriff).

4. Verformen

Relativbewegungen zueinander können durch sich verformende Glieder gekuppelt sein — beispielsweise durch stählerne Blattfedern, elastische Drehstäbe usw. —, aber auch durch Kautschuk in seinen heute durch Ölfestigkeit, Temperaturunempfindlichkeit und Festhaften an Metall maschinell bequem verwendbaren Formen. Tatsächlich werden auch im Maschinenbau und im Kraftfahrbau zunehmend oszillierende Gelenke durch federnd verformende Glieder ersetzt, welche überhaupt keiner Schmierung bedürfen.

Betrachtet man die durch Verformung gekuppelten Relativbewegungen, dann möchte man diejenigen mit Kautschuk als den ungeschmierten, also reibenden Stoßdämpfern verwandte gedämpfte Kopplungen auffassen, hingegen diejenigen von Stahlblattfedern, Drehstäben usw. als ungedämpfte, im Vergleich also ungeschmierte Kopplungen.

Kopplungen durch Verformung lassen sich nur für nichtrotierende Zwecke einsetzen. Die ungedämpfte elastische Federung durch rein metallische Kopplungen läßt sich zahlenmäßig verhältnismäßig gut beherrschen. Größere Schwierigkeiten macht die gedämpfte federnde Kopplung z. B. durch Kautschuk. Kautschuk hat überhaupt in bezug auf seine Elastizität sehr interessante und besondere Eigenschaften, welche man in Sonderliteratur nachlesen kann. Wichtig ist, daß man bei dem üblicherweise benutzten massiven Kautschuk (im Gegensatz zu Kautschukschaum mit geschlossenen gasgefüllten Poren und Kautschukschwamm mit offenen luftgefüllten Poren) bei elastischen Formveränderungen mit keinen oder nur verschwindend kleinen Volumänderungen zu tun hat[2]).

[1]) Vgl. S. 245.

[2]) Das gilt sogar weitgehend für Luftbereifung, wobei man durch Cordfäden aus Textilstoffen oder Stahlseilchen die Elastizität längs der Kraftlinien nach Möglichkeit ausschaltet. Jedes „Wachsen" der Reifen ist unerwünscht. Die Kautschukelastizität wird eigentlich nur zur Anpassung des Luftschlauches benutzt. Die elastische Wirkung des Reifens kann man als „Formelastizität" verstehen. — Neuerdings sind von Päsler anläßlich der rheologischen Tagung 1952 höchst interessante Tatsachen über die innere Reibung mehr oder weniger fester Stoffe bei Verformung bekanntgegeben worden („Thermische Dämpfung in schwingenden festen Körpern" von M. Päsler, „Kolloid-Zeitschrift", Bd. 129, Dezember 1952, S. 65ff.). Ein einseitig eingespannter elastischer Stab kommt durch Dämpfung zur Ruhe, übrigens auch im Vakuum, so daß die Luftreibung nur eine Hilfsdämpfung bedeutet. Das Interessante ist nun, daß durch die Bewegungen des Stabes beiderseits Temperaturänderungen auftreten. Bei Stahl z.B. und anderen Stoffen mit positiven Ausdehnungsbeiwerten erfolgt auf der jeweils ver-

In diesem Zusammenhang muß auch das spanlose Verformen erwähnt werden, wie es etwa in der Gesenkschmiede aus rotwarmen Eisenknüppeln oder bei gewöhnlicher Temperatur an Blech unter Gesenken erfolgt. Bei solchen Verformungen spielt u. a. die innere Reibung bzw. Plastizität des zu verformenden Werkstoffs eine große Rolle. Wie schon die seltsamen Tatsachen beim Walzen[1]) zeigen, kann von einer intellektuellen Beherrschung dieses Gebietes noch nicht die Rede sein. Hier spielt unerklärte Erfahrungsweisheit noch eine große Rolle. Interessant in diesem Zusammenhang ist die Tatsache, daß neben anderen Schmiermitteln für das Ziehen von Drähten und Verformen von Blechen Phosphatschichten (Bondern oder Atramentieren) sich als ganz besonders nützlich erwiesen haben. Wie weit im einzelnen Fall der spanlosen Verformung Gleiten oder aber auch Haften an den verschiedenen Stellen erwünscht ist, ist ja eine Frage für sich.

5. Trennen

Das Trennen durch den schneidenden Stahl der Bank, des Fräsers, der Schnittschere usw. bedarf häufig auch der Schmierung. Allerdings gibt es — z. B. bei der Gesenkherstellung — Arbeitsverfahren, welche ohne jede Schmierung spanabhebend, schleifend oder anders trennend arbeiten. Umgekehrt stellt man für wenig hochwertige Automatenteile bleihaltige Automateneisen her, welche von sich aus sozusagen schmieren und die Zerspanung erleichtern. Über die Trennung, insbesondere durch Zerspanung ist sehr viel gearbeitet worden. Die Schmierprobleme in diesem Zusammenhang dürften sich dahin zusammenfassen, daß es sich darum handelt, lokales blitzartiges Verschweißen zwischen Schneide und Werkstoff zu verhindern, wozu einmal Temperaturerniedrigung (z. B. Kaltluftstrahl oder Tiefkühlung des Schneidöls), zum anderen geeignete Schneidöle dienen, welche durch Schwefelgehalt, polare Gruppen usw. besonders festhaftende Schmierfilme bzw. Schutzschichten gegen lokales Verschweißen (Schwefeleisen) bilden. Wässerige Emulsionen (von Bohrölen) werden häufig deshalb benutzt, weil das Wasser durch seine sehr hohe Verdampfungswärme besonders starke Kühlwirkung hat.

II. Arten der Schmierung

1. Trockenreibung oder Selbstschmierung

Trocken auf trocken reibt nach dem Coulomb'schen Gesetz nach seiner eigenen Gesetzlichkeit. Darüber hinaus kann man sagen, daß manche Trockenstoffe auf anderen leicht, andere weniger leicht reiben. Das hängt nach Umstätter mit der Schwingungsharmonie oder -disharmonie der Moleküle zusammen. Gußeisen auf Gußeisen arbeitet gut, Gußeisen auf Messing auch. Messing auf Messing arbeitet schlecht. So gibt es viele Erfahrungswerte.

Ein Graphitgehalt des Gußeisens hat sich als günstig erwiesen. Durch die Untersuchungen von Blok weiß man darüber Bescheid, daß ein hoher Reibungsbeiwert darauf beruht, daß lokale und momentane Temperaturspitzenwerte entstehen, welche momentanes lokales Verschweißen bewirken

dichteten Seite eine Temperatursteigerung, auf der gereckten eine kleine Temperatursenkung. Diese Temperaturverschiedenheiten unterliegen der Wärmeleitung über den Stabquerschnitt und dadurch einem gewissen dissipativen Ausgleich, dem bekannten eigenartigen Energieselbstmord der Wärme (und übrigens auch der Druckvolumenenergie), welcher sich bei anderen Energiearten nicht findet. Diese Wärmeleitung ist das Geheimnis der Dämpfung — ein wärmeisolierender Stoff muß hiernach eine viel kleinere Dämpfung haben. — Noch merkwürdiger wird die Sache bei Kautschuk, welcher ja einen negativen Wärmeausdehnungsbeiwert hat, sich also auf der gereckten Seite erwärmt und auf der verdichteten Seite abkühlt. Die Temperaturdifferenzen liegen also anders herum, der Effekt ist aber natürlich der gleiche.

[1]) Beim Walzen unterscheidet man „Längen" und „Breiten", wobei die überraschende Erfahrungstatsache gilt, daß bessere Haftung an den Walzen (Riffelung, kleinerer Durchmesser usw.) stärkere Breitung bedingt, mithin das Ausmaß der Längung eine Funktion der Schmierungsgüte zwischen Walze und Walzgut ist.

und bei gewaltsamer Lösung der vorübergehenden Schweißung Rauhigkeiten entstehen lassen. Umgekehrt es ist natürlich so, daß solche Stoffe, welche einander auch bei hoher Temperatur nicht zu benetzen vermögen, welche nicht miteinander verschweißen, gut aufeinanderlaufen, so etwa Stahl auf Glas. Entsprechend hat man es gelernt, durch geeignete Zusatzstoffe das Verschweißen zu erschweren oder zu verhindern. Eiserne Wellen z. B. werden nach alter praktischer Erfahrung bei Heißlauf durch Schwefelblume rasch gesundet. Elementarer Schwefel bewirkt das Entstehen von Schwefeleisen an lokalen hochtemperierten Spitzen. Schwefeleisen ist ein sicheres Mittel zur Verhinderung lokalen Verschweißens.

2. Trocken-Fremdschmierung

Damit ist der Übergang zur trockenen Fremdschmierung gegeben. Trockene Fremdschmierung besteht darin, daß entweder einer oder beide aufeinanderreibende Stoffe so verändert werden, daß sie lokal nicht miteinander verschweißen können oder aber daß zwischen beide Stoffe ein dritter Stoff gelegt wird, welcher unmittelbare Berührung und damit lokale Schweißung verhindert. Solche Stoffe sind bei Eisen und Rotguß, wie erwähnt, Schwefel und Schwefelverbindungen. Ganz primitiv sind uns diese Verhältnisse dadurch geläufig, daß wir Speckstein (Talkum) dazu benutzen, gegenseitiges Verkleben von Gummischichten miteinander zu verhindern. Genau das gleiche ist bei Metallschmierung Kolloidgraphit, welcher eine adsorbierte hauchfeine Graphoidschicht bildet, welche Benetzen und Verschweißen ausschließt und durch seine molekulare Flächenstruktur Gleitvorgänge begünstigt. Sehr ähnlich ist auch das Verfahren des Phosphatierens — Bondern, Atramentieren —, durch welches eine Eisenoberfläche mit Eisenphosphatkristallen durchwachsen wird, welche keinerlei Neigung zum Benetzen oder Fressen zeigen, im Gegenteil so abweisend sind, daß Phosphatieren sich z. B. beim Drahtziehen oder bei der Kaltverformung von Blechen als ganz besonders wertvoll erwiesen hat. Im Kraftfahrwesen findet man diese fundamentalen Tatsachen bei den sog. Additives wieder, welche durch Schwefelung oder Phosphatierung in sehr feinem Maße die Sicherheit des Schmierzustandes gegen Freßerscheinungen erhöhen.

Trocken-Fremdschmierung unserer Motoren ist noch Fernziel.

3. Fette

Bei den Fetten muß man unterscheiden zwischen wasserfreien und wasserhaltigen Fetten. Beide zeichnen sich dadurch aus, daß sie bei gewöhnlicher Temperatur nicht flüssig, sondern pastos sind, wobei manche — Heißlagerfette — diese Beschaffenheit bis zu Temperaturen von 100° und mehr beibehalten. Wasserfreie Fette sind oft Aufquellungen von Seifen in Mineralöl. Seifen sind Salze von organischen Säuren, welche man aus pflanzlichen oder tierischen Fetten, neuerdings auch aus synthetischen Stoffen gewinnt. Sie sind aschehaltig[1]), weil die Seifen ja organische Salze von Kalk, Natron oder Kali darstellen. Außerdem gibt es noch Emulsionsschmierfette auf Grundlage von Mineralöl, welche mit aschefreien Emulgatoren hergestellt sind, etwa 50% Wasser enthalten und aschefrei sind. Ganz allgemein muß man sagen, daß unsere heutigen Fette wissenschaftlich noch nicht klar sind. Staufferfette auf der Grundlage von Kalkwasser führen leicht zu harten, schleifenden Rückständen. Die Technik der Fette bedarf noch starker Entwicklung. Von Fetten wird sehr viel verlangt. Es gibt Sonderfette für heiße Kühlwasserpumpen, für Kupplungen, für Motorradketten und viele andere Zwecke mehr, ohne daß es bisher gelungen wäre, wirklich maßgebende Eigenschaften festzulegen.

---

[1]) Ausnahme: Ammoniakseifen.

4. Flüssige Schmierung

Die normale Schmierung im Maschinenbau und Kraftfahrwesen ist die flüssige Schmierung mit Öl, soweit es sich dabei um Gleitlager handelt. Bei Wälzlagern ist die Schmierung eine unsichere Sache. Sie wird sowohl mit Fetten — besonders Vaseline — wie auch mit reinen Ölen bewirkt. Weil Wälzlager eigentlich überhaupt keiner Schmierung bedürfen sollten, jegliche Schmierung im Gegenteil genau genommen eine Beeinträchtigung des Abwälzvorgangs ist, so kann dieser heutige Zustand der Wälzlagerschmierung nicht verwundern. Auf lange Sicht hinaus darf man erwarten, daß für die Wälzlager eine Trockenschmierung sich einführen wird, weil jede Flüssigkeitsschmierung naturgemäß den Wälzvorgang hemmen muß.

Überhaupt ist ja die flüssige Schmierung genau besehen ein Umweg. Im besten Grenzfall kann die hydrodynamische flüssige Schmierung entweder sich laminar oder turbulent (wälzlagerartig) zwischen die beiden aufeinander gleitenden Flächen einschalten. Sehr viel einfacher wäre es, wenn die molekulare Beschaffenheit der beiden aufeinander gleitenden Stoffe oder allenfalls die Wirkung der auf den Oberflächen adsorbierten Gasschichten eine reibungsarme oder reibungsfreie Relativbewegung gestatten würde[1]).

Das ist praktisch leider in der Regel nicht der Fall. Die flüssige Schmierung dient mithin lediglich dazu, die trockene Reibung zu entgiften und verlustarme Relativbeweglichkeit zu ermöglichen.

Ausgegangen sind die menschlichen Erfahrungen dieser Art wahrscheinlich davon, daß man auf Eis ausglitt, daß Wasser oder gar Fett („Wachs" der Hausfrauen!) die Haftung des Fußes auf der Diele verringerten, daß schließlich Speckschwarten, Olivenöl, Rizinusöl und andere „natürliche" Schmiermittel die Reibung der verschiedensten Dinge verringerten.

Tatsächlich sind auch heute noch die pflanzlichen und die tierischen Schmiermittel, also Talg, Olivenöl, Rizinusöl usw., die etwa besten bekannten Schmiermittel, soweit es sich um den Schmiereffekt als solchen handelt. Leider haben sie unangenehme andere Eigenschaften, also z. B. Korrosion von Metallen, Gallert- und Harzbildung usw., welche sie im Maschinenbau und ganz besonders im Motorenwesen unerfreulich erscheinen lassen. Bei der Verwendung als Motorschmiermittel spielt der Umstand eine Rolle, daß sie bei der Verbrennung unerfreulich riechende Abgase (Acroleine) und schwer lösliche verpichende Harze liefern (z. B. Rizinusöl).

Die hervorragende Schmierfähigkeit der natürlichen Öle beruht aber gerade auf ihrer Fähigkeit zum Korrodieren. Just deshalb, weil sie das Metall der Welle oder der Lagerschale chemisch angreifen, sitzt der von ihnen hergestellte Schmierfilm so ganz besonders fest und läßt sich auch durch hohen mechanischen Druck nicht wegdrücken. Damit ist das Fundament aller Schmierung ausgesprochen. Ein wirklich festsitzender Schmierfilm kann sich nur vermöge polarer Gruppen oder anderer chemischer Aggression derartig fest verankern, wie es ausgezeichnete Schmiereignung eben erfordert. Darum hat man zwar Talg, Olivenöl, Rizinusöl usw. als Schmiermittel verlassen, ihr Prinzip der polaren Gruppen aber beibehalten. Ölsäure, Naphthensäure und andere aggressive Stoffe sind das Fundament der Schmierwirkung unserer besten Öle.

Abgesehen von dieser chemischen Seite der flüssigen Schmiermittel ist die physikalische hydrodynamische Seite sehr zu beachten. In einem rotierenden Gleitlager bildet sich durch die Pumpwirkung der Welle ein Druckberg, auf welchem die Welle gleichsam schwebt.

Die Viskosität des flüssigen Schmiermittels, die Zähflüssigkeit, ist demgegenüber verhältnismäßig bedeutungslos. Einmal sinkt die Viskosität sehr stark mit steigender Temperatur. In laufenden Gleitlagern sind lokal erstaunlich hohe Temperaturen. Je besser ein Schmieröl seine Viskosität bei hoher Temperatur beibehält, je höher sein Viskositätsindex, seine Polhöhe

[1]) Für sehr hohe Drehzahlen — > 10000/min — gibt es derartige Luft- oder Gasschmierung.

ist, um so vergleichsweise günstiger muß es genannt werden. Paraffinische Öle aus pennsylvanischen Grundstoffen sind in dieser Hinsicht besonders günstig, naphthenische Öle russischer Herkunft weniger günstig, asphaltische Öle noch ungünstiger und die sog. Teerfettöle aus aromatischen Steinkohlenteeren am schlechtesten überhaupt.

Dickflüssige Öle sind Unsinn. Die Dickflüssigkeit eines Öles bei gewöhnlicher Temperatur sagt natürlich nichts aus über die Veränderung der Viskosität mit der Temperatur. Mithin sind Öle zu empfehlen, welche erstens dünnflüssig sind und zweitens (hoher Viskositätsindex, hohe Polhöhe) durch Steigerung der Temperatur ihre Viskosität möglichst wenig einbüßen.

Natürlich hat man es versucht, die wundervollen Eigenschaften der „natürlichen" — als pflanzlichen oder tierischen — Schmieröle ohne Übertragung ihrer unangenehmen Eigenschaften mit denjenigen der Mineralöle zu vereinigen. So hat man durch Oxydation von Rizinusöl, das ein ausgezeichneter, aber leider unlösliche Gallerten bildender Schmierstoff ist, das sog. „Derizin" hergestellt, welches als Zusatz zu hochwertigen Mineralölen die Aktivität liefert, ohne die Schäden wirksam werden zu lassen.

5. HPL-Schmierung

Wie erwähnt, ist ausgezeichnete Schmierung von Korrosion nicht zu trennen. Je schwieriger die Schmieraufgabe, um so stärker notwendig die Korrosion. Schwierigste Schmieraufgaben boten z. B. die Spiralantriebe von Hinterbrücken. Man begann mit Fischtran und ähnlichen äußerst primitiven Schmiermitteln, weil man mit den neuzeitlichen Schmiermitteln nicht zurechtkam. Das führte dahin, daß man „high pressure lubricants", Hochdruckschmiermittel, entwickelt, welche durch Gehalt an Chlor, Schwefel, Phosphor usw. just dasjenige Maß an Korrosion herstellten, welches zur Vermeidung von Fressen bei der übermäßigen Beanspruchung erforderlich war. Von diesem Extrem der HPL-Schmierung rückwärts gehend ist man dann zu den HD-Ölen für Dieselmotoren und zu den Premium-Ölen für normale Motoren gelangt, welche unter entsprechender Verringerung der Korrosionsstärke das gleiche Prinzip wirkungsvoll zur Geltung brachten.

6. Ölfilter

Öl ist im Grunde ein Konstruktionsteil der Maschine und dürfte mithin nicht verbraucht werden. Daß Öl verbraucht wird, hat seinen Grund nicht in der Schmieraufgabe des Öles, sondern in Unvollkommenheiten unserer Einrichtungen, also in Undichtigkeiten und in Möglichkeiten, Öl zu verbrennen. Außerdem kann Schmieröl abgenutzt werden, besonders verschmutzen und altern.

Geht man von solchen Überlegungen aus, dann ist offenbar die dosierende Frischölschmierung, wie sie etwa der alte kleine Hanomag hatte, oder wie sie in verschleierter Form die heutigen Zweitaktmotoren mit Mischungsschmierung haben, das einzig Richtige. Tatsächlich wird aber der Kraftfahrbau beherrscht von der Umlaufschmierung, d. h. dem Vorhandensein eines größeren Ölsumpfes, aus welchem durch eine Druckpumpe (meist Zahnradpumpe) Öl angesaugt und unter Druck durch die Schmierstellen gepumpt wird. Dieses eigentümliche Schmierverfahren hat seinen Grund darin, daß im Kraftfahrbau viele Lager der dauernden Wärmeabfuhr durch einen Ölstrom bedürfen.

Geht man von der Tatsache eines Ölstromes aus, dann sind die Bedingungen für einen betriebspraktisch befriedigenden Ölstrom darin zu sehen, daß der Ölstrom erstens eine geeignete Temperatur (nicht zu kalt wegen Flüssigkeit, nicht zu heiß wegen Wärmeabfuhr) hat, zum anderen aber rein ist. Die Reinheit eines umlaufenden Öles bezieht sich einesteils auf chemische Reinheit — von Säure, Asphalt usw. — zum anderen aber und vor allem auf physikalische Reinheit, also Freiheit von Eisenteilchen, Staubteilchen u. dgl. m. Für die Reinheit des Schmierölstroms haben die Ölfilter zu sorgen[1]).

Früher, als die Motoren noch nicht so exakt und uhrwerksmäßig hergestellt wurden, wie heute, beschränkte man sich darauf, größere mechanische Verunreinigungen abzusieben, wozu Schwerkraftsümpfe und Drahtnetzfilter ausreichten. Heute wird für den feinen Mechanismus unserer Motoren zum Teil eine sehr viel feinere Ölreinigung angewendet. Es gibt sowohl äußerst feine Drahtfilter, als auch (Hele Shaw) Filter, bei welchen das Öl

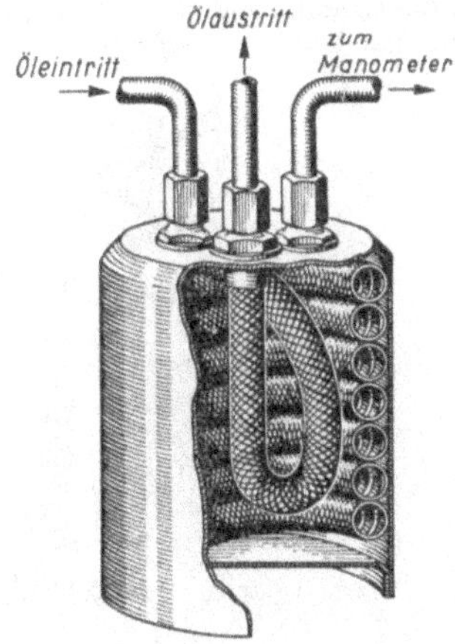

Bild 11. Schlauchfilter

zwischen aufeinandergeschichteten Papierscheiben hindurchquellen muß, sodann Drahtfilter, wie endlich Adsorptionsfilter, bei welchen adsorbierende Stoffe, wie A-Kohle, Fullererde, aktiver Ton und andere Filtermassen, auf der Wacht liegen. Solche adsorbierenden Filter, zu denen auch schon die Hele-Shaw-Filter mehr oder weniger gezählt werden müssen, sind allerdings nicht unbedenklich insofern, als sie aus dem Schmieröl nicht nur schädliche, sondern auch schmierwesentliche Bestandteile (z. B. auch Additives) herausadsorbieren können[2]).

[1]) Mit dem Aufkommen der Autobahnen, welche die Motoren der Kraftfahrzeuge in bis dahin nicht bekannter Weise längere Zeiträume hoch beanspruchten, entstand der Begriff der „Autobahnfestigkeit". Wenn die Schmieröltemperatur im Lager über rund 100° steigt, dann pflegt bei üblichen Schmierölen die Schmierfilmfestigkeit nicht mehr auszureichen. Es steigt dann der Aschegehalt des Schmieröls (zerriebener Motor) rasch an und es kommt dann leicht zu ausgelaufenen Pleuellagern. So ist eigentlich erst mit der Autobahn der Ölkühler zu einem häufigen Bestandteil des Kraftwagens — so z. B. auch des VW — geworden. Die Mischungsschmierung der Zweitakter ist insofern überlegen. Noch besser wären wärmegesunde Lager und dosierende Frischölschmierung.

Umgekehrt ist wegen Leichtgang und Ausatmen von Siedeschwänzen ausreichend hohe Öltemperatur — Optimum etwa 70° C — richtig. Starkes Durchlüften des Ölsumpfes schädigt das Öl. Schwaches Vakuum ist günstig und läßt Undichtigkeiten trocken bleiben. In Deutschland hat sich an der 100°-Grenze auch nichts durch die neuzeitliche Heißkühlung geändert, bei der das Wasserkühlerventil erst bei +0,5 atü = 110° C abbläst. In USA hält man Öltemperaturen von 160—250° F (100—160° C) für richtig, was sich mit der geringen Belastung der großen Motoren erklären dürfte.

[2]) Ähnlich den Hele-Shaw-Filtern aus hochkantbeanspruchten Papierscheibenstößen gibt es auch Filter aus dünnen Messingblechscheiben, welche durch kleine Unebenheiten Filterspalte exakt bilden (sog. Spaltfilter). Man ist im übrigen heute gar nicht so sicher darüber, ob möglichst vollkommenes Filtern des umlaufenden Öls richtig ist oder nicht viel mehr zu scharfes Filtern zu betrüblichen Schwierigkeiten führen kann. — In jedem Filter muß ein Schlammsack zum Abscheiden von Wasser und Schmutz durch die Schwerkraft sein. Bei Gasmotoren benutzt man mit bestem Erfolg Zentrifugen. Siehe auch den besonderen Abschnitt im II. Band.

Neuerdings wird das Magnetfilter[1]) vereinzelt angewendet. Es enthält einen Stopfen oder ein U aus neuzeitlichen überstarken Permanentmagneten und hat die Beschaffenheit, aus dem Öl alle eisenhaltigen oder anders magnetischen Teilchen herauszulocken und festzuhalten, wobei als sehr erfreuliche Nebenwirkung zusammen mit den magnetischen Teilchen auch andere Verunreinigungen (Fasern usw.) festgehalten werden.

Ölfilter können im Hauptstrom oder im Nebenschluß angeordnet werden. Zuverlässiger für die Ölreinigung ist die Anordnung im Hauptstrom. Wichtig ist in jedem Fall ein Umleitungsweg, welcher im Falle der Verstopfung des Filters dafür sorgt, daß die Schmierung nicht versagt. Unreine Schmierung ist immer noch besser als gar keine Schmierung.

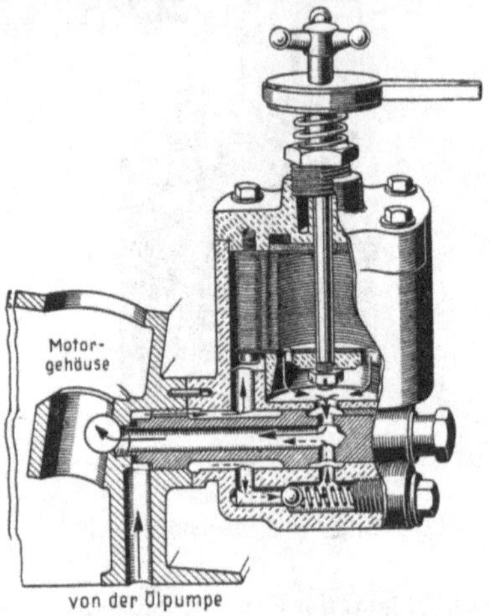

Bild 12. Spaltfilter
(Überdruckventil beachten, das bei Verstopfung das Filter kurz schließt)

Obwohl, wie erwähnt, Schmieröl im Grunde ein Konstruktionsteil des Motors ist, also sozusagen beliebig lange Lebensdauer haben sollte, muß man tatsächlich doch sowohl mit einem gewissen Ölverbrauch (durch Verbrennen), als auch vor allem mit einer qualitativen Verschlechterung des Schmieröls durch den Gebrauch rechnen. Ob in dem Maße, als Motoren und Schmieröl immer besser werden, man die Lebensdauer des Schmieröls im Motor verlängern wird, erscheint fraglich. Heute beträgt sie einige tausend Kilometer. Es ist billiger, nach einigen tausend Kilometern das Öl gegen neues auszuwechseln, als etwaige Schwierigkeiten (durch verdorbenes Öl) zu bezahlen. Im Winter spielt die Ölverdünnung durch unverbrannte Siedeschwänze eine gewisse Rolle, im Sommer mehr die Verunreinigung durch Straßenstaub als Folge ungenügender Wartung des Luftfilters. Im Sommer und im Winter ist aber die Alterung des Öls durch die dauernde Behandlung mit den Stichflammen der motorischen Verbrennung heute noch in ihrer schädlichen Wirkung nicht aufzuhalten. Es gibt bis heute noch kein Ölfilter, welches den Ölwechsel ersetzen könnte.

Bei den Zweitaktmotoren ist 4prozentiger Ölverbrauch in bezug auf den Kraftstoffverbrauch üblich. Bei Viertaktmotoren beträgt der Ölverbrauch im Durchschnitt einschließlich Ölwechsel 2—3% des Kraftstoffverbrauchs.

[1]) Fiat (serienmäßig in Motor und Getriebe). — Neben Alni-Stahl und Verwandten dürfte künftig das Ferroxdure (Fe + Ba) von Philips, vielleicht auch der neue französische Reineisen-Starkmagnet eine Rolle spielen. — Magnetfilter: Argo, Knecht, Mann.

III. Herkommen und Herstellung von Schmiermitteln

1. Aus Erdöl herausholen

Hauptquelle für heute übliche Schmiermittel ist das Erdöl. Im Erdöl sind wertvollste Schmierstoffe — Kohlenwasserstoffe — enthalten. Als besonders günstig galt und gilt paraffinisches Erdöl, wie man es besonders in Pennsylvania gewann. Aber auch die russischen und rumänischen naphthenischen Schmieröle gelten als besonders hochwertig. Über alle natürlichen Schmierölqualitäten hinaus hat man aber synthetische Schmieröle sowohl in Ableitung von Naphthalin, wie auch durch Synthese und Hochdruckhydrierung gewonnen, deren Eigenschaften von keinem natürlichen Erdöl oder einem seiner Bestandteile auch nur annähernd erreicht werden. Da solche künstlichen Schmierstoffe bis heute aber noch zu teuer sind, beherrschen aus Erdöl hergestellte Schmierstoffe nach wie vor den Markt.

Bei der Herstellung von Schmierstoffen, insbesondere Schmieröl aus Erdöl, gilt es, die schmierwesentlichen Anteile herauszugewinnen und schmiergleichgültige, ganz besonders auch schmierschädliche, Anteile zu beseitigen, vor allem aber natürlich schmierkostbare Anteile nicht zu beschädigen.

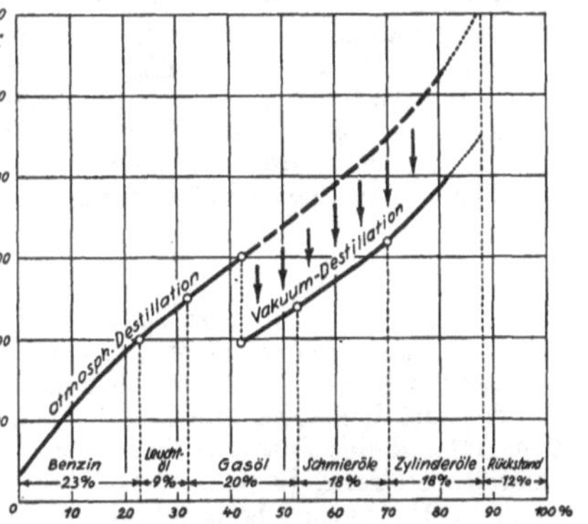

Bild 13. Aufteilung eines gemischt-basischen Rohöls durch Destillation

Wie bei der Kraftstoffherstellung ist die thermische Trennung des Erdöls in seine Bestandteile durch Destillation ein wesentliches Mittel. Da aber Schmieröle bei hohen Temperaturen destillieren und bei diesen hohen Temperaturen leicht durch Wärmezersetzung geschädigt werden, wendet man zur Erleichterung der Destillation, in anderen Worten zur Herabsetzung der Destillationstemperaturen, Wasserdampf und Vakuum [1]) an. Trotzdem ist oft der Rückstand der Destillation der Grundstoff für die Herstellung der Schmieröle.

Ein solcher Destillationsrückstand enthält nun zwar die gewünschten Schmierstoffe, außerdem aber Asphalte und viele andere für Schmierzwecke durchaus unerwünschten Stoffe. Früher pflegte man das rohe Schmieröl mit konzentrierter Schwefelsäure zu raffinieren, wobei die chemisch leichter angreifbaren unerwünschten Stoffe mit der konzentrierten Schwefelsäure zu einem Säureteer zusammengingen. Auch wendete man adsorbierende Raffiniermittel, wie Fullererde, Aktivkohle usw. an, welche unerwünschte Bestandteile festhielten. Seit einigen Jahren hat man aber vorteilhaftere Raffinationsverfahren gefunden. Man behandelt das rohe Schmieröl mit Lösungsmitteln, nach neueren Verfahren mit zwei Lösungsmitteln gleichzeitig, von denen das eine die schmierfeindlichen Stoffe, das andere die schmierfreundlichen Stoffe besonders gut löst (Duosol-Verfahren). Beispielsweise löst Kresol

[1]) Seit Everett von der Vacuum-Co.

die schmierfeindlichen Asphalte vortrefflich, während Propan-Butan (Flüssiggas) ein ausgezeichnetes Lösungsmittel für die schmierfreundlichen Stoffe ist. In ähnlicher Weise wird unter Benutzung von Kälte das Schmieröl auch von einem unerwünschten, weil die Kältefestigkeit beeinträchtigenden Paraffingehalt befreit. Daß man darüber hinaus gelegentlich Schmieröle auch noch durch Zusatz von Farbstoffen färbt oder gar parfümiert, ist durchaus überflüssig.

2. Wandlung zur Schmierölerzeugung

Während eine Raffination nur im Rohstoff bereits fertig vorhandene Schmierstoffe freilegt und von unerwünschten Begleitern befreit, sind neuzeitliche Verfahren der Schmierölfabrikation dahin entwickelt worden, die Rohstoffe zu wandeln. Beispielsweise kann man durch Hochdruckhydrieren neuartige Schmierstoffe herstellen. Ein anderes wichtiges Verfahren ist das von der Shell seit langen Jahren benutzte Voltol-Verfahren, die Behandlung von Schmierstoffen mit stillen elektrischen Entladungen, wodurch neuartige hochwertige Schmiereigenschaften entstehen.

3. Synthese von Schmierölen

Schmieröle lassen sich natürlich auch synthetisch herstellen, beispielsweise nach Fischer-Tropsch aus den gasförmigen Bausteinen Kohlenoxyd und Wasserstoff. Wie stets, wenn der Mensch über die Nachahmung der Naturvorgänge hinausgeht, gelingt es auch hier, Schmierstoffe von in der Natur nicht vorkommenden Qualitäten herzustellen. Auch aus Naphthalin und Aluminiumchlorid kann man synthetische Schmierstoffe wertvollster Beschaffenheit erzeugen.

4. Additives

Das natürliche Schmieröl aus Erdöl hat viele wertvolle Eigenschaften. Diese kann man vernichten, wenn man das Erdöl zu gut raffiniert (paraffinum liquidum). Man kann aber nicht nur durch vorsichtiges Raffinieren die wertvollen Eigenschaften des natürlichen Schmieröls erhalten, sondern man kann auch durch verhältnismäßig kleine Zusätze (bis 4 oder 5%) die guten Eigenschaften des Schmieröles steigern, ja diesem vollkommen neue wertvolle Eigenschaften verleihen. Im natürlichen Schmieröl gibt es in winzigen Spuren z. B. Stoffe („Ölharze"), welche wesentlich sowohl für das Haften, wie das Verhalten in Gleitengen sind, übrigens auch gegen das Verschwinden der Zähigkeit bei hohen Temperaturen oder das vorzeitige Steifwerden bei niedrigen Temperaturen. Zusätze, wie Oppanol und Paraflow, verbessern den Viskositätsindex (also die Viskosität bei hohen Temperaturen) oder den Kältepunkt (das Erstarren bei niedrigen Temperaturen). Ähnlich wirken natürliche und künstliche Kautschukarten.

Klarheit besteht darüber, daß gutes Schmieren mit Korrosion eng verschwistert ist. Ein Schmierfilm kann nur mit ein wenig Korrosion genügend fest auf dem Metall sitzen. Es kommt hinzu, daß man das für das Fressen verantwortliche lokale Verschweißen durch bewußt erzeugte Korrosionsschichten verhindern kann, mögen diese nun als Graphoidschichten durch kolloiden Graphit nur aufgeklebt sein oder durch Schwefel, den jeder alte Maschinist als Mittel gegen Heißläufer kennt, als Schwefeleisen in Erscheinung treten. Außer Schwefel ist auch Phosphor in verschiedensten Formen als Additive sehr beliebt. Von friedlicheren polaren Gruppen seien Ölsäure und Naphthensäure genannt. Darüber hinaus gibt es Ionenpuffer, welche allzu aggressive Säure wegfangen, mag sie nun durch Verbrennung von Kraftstoffschwefel entstehen oder von dem Halogensäureüberschuß des Bleibenzins herrühren. Weiterhin gibt es Additives, welche Ölkohle lösen und Schlamm suspendieren, so daß er sich nicht störend absetzt, es sei denn im Filter. Noch weiter gibt es Additives, welche korrodierend Schutzschichten erzeugen, und andere, welche als Korrosionsschutz sich betätigen. Das Gebiet der Additives ist weit und mannigfaltig. Heute gleicht es noch einer

Schmetterlingssammlung, so daß man klare einfache Richtlinien noch nicht erkennen kann. Tatsache ist aber, daß man mit HD-Additives und Premium-Additives empfindliche Verbesserungen der Schmieröle für den praktischen Gebrauch erreicht. Da die Zweitaktmotoren mit ihren Wälzlagern u. U. korrosionsanfällig sind, hat man die neuen selbstmischenden Zweitaktschmieröle (z. B. „BV-Zweitakt, selbstmischend, strukturmechanisch veredelt") mit korrosionsschützenden Ionenpuffern ausgerüstet.

5. Silikone

Es ist sehr merkwürdig, daß ausgerechnet Kohlenwasserstoffe bisher unsere angeblich besten Schmiermittel sind, — obwohl man weiß, daß Kolloidgraphit oder Eisenphosphat oder Talkum, um nur einige feste Stoffe zu nennen, ebenfalls ausgezeichnete Schmiermittel sein können, — oder daß Wasser auf Gummi, wie es bei manchen Laboratoriumsgeräten Anwendung findet, auch ein vorzügliches Schmiermittel ist. So kann man sich nur darüber wundern, daß man nicht schon früher, sondern neuerdings darauf gekommen ist, nach ganz anderen Schmiermitteln zu suchen. Auf lange Sicht hofft man im Motorbau auf trockene pulverige Schmiermittel. Vorläufig sind wir nur zu den Silikonen, den vom Quarz sich ableitenden flüssigen und halbflüssigen Schmiermitteln gekommen.

Ebenso wie das Blei im Tetraäthylblei oder das Eisen im Eisenkarbonyl zum flüchtigen Stoff wird, ganz ebenso gelingt es, den spröden Quarz bzw. das schwarze splittrige Silizium zu schlüpfrigen Schmiermitteln zu wandeln. Diese Silikone — organische Verbindungen des Siliziums — haben neuartige schmiertechnische Eigenschaften. Sie sind insbesondere nicht so temperaturempfindlich, wie die Kohlenwasserstoffe dies sind. Sie sind noch teuer, so daß man sie für den praktischen Kraftfahrzeugbetrieb noch nicht verwendet. Für die Zukunft dürfte auch für unsere Motoren aus dem Gebiet der Silikone etwas zu erwarten sein, sofern man das Ascheproblem (Bildung von schleifendem Quarz bei der Verbrennung) zu beherrschen vermag.

6. Pflanzliche und tierische Schmiermittel

Obwohl das Erdöl uns die heute allgemein üblichen Motorschmiermittel und auch sonstigen Schmiermittel liefert, kann kein Zweifel darüber bestehen, daß Klauenfett und Olivenöl, Rizinusöl u. dgl. die erheblich besseren Schmiermittel sind. Wir benutzen sie nicht im Motor, weil ihre Verbrennungsprodukte unangenehm stinken und weil sie durch Wärmezersetzung leicht Stoffe entstehen lassen, welche unsere Motoren so zusammenkleben, daß ein neuer Kaltstart auf Schwierigkeiten stößt. Trotzdem ist Rizinusöl und sind kohlenwasserstofföllöslich gemachte Rizinuspräparate wegen ihrer besonderen Schmierfähigkeit bekannt. Auch heute noch riecht man auf Autorennstrecken oft den charakteristischen Duft verbrannten Rizinusöles.

Das hat seinen Grund darin, daß tierische und pflanzliche Fette stärker korrodieren und darum im Schmierfilm fester haften, als rein „mineralische" Öle. Trotzdem ist es bis heute nicht gelungen, pflanzliche und tierische Schmiermittel für den Kraftfahrbedarf zu organisieren. Frankreich hat sich mit seinem in Nordafrika reichlich anfallenden Olivenöl viel Mühe in diesem Zusammenhang gegeben, bislang ohne wirtschaftlichen Erfolg.

7. Feste Schmiermittel

Ein Schmierstoff hat die Aufgabe, Verfestigung zwischen zwei in der Regel metallischen Teilen zu verhindern. Es ist kein Grund einzusehen, daß ein solcher Schmierstoff ausgesprochen flüssig sein muß. Gasförmige Schmiermittel haben sich für Sonderfälle (hohe Drehzahlen) bestens bewährt. Feste Schmierstoffe sind die Sehnsucht vieler Konstrukteure. Kolloidgraphit, Speckstein und ähnliche Dinge zeigen den Weg. Gängig gemacht worden ist er bis heute leider noch nicht.

Wohingegen der Ersatz von schmierbedürftigen Gelenken — im Gegensatz zu den schmierbedürftigen Rotationen — durch trockene Elastizität und sogar durch trockene Reibung bereits gelungen ist. In den sog. Öllos-lagern werden bescheidene Gelenkigkeiten, wie an Federn, durch graphithaltige stopfbüchsenähnliche Packungen befriedigend aufgenommen. Theoretisch überzeugender und praktisch wertvoller ist die Aufnahme oszillierender Bewegungen durch federnde Stahlelemente oder Kautschukteile.

8. Halbfeste Schmiermittel

Vom Maschinenbau her haben sich in den Kraftfahrbetrieb halbfeste Schmiermittel mehr oder weniger eingeschlichen. Für die Fahrgestellschmierung ist man allerdings von der früher üblichen Schmierung mit Staufferfett (durch Kalkseifen verfestigt) abgekommen und zieht heute entweder die WV-Zentralschmierung mit Öl oder wenigstens eine Druckschmierung mit verhältnismäßig dünnem und meist seifefreiem Fett vor. Auch aus den Getrieben verdrängen Öle die Fettmischungen. Hingegen sind für die Stopfbüchsen der Wasserpumpe temperaturfeste Fette[1]) noch schwer zu entbehren. Für Wälzlager der elektrischen Maschinen ist Vaseline ein wertvolles Schmiermittel. Für Uhren, Tachometer usw. gibt es noch nichts besseres als das (tierische) Klauenöl. Kurzum: Für Sonderaufgaben ist die Schmiertechnik noch nicht genügend entwickelt.

9. Warum verbrennt das Schmieröl im Motor nicht?

Tatsächlich verbrennt das Schmieröl im Motor. Bei Zweitaktmotoren ist das sogar zwingend; sie müssen irgendwie ihre 4% Schmierölzusatz verbrennen, verdampfen oder anders los werden. Aber auch bei Umlaufschmierung gibt es gelegentliche Ölwolken und einen realen Ölverbrauch durch anteilige Verbrennung des Schmieröls.

Zwischen dem Schmieröl und den Verbrennungsräumen eines Motors bestehen viel innigere Beziehungen, als den allgemeinen Anschauungen entspricht. Wenn man mit überkühlter Maschine und überfettetem Vergaser fährt, dann kann man im Otto-Motor sehr leicht den Schmierölvorrat im Kurbelgehäuse scheinbar vermehren, indem sich 10% und mehr Siedeschwänze im umlaufenden Öl ansammeln. Ebenso leicht kann man aber durch hohe Betriebstemperaturen und magere Vergasereinstellung den Ölvorrat im Kurbelgehäuse zunächst um die Siedeschwänze und dann sogar noch darüber hinaus verringern. Es ist klar, daß Schmieröl allenfalls verdampfen, bestimmt aber nicht verbrennen kann, wenn im Verbrennungsraum kein Sauerstoffüberschuß vorliegt.

Etwas anders liegen die Verhältnisse bei der Umlaufschmierung von Dieselmotoren. Hier liegt stets im Brennraum ein Sauerstoffüberschuß vor, so daß die leichtest verbrennlichen Bestandteile des Schmieröls durch die Stichflammen der motorischen Verbrennung herausgeholt und verbrannt werden. Während also Otto-Schmieröl meist durch aufgefangene Siedeschwänze sich im Laufe der Zeit verdünnt, pflegt Dieselmotor-Schmieröl im Verbrauch immer zähflüssiger zu werden. Es kommt hinzu, daß bei der Dieselverbrennung bekanntlich sehr leicht durch örtliche Fettigkeiten oder gar Überschreiten der Rauchgrenze Ruß entsteht, welcher sich im Schmieröl ansammelt und dieses weiter verdickt. Der Otto-Motor kommt bekanntlich im Gegensatz zum Dieselmotor nur sehr schwer zum Rußen und reagiert auf Überfettung mit der Bildung des für das Öl uninteressanten, unsichtbaren und giftigen Kohlenoxydgases.

---

[1]) Die Metallseifen, welche in Mineralöl aufgequollen „Fette" bilden, werden mit Na, K, Ca, Mg, Ba, Al und Li hergestellt. Die letzteren sind die teuersten, aber besten.

Nun kann man natürlich Motoren mit dem an sich ja doch durchaus verbrennlichen Schmieröl auch als „Kraftstoff“ betreiben. Bei Glühkopfmotoren und Dieselmotoren macht das — im Gegensatz zu Otto-Motoren — sogar keineswegs besondere Schwierigkeiten und ist oft genug versehentlich geschehen. Schmieröl ist also im Motor verbrennlich, sogar gut verbrennlich. Warum verbrennt es bei normaler Verwendung nur in so winzigen Anteilen?

Der Grund dafür ist ungemein einfach, obwohl selten erwähnt: Es handelt sich einfach um die Reaktionsfläche zwischen Kraftstoff und Luft. Fein vernebeltes auch hochsiedendes Öl ist sehr leicht verbrennlich. Dieselkraftstoff etwa aus einer Blumenspritze zerstäubt, gibt mit dem Streichholz angesteckt eine rauschende Stichflamme. Im Motor ist das Schmieröl aber in keiner Weise zerstäubt und infolgedessen auch nur spurenweise verbrennlich.

10. Strukturmechanisch veredelt

Schmierung ist eine mechanische Angelegenheit. Chemisch allerdings sind es Fragen, wie gut das Schmieröl sich durch polare Gruppen in das Metall der Lagerflächen einkrallt, wie gut gegenseitiges örtliches Verschweißen und entsprechende Freßerscheinungen durch chemische Bildung verschweißungshindernder Trennflächen ausgeschlossen wird, wie stark durch chemische Schwäche des Schmieröls Alterung, Asphaltbildung und andere unerfreuliche Wandlungen in ihm vorgehen. Physikalisch — mechanisch — ist aber die Schmierwirkung des Schmiermittels selbst. Sie ist ein Gleiten auf hydraulischen Druckspitzen oder ein Rollen auf hydraulischen Kugellagern. Das mechanische Verhalten eines Schmiermittels beruht auf seinen physikalischen Eigenschaften. So einfach, wie diese auf den ersten Blick erscheinen, so verzwickt und mannigfaltig sind sie bei näherer Besichtigung. Die physikalische Struktur eines Schmiermittels ist für sein Wirken von ausschlaggebender Bedeutung. Sie zu verbessern, ist der Sinn der strukturmechanischen Veredelung. Veredelung ist ein klarer deutscher Begriff. Er bedeutet nicht Wandel des Charakters, sondern nur Steigerung oder Verbesserung bereits vorhandener Eigenschaften. Nur kann man sich auf den ersten Blick schwer vorstellen, daß und wie an der Strukturmechanik eines Schmieröls irgendetwas veredelt werden könne.

Tatsächlich liegen hier die merkwürdigsten Tatsachen in reicher Fülle vor, die eigentlich jeder kennt, über die man sich nur noch nicht genügend gewundert hat. Die Fähigkeit zum Wundern ist aber nach Ernst Mach eine der wichtigsten Voraussetzungen für naturwissenschaftliche Erkenntnis.

Beispielsweise gibt es doch nichts Flüssigeres als Wasser. Wer aber in der Schwimmanstalt vom Sprungbrett mit dem Bauch auf das Wasser klatscht, der lernt sehr schnell und eindringlich, daß die Fluidität des Wassers zwar erheblich ist, bei hoher Geschwindigkeit aber sich in scheinbare Starrheit und Festigkeit verwandelt. Ähnlich ist es in anderem Zusammenhang, wenn man Gletscher aus an sich so sprödem Eis, wenn man sprödes Pech oder gar das splitterige Glas unter dem Einfluß genügend großer Zeiträume sich als Flüssigkeiten verhalten sieht, oder aber mit einem scharfen Gasstrahl so starke mechanische Wirkungen vollführt, wie sie schon kaum mehr Flüssigkeitsstrahlen, sondern eigentlich nur der Wucht fester Körper zuzutrauen sind. Im physikalisch-chemischen Kolleg wird ein hübscher Versuch mit Kohlensäuregas in Glasgeräten vorgeführt, bei welchem Gas in Flüssigkeit und umgekehrt verwandelt wird, ohne daß man je die Grenzfläche des Wandlungsvorgangs sehen kann. Kurzum: gasförmig, flüssig, fest, — das sind Zustände, welche stetig ineinander übergehen können und infolgedessen mit Vorsicht zu behandeln sind.

Schmieröl ist flüssig. Ausmaß seiner Fluidität ist die sog. Zähigkeit oder Viskosität, welche man mit Geräten nach Engler, Redwood, Vogel, Saybolt, Ubbelohde, Wilhelm Ostwald usw. ganz exakt messen kann. Bei diesen Messungen stellt sich aber überraschenderweise heraus, daß jeden Morgen die erste Viskositätsbestimmung eine deutlich größere Zähigkeit ergibt, als die zweite, dritte, vierte und fünfte. Über Nacht nimmt jedes

Schmieröl eine zusätzliche Zähigkeit an, welche nur vorübergehend ist und bei Bewegung verschwindet. Diese höchst seltsame Tatsache nennt man „Thixotropie". Sie findet sich bei sehr vielen Flüssigkeiten und auch Gemengen (Betonmasse). Interessanterweise gibt es auch das Gegenteil davon, das Zähflüssigerwerden beim Umrühren, die „Rheopexie".

Dieses Dünnflüssigerwerden von Schmierölen bei Bewegung kann man mit dem Kolloidchemiker Wolfgang Ostwald darauf zurückführen, daß in dem Öl irgendwelche Stoffe sind, welche bei Ruhe Wabenstruktur oder irgendetwas Derartiges bilden und so die Viskosität erhöhen. Wolfgang Ostwald nannte diese Erscheinung daher „Strukturviskosität".

Vom Erdöl her, welches durch sehr scharfes Raffinieren (paraffinum liquidum) seine wertvollsten Schmierfähigkeiten verliert, weiß man, daß mengenmäßig sehr kleine Bestandteile des Erdöls (sog. „Ölharze") wesentlich für den Schmiercharakter, im übrigen auch für den sog. „Viskositätsindex" oder die „Polhöhe", d. h. das Ausmaß der Verflüssigung bei Temperaturerhöhung sind. Umgekehrt hat man gelernt, durch sehr kleine Zusätze bestimmter hochmolekularer Stoffe — „Oppanol" der ehemaligen I.G. — den Viskositätsindex entscheidend zu verbessern und durch kleine Zusätze anderer Stoffe — z. B. „Paraflow" — bei Kälte das Versteifen des Schmieröls entscheidend zu verringern. Das alles aber sind Sachen, welche über den Begriff der Strukturviskosität weit hinausgehen und deshalb nach Hans Umstätter zweckmäßig „strukturmechanische" Eingriffe genannt werden.

So ist die Fließkunde oder Rheologie nicht nur für Schmieröle, sondern ganz allgemein zu einer ungemein interessanten und wertvollen Wissenschaft geworden[1]). Strukturmechanische Veredelung von Schmierölen, wie der BV sie durch die angedeuteten und andere Mittel betreibt, bildet nur ein Sonderkapitel dieses großen Fachgebietes. Auch neuzeitliche Additives verschiedenster Art, welche die Benetzung der Metallflächen durch das Schmieröl verbessern, Ölkohle lösen und suspendiert erhalten und noch so manches andere können, können insofern als „strukturmechanische Veredelung" gelten.

Abhängigkeiten der Zähigkeit (= Viskosität = 1 : Fluidität)

Erscheinung	Verdeutschung	Üblicher Fachausdruck	gemessen durch	Zeitfunktion
Absinken der Viskosität bei höheren Temperaturen[1])	Temperaturverflüssigung	—	Viskositätsindex, Polhöhe	statisch und dynamisch
Steigen der Viskosität unter Druck[1])	Druckverfestigung	—	—	statisch und dynamisch
Sinken der Viskosität bei hoher Geschwindigkeit	Fließverflüssigung	Strukturviskosität	Viskosität bezogen auf Geschwindigkeitsgefälle	dynamisch
Steigen der Viskosität mit der Geschwindigkeit	Fließverfestigung	Rheopexie	Viskosität bezogen auf Geschwindigkeitsgefälle	dynamisch
Verdickung in Ruhe	Ruheverfestigung	Thixotropie	Viskosität ausgeruhten Öles	statisch
Verdünnung bei Ruhe	Ruheverflüssigung	Dilatanz	Viskosität ausgeruhter Systeme	statisch

[1]) Normales Verhalten unserer Schmieröle

11. Altöl, regeneriertes Öl

Schmieröl ist, wie erwähnt, im Grunde ein Bauteil, kaum ein sich verbrauchender Betriebsstoff. Tatsächlich ist es ja praktisch auch so, daß bei den Viertaktmotoren — im Gegensatz zu den 4% Schmieröl verbrauchenden

[1]) Vgl. z.B. Hans Umstätter, „Strukturmechanik".

Zweitaktern — Schmierölverluste nur prozentweise eintreten und nach je einigen tausend Kilometern ein „Auswechseln" des Schmieröls eintritt. Dieses Auswechseln ist heute bestens organisiert. Es geschieht natürlich aus warmem Motor und — was bei einzelnen Motoren wichtig ist — so, daß mehr oder weniger heimliche Sümpfe mit abgelassen oder ausgewaschen werden. Die Frage des „Spülöls" ist noch nicht so ganz fest entschieden. Spülen mit dem gleichen Öl ist jedenfalls bestimmt besser, als Spülen mit einem dünneren Öl. In jedem Fall aber gibt es beim Ölwechsel große Mengen von Altöl.

Dieses Altöl ist bei Ottomotoren mit einigen Prozenten Siedeschwänzen verdünnt, bei Dieselmotoren mit Ruß verschmutzt und durch Verlust einiger Prozente der leichtest siedenden Bestandteile verdickt, in beiden Fällen mit organischer Säure durch Verbrennung des Öls und mit anorganischen Säuren — Schwefelsäure aus Schwefelgehalt der Kraftstoffe, gegebenenfalls auch Salzsäure und Bromwasserstoff aus Bleibenzin — verunreinigt. Außerdem findet sich im Altöl Wasser und allerhand Schlamm. Trotzdem ist das Altöl eigentlich zu schade zum Verheizen, obwohl es dafür vielfach benutzt wird.

Regenerieren von Altöl ist erstens eine organisatorische Frage und zweitens eine keineswegs einfache chemische Angelegenheit. Organisatorisch ist es zunächst natürlich richtig, wenn man Altöl genau gleicher Herkunft und Betriebsart sammelt. Chemisch ist die Schwierigkeit die, daß man beim Nachraffinerieren leicht nicht nur unerwünschte Bestandteile, wie Siedeschwänze, Ruß und Asphalt, entfernt, sondern auch gerade diejenigen Wirkstoffe, welche nur in Spuren vorhanden, aber eben entscheidend wirksam sind.

So ist das Regenerieren von Altöl heute immer noch eine Kunst. Es ist roh, wenn man Altöl in warm gelagerten Fässern sich von Wasser und Schlamm selbst befreien läßt, um es dann zur Verfestigung von Sandwegen oder als Heizöl zu verbrauchen. Aber der Ankauf von regeneriertem Öl ist eine reine Vertrauenssache, welche sehr teuer zu stehen kommen kann.

Etwas ganz anderes ist es natürlich, wenn Kraftstoffgroßbetriebe mit konstanten Ölverhältnissen ihr Altöl sammeln und unter chemischer Aufsicht regenerieren (Post, Bahn usw.). Das kann vorteilhaft sein.

12. Oiliness?

So gründlich der Schmiervorgang von Technikern und Wissenschaftlern auch untersucht ist, so wenig ist man auch heute noch über den Inbegriff des Schmiervorgangs, die sog. Oiliness, der flüssigen Schmiermittel im Bilde. Kein Zweifel darüber, daß z. B. Rizinusöl oder Klauenöl bessere Schmiermittel sind, als alle unsere anderen Schmieröle, daß man nur eben ihre bessere Öligkeit, ihr besseres Schmiervermögen mit lästigen anderen Eigenschaften (Korrosion, Klebstoffbildung usw.) bezahlen muß.

Es gibt Hunderte von Ölprüfmaschinen. Erwähnenswert darunter ist besonders der Vierkugelapparat von Boerlage (vgl. **Bild 5, S. 243**), welcher die sog. HPL-Eigenschaften von Schmiermitteln reproduzierbar mißt. Vier Stahlkugeln werden unter hohem Druck gerieben, bis sie fressen. Dieses Fressen tritt dann weniger rasch ein, wenn HPL-Schmiermittel, d. h. praktisch gesprochen solche Schmiermittel Verwendung finden, welche die Oberflächen korrodieren und dadurch mit schweißverhindernden Überzügen versehen, also etwa tierische und pflanzliche Öle, Schmiermittel mit einem Gehalt von aktivem Schwefel oder gar Halogen-Wasserstoffsäuren oder aktiv werdenden Halogen-Kohlenstoffverbindungen. Es ist ein erschütternder Versuch, wenn man auf einer solchen Ölprüfmaschine z. B. ein ganz gewöhnliches Schmieröl durch Zusatz winziger Mengen von Tetrachlorkohlenstoff oder Schwefel als HPL-Schmiermittel sich auswirken läßt.

Es besteht Einigkeit darüber, daß diese HPL-Schmiereigenschaften — welche z. B. alle unsere Viertakt-Schmieröle durch den Umgang mit Bleibenzin heute haben — nicht kennzeichnend für die Oiliness oder anders die Schmiergüte eines Öls sind.

Auf der Suche nach Möglichkeiten, die Schmiergüte, Oiliness, eines Schmiermittels zu messen[1]), kommt man leicht darauf, daß beim Walzen in den Stahlwerken oder beim Ziehen in den Drahtwerken, beim Verformen in den Blechpressen eigenartige Schmiervorgänge erfolgen, welche vielleicht das Geheimnis zu lüften vermögen. Beim Walzen z. B. verhält es sich nach bisherigen Forschungen so, daß die Längung ein Maß für Glätte und Schlüpfrigkeit, die Breitung des Walzgutes ein Maß für Rauhheit und Reibfestigkeit der Walzen ist. Man könnte sich denken, daß man auf dieser Grundlage dem Begriff der Oiliness messend näher kommen könnte.

Liste der wichtigsten Ölprüfmaschinen zur Messung der „Schmierfähigkeit" von Ölen

(Nach Dr.-Ing. Heinz Glaubitz, ATM, Dezember 1951)

Erbauer	Gerät	Prinzip
Boerlage und Broeze. . .	Vierkugelapparat	4 Lagerkugeln
Almen	Almen-Wieland-Maschine	2 Lagerschalen auf Welle
Ford	Falex-Maschine	2 Prismen und Welle
Thoma	Thoma-Maschine	2 gekreuzte Wellen
Heidebroek	Zahnradanordnung	2 Zahnräder
v. Soden, Friedrichshafen.	Zahnradprüfstand	2 Zahnräder
Kluge (PTA)	Grenzreibungsmaschine	Platte und Stift
—	SAE-Maschine	2 Walzen parallel
Timken	Timken-Maschine	Walze und Platte
Heidebroek	Abreißzähigkeitsprüfer	2 Platten

12. Ölqualm

Ölqualm bei Viertaktmotoren gibt es heute selten. Er ist nur dann möglich, wenn die Kolben bzw. Zylinder sehr ausgeschlissen sind und bei den üblichen fetten Gemischen im Ottomotor Verdampfen von heraufgepumptem Öl stattfindet, was zu weißlich-blauen Auspuffwolken führt. (Bei Dieselmotoren gibt es auch noch außer dem berüchtigten Schwarznebel und dem erwähnten blauen Ölqualm einen besonders nachts sehr lästig auffallenden weißen Qualm bei mehr oder weniger starkem Versagen einer Einspritzdüse.)

Wohingegen Zweitaktmotoren mit ihrer 4prozentigen Mischungsschmierung sehr merkwürdigerweise dazu neigen, bei scharfem Herannehmen starke Ölqualmwolken zu hinterlassen. Diese dürfte nur zum kleinen Teil auf Kurbelgehäusekondensate zurückzuführen sein, zum größeren auf Öldepots in den Schmutzkrusten des Auspuffsystems, welche bei schärferem Herannehmen des Motors erhitzt werden und dann ihr Öl qualmend verdampfen.

13. Einfahren

Lange Jahrzehnte hindurch war vorsichtiges Einfahren neuer oder neu ausgeschliffener Motoren über Tausende von Kilometern Vorschrift und Mode. Man setzte dem Kraftstoff vorsorglich Öl zu, wechselte das Öl oft und beanspruchte den Motor möglichst wenig. Es gab und gibt noch besondere „Einfahröle", welche dünnflüssig sind und wohl auch Zusätze enthalten.

Heute ist von Einfahren kaum mehr die Rede. Dazu wirken mehrere Dinge zusammen:

Die Kolbenhemden werden mit hauchfeinen Schichten von Zinn, Kolloidgraphit u. dgl. überzogen, um ein Fressen zu erschweren, andererseits die Feinanpassung von Kolbenhemd und Zylinderbahn aneinander zu erleichtern. Kolbenringe, welche auf der Arbeitsfläche verchromt sind, erweisen sich in gußeisernen Laufbüchsen als besonders unempfindlich und haltbar. Umgekehrt ist es der Firma Mahle gelungen, Aluminiumzylinder derart innen zu verchromen, daß das an sich gegen Öl widerspenstige Chrom dieses annimmt. In solchen Zylindern haben die Kolbenringe eiserne (nicht verchromte) Arbeitsflächen. Zu diesen Maßnahmen kommt aber vor allem

[1]) Vgl. besonders das Heydebroek-Gerät S. 235.

noch das sogenannte Cadillac-Verfahren der Motorenbehandlung, welches von Opel, Mercedes und wohl auch anderen Werken seit langer Zeit serienmäßig angewendet wird. Es besteht darin, daß der auf dem Bremsstand laufende neue Motor mit heißem Schmieröl unter hohem Druck sozusagen ausgewaschen wird. Das Kurbelgehäuse wird dabei dauernd entleert. Das ablaufende Öl fließt großen Behältern zu und wird durch Zentrifugen vom Schmutzinhalt befreit und in gereinigter Form in den Kreislauf zurückgeschickt. Bei dieser Zwangswäsche wird vor allem jede Spur von Schmutz — möge es sich um Formsand handeln, der von der Innenlackierung des Kurbelgehäuses nicht erfaßt wurde, um Textilfasern aus der Fabrikation oder und ganz besonders um Abrieb aus diesem Einlaufvorgang unter ganz besonders harten, aber doch für die Gesundheit des Motors ungefährlichen Bedingungen. Der Erfolg dieser Behandlung der neuen Motoren besteht darin, daß sie nach Einbau in das Fahrgestell praktisch sogleich voll herangenommen werden können. Sie sind eingelaufen.

14. Kolbenringstecken, Lackbildung, Schlamm und Ölkohle

Für das Kolbenringstecken sind durch Oxydation und Polymerisation des Schmieröls bei der Behandlung mit den Stichflammen der motorischen Verbrennung im Motor entstandener Asphalt und außerdem häufig noch Schwefel aus dem Kraftstoff verantwortlich. Sind beide in erheblicher Menge vorhanden, dann wird sozusagen der Asphalt durch den Schwefel vulkanisiert, und es entstehen ganz besonders unangenehme und unlösliche Massen, welche die Kolbenringe so fest in ihre Rinnen neu einkitten, daß man diese meist nur durch Zerstörung der Ringe freibekommen kann. Ähnlich sind die Ursachen für die sehr unangenehme Lackbildung, die Schlammbildung und die manchmal zudem noch durch Crackprodukte des Kraftstoffs oder Gumgehalts des Kraftstoffs begünstigte Ölkohlebildung. Analysen von lackiger Ölkohle ergaben

$$\begin{aligned} 2{,}5-6{,}0\%\ &H, \\ 70-78\%\ &C, \\ 16-28\%\ &O. \end{aligned}$$

Das zeigt daß bei der Bildung dieser festen Stoffe Wasserstoff weggebrannt und Sauerstoff eingetreten, also Oxydation erfolgt ist.

Die neuen Premiumöle und für Dieselmotoren HD-Öle besitzen nicht nur die Fähigkeit, das Entstehen der unerfreulichen Feststoffe zu verhindern oder mindestens zu verlangsamen, sondern darüber hinaus auch diejenige, vorhandene solche Stoffe zu lösen. Deshalb muß man bei gebrauchten Motoren die Ölfilter häufig reinigen und das Öl häufig wechseln, wenn man von gewöhnlichem Öl zu Premiumöl oder HD-Öl übergeht.

15. Obenschmieröl

Der Zusatz von etwas Schmieröl zum Kraftstoff ist bei Ottomotoren von je bekannt. Bei normaler, also neutraler oder etwas fetter Vergasereinstellung verbrennt das Öl nicht, sondern schlägt sich nieder, so daß es den Kolben von oben her schmieren kann. Bei Zweitaktmotoren pflegt ja die ganze Schmierung auf im Kraftstoff gelösten Öl zu beruhen. Man hat nun (Speedoil usw.) besondere Obenschmieröl eentwickelt, welche erstens sehr dünnflüssig sind und zweitens alkalische oder Ionenpuffer-Bestandteile enthalten, so daß eine lösende Wirkung des Obenschmieröls auf etwaige Ölkohle bei den Kolbenringen, eine bessere Benetzung und eine Neutralisation etwa entstehender Säuren (schweflige Säure, Salpetersäure) denkbar ist. Jedenfalls haben in schwierigen Fällen Obenschmieröle dieser Art sich bewährt, während sie in vielen anderen Fällen keine nachweisbaren Wirkungen zeigen. Ähnlich hat man dem Kraftstoff auch ein wenig Kolloidgraphit zugesetzt; man ist nicht sicher, ob sich das lohnt. Nicht zu verwechseln sind solche ersten Zusätze mit gewissen Geheimmitteln, welche oft Naphthalin enthalten und bei denen irgendwelche günstige Wirkung auch in schwierigen Fällen sich nicht nachweisen ließ.

Beim Dieselmotor, welcher in oxydierender Atmosphäre verbrennt, haben Obenschmieröle natürlich gar keinen Sinn. Wohl aber ist Kadmer der Meinung, daß es Zusätze für Dieselkraftstoffe gibt, welche sozusagen die Düsennadeln schmieren und leichter beweglich machen, — auch im Verkoken hemmen, — ja sogar bereits entstandenen Teer allmählich weglösen.

16. Neuzeitliche Zweitaktöle

Heutige Zweitaktöle müssen zusätzlich folgende Eigenschaften haben:

1. Gutes Lösungsvermögen,
2. Anti-Korrosions-Wirkung,
3. Selbstmischung.

Das gute Lösungsvermögen ist nötig, weil Gum aus mangelhaften Kraftstoffen, aber auch sonst alles Mögliche sich mit Vorliebe im Pleuel-Nadellager ansammelt und dieses festsetzt. Erreicht wird das gute Lösungsvermögen u. a. durch Vorverdünnung mit Spindelöl, Petroleum u. dgl.

Die Vorverdünnung bringt aber zugleich die Eigenschaften des „Selbstmischens", so daß Eingießen des Öls in den Tank nicht zur Abscheidung auf dem Tankboden, sondern zur Auflösung im Kraftstoff führt (Stufenregel).

Die Antikorrosionswirkung ist notwendig, weil die Kurbelgehäusetemperatur leicht unter dem Taupunkt (von etwa 65° C) bleibt, was zu wäßriger Benetzung des Nadellagers (und der anderen Teile) und zusammen mit am Kolben durchschlagenden Verbrennungsgasen zumal bei Bleibenzinbetrieb zu Korrosionen führen kann — und zeitweise epidemisch geführt hat. Ionenpuffernde oder alkalische Additives beseitigen diese Störungsmöglichkeit zuverlässig.

17. Gefettete Öle

Pflanzliche und auch tierische Öle sind in bezug auf Festsitzen des Schmierfilms und überhaupt auf Schmierfähigkeit besonders hochwertig. Drum benutzte man früher für Rennwagen reines Rizinusöl. Solcher Betrieb ist aber unzweckmäßig, weil sich durch die Behandlung mit den Stichflammen der Verbrennung nicht nur korrodierende Produkte bilden, sondern vor allem zähe Massen, welche nicht ohne weiteres wieder aufgelöst werden können und den erkalteten Motor sozusagen fixieren. Mischungen von Rizinusöl mit Mineralöl sind nicht möglich, weil sie einander nicht lösen. Durch Wärmebehandlung kann man aber Rizinusöl in das mineralöllösliche „Derizin" verwandeln, welches als Zusatz zum Mineralöl für Rennöle und ähnliche Zwecke viel benutzt wird. Zu den gefetteten Ölen kann man wohl aber auch solche zählen, welche aus Mineralölen durch kleine Zusätze von Fettsäure, Naphthensäure o. dgl. entstehen.

18. Voltol

Die Shell stellt — nicht mehr in Deutschland — besonders gut benetzende und auch sonst hochwertige gefettete Öle dadurch her, daß sie ein Gemisch von Mineralöl und fettem Öl oder Paraffin bei 70° im Vakuum elektrischen Entladungen aussetzt. Unter Freiwerden von Wasserstoffgas treten dabei Polymerisationen ein, welche den Ölcharakter verbessern.

19. Näheres über Additives (vgl. Nr. 4)

Unter „Additives" versteht man alle Zusätze zu Schmierölen, welche Eigenschaften verbessern, Lästigkeiten hemmen, also etwa auch Dericin, Bleinaphthenat (im Caratsch-Öl), Naphthensäuren oder -ester oder Salze, Metallseifen usw.

Im einzelnen unterscheidet man etwa:

1. Oxydationsinhibitoren, wie Hydrochinon, Pyrogallol usw.
2. Korrosionsinhibitoren, z. B. Phenylamine.
3. Stockpunktserniedriger, z. B. Paraflow.
4. VI-Verbesserer, z. B. Oppanol.
5. Antischaummittel, z. B. Silikone.
6. Korrosionshemmer, z. B. Ester, Seifen, Ionenpuffer.
7. Oiliness-Verbesserer, z. B. Naphthensäureester.
8. Farbstoffe.
9. Dispersants and Detergents, Emulgatoren gegen Schlamm.
10. Hochdruckzusätze, z. B. Tributylphosphat.

Im einzelnen werden aber noch ganz andere Zusätze, besonders in neuzeitlichen Premium- und HD-Ölen gemacht, wie nachstehende Beispielliste zeigt:

1. organische Schwefelverbindungen,
2. Phosphorverbindungen, wie Tricresylphosphat,
3. Phosphorschwefelverbindungen,
4. Amin- und Phenolderivate,
5. Aliminiumnaphthenate,
6. Kalziumphenolstearate,
7. Kalziumdichlorostearat,
8. Kalziumalkylsalizylat,
9. Erdalkali-Petroleumsulfonate,
10. organische Bariumsalze, auch mit Schwefel.
11. komplizierte Zinkverbindungen.

Das ganze Gebiet ist noch in Entwicklung. Asche und Schwefel sind an sich nicht erwünscht, aber für die angestrebten Vorteile oft nicht zu umgehen.

20. Getriebe-Öle

Früher verwendete man Gemische von dicken Mineralölen mit Staufferfett. Auch das Shell-Ambroleum, das für DKW-Getriebe sozusagen unentbehrlich war und seine Sonderheit wohl einem Gehalt an Kautschuk oder dgl. verdankte, war sehr viskos. Aber schon sehr früh — z. B. Hupmobile 1913 — begann man, für Motor und Getriebe das gleiche Öl, oft sogar mit gemeinsamem Ölkreislauf, zu verwenden. Heute werden die Getriebeöle zunehmend dünnflüssiger.

Für schwierige Getriebe und Hinterbrücken werden sog. Hypoidöle (mit hpl.-Charakter) benutzt.

21. Öl für hydrauliche Kupplungen und Wandler

Dünnflüssiges Spindelöl.

22. Hydraulikflüssigkeiten

Früher wurde Rizinusöl benutzt. Heute sind Gemische, die oft rizinusölhaltig sind, üblich. Andere Bestandteile sind Glyzerin, Glykol und seine Derivate und Isobutylalkohol.

23. Stoßdämpferöl

Stoßdämpferöl ist kein eigentliches Öl, sondern ein kompliziertes Gemisch. Früher war Verträglichkeit mit Gummi ausschlaggebend. Bei den heutigen Kautschuksorten hat dieser Gesichtspunkt an Bedeutung verloren.

Ähnliches gilt für die Bremsflüssigkeit.

24. Sprühöl, Penetrationsöl, Rostschutzöle und Korrosionsschutzöle für Kühlwasser

Als Sprühöle benutzt man leichte Spindelöle (zum Einsprühen des Autobauches, aber auch gelegentlich zum Reinigen von Motorrädern, ja sogar Karosserien).

Penetrationsöle, welche die Beschaffenheit haben, in Engen hineinzukriechen und Rost zu lösen, pflegen Tetralin und Kolloidgraphit zu enthalten. Außerdem gegebenenfalls Netzmittel und Ähnliches.

Rostschutzöle enthalten darüber hinaus alkalische oder ionenpuffernde Bestandteile.

Ähnlich zusammengesetzt, nur emulgierend, sind die Korrosionsschutzöle für Kühlwasser.

25. Schneidöle und Bohröle

Man unterscheidet reine Öle und wäßrige Emulsionen. Kreislauf mit Reinigung und Kühlung empfehlenswert. Bei reinen Ölen kann die Kühlung durch künstliche Kälte vorteilhaft sehr weit getrieben werden.

Als reine Bohröle benutzte man früher getoptes schwefelhaltiges Erdöl, — neuerdings meist dünnflüssige Öle, denen man HPL-Eigenschaften durch einen Zusatz verliehen hat. Für Sonderzwecke finden auch Petroleum und Olivenöl Verwendung.

Als Emulsion benutzte man früher einfach Seifenwasser. Heute sind synthetische emulgierbare Schmierstoffe üblich. Bei der Herstellung der Emulsion ist die Stufenregel zu beachten, d. h. zunächst eine verhältnismäßig konzentrierte Voremulsion herzustellen.

26. Härteöle

Zum Härten benutzt man je nach Umständen ausgewählte Mineralöle, Petroleum, auch Rüböl, — im übrigen ja auch Wasser und Salzlösungen.

IV. Eigenschaften, Untersuchung und Beschaffenheitsregeln von Schmierstoffen

Eigenschaften von Schmierstoffen

Wichtig	Unwichtig
Viskosität	Wichte
Temperaturfestigkeit der Viskosität (VJ; Polhöhe)	(außer für Analyse)
Kälteverhalten (Fließbarkeit, Stockpunkt)	spezifische Wärme (~ 0,5)
Tropfpunkt	
wasserstoffreich (paraffinisch oder naphthenisch)	Wärmeausdehnung (~ 7/10000)
Filmfestigkeit („Oiliness“)	Farbe (Schönung durch Farbstoffzusatz)
nicht korrodierend	
Verseifungszahl (Maßstab für den Gehalt an Fettöl)	Geruch
chemisch neutral (p_H ~7)	
ionenpuffernd (säurefangend)	Flammpunkt (außer für Analyse)
satzfrei	
aschearm oder -frei	
alterungsbeständig (Asphalt, Säure)	Brennpunkt (außer für Analyse)
wenig koksbildend (Conradson, Hammerich)	
wenig und friedliche Ölkohle, keine Gallertbildung	Heizwert
wenig schäumend	
nicht emulgierend	
nicht schlammbildend	
nicht lackbildend	
gut lösend	
gut benetzend (für Isolieröl Durchschlagsfestigkeit)	

Viskosität und Viskositätsindex

Die Zähflüssigkeit (Viskosität) von Schmierölen gilt als eine der wichtigen Eigenschaften der Schmieröle. Es bleibe dahingestellt, ob dem wirklich so ist. Viskosität ist eine Funktion der Zeit oder anders ausgedrückt der

Geschwindigkeit. Wasser ist für schnelle Bewegungen hart, ja fest, für langsame Bewegungen dünnflüssig. Entsprechend wird ein Schmierfilm bei Zahnrädern auf ruhiges Durchdrücken beansprucht, wohingegen in Gleitlagern das durch die Relativgeschwindigkeit auf Druck gebrachte Schmieröl recht unabhängig von der Viskosität die Last der Welle auf sich nimmt.

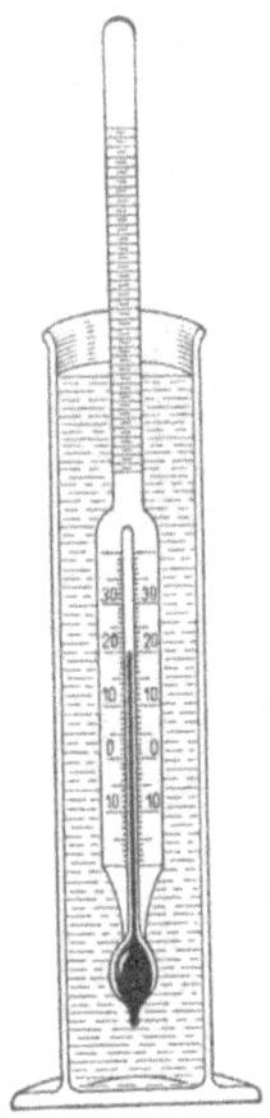

Bild 14
Spindeln der Wichte eines Öles

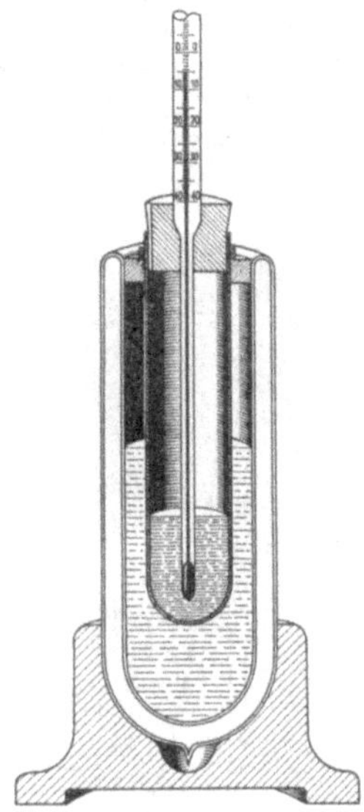

Bild 15
Stockpunkt-Bestimmung

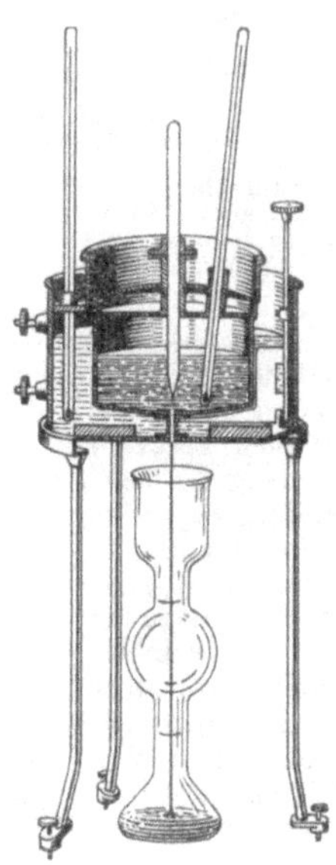

Bild 16. Viskosimeter nach Engler

Man unterscheidet vielfältige Viskositäten, insbesondere die kinematische und die dynamische Viskosität, dazu Kälteviskosität und vieles andere. Im französischen Bereich hat man den Kehrwertbegriff der Fluidität („Flüssigkeit") gebildet, dessen Benutzung manche Aufklärung gewährt[1]).

Zur Messung der Zähflüssigkeit gibt es zahlreiche Viskosimeter, von denen das Englersche Viskosimeter besonders bekannt und mit seinen Engler-Graden sozusagen unausrottbar ist. Weitere Viskosimeter nach demselben Grundgedanken der Messung des Durchlaufs durch eine Verengung sind diejenigen von Wilhelm Ostwald-Sprengel, Saybolt (ASTM), Redwood, Vogel-Ossag (DIN 53655), Ubbelohde (mit hängendem Niveau),

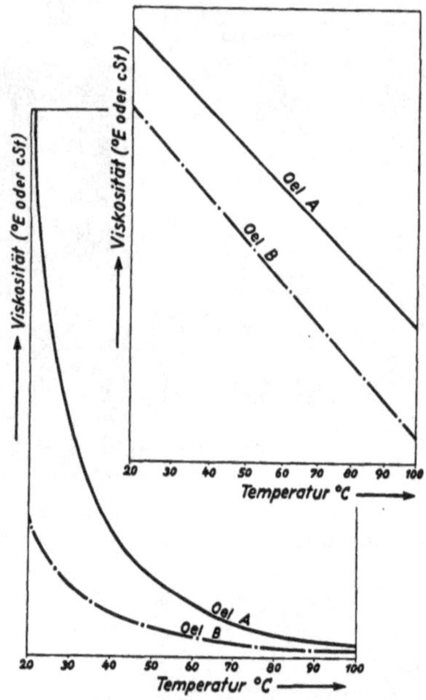

Bild 17. Temperaturabhängigkeit der Ziehflüssigkeit
(Hyperbeln im kardesischen Netz, Geraden im halb-logarithmischen Netz nach Ubbelohde. Der Steigungswinkel der Geraden ist ein Maß für die „Polhöhe", ähnlich dem Viskositätsindex)

ferner Fallkörper-Viskosimeter Lawaczek, Höppler, Tauß, ferner eigenartige Viskosimeter von Dallwitz-Wegener und vielen anderen. Erwähnt sei auch das Kälte-Viskosimeter von Schwaiger, welches zwei ineinander gesteckte Zylinder gegeneinander verdreht, und besonders das Gerät von Heydebroek, bei welchem unter Ölspiegel zwei dicht aufeinander gepreßte Planparallelplatten auseinandergezogen werden und die dazu nötige Zeit den Maßstab für die Viskosität bildet.

Die Viskosität als Funktion der Temperatur wird nach Ubbelohde im einfach logarithmischen Papier zu Geraden gereckt, wobei die Temperaturempfindlichkeit der Viskosität als „Polhöhe" sich kennzeichnet. Verbreiteter ist noch der „Viskositätsindex", eine technologische Größe, bei der z. B. 100 die geringe Temperaturempfindlichkeit eines hochwertigen pennsylvanischen Schmieröls bedeutet. Niedrige Viskositätsindizes — besonders niedrig bei Steinkohlenteerfettölen — sind natürlich ungünstig. Höhere Viskositätsindizes, bis 130 und mehr, werden von synthetischen Schmierölen erreicht.

[1]) Der Kehrwert verwandelt einen Strahl in eine Hyperbel oder umgekehrt.

Sowohl Viskosität wie Viskositätsindex kann man durch die mannigfaltigsten Zusätze entscheidend beeinflussen (Oppanol usw.). Umgekehrt kann man auch das untere Ende der Viskositätskurve, den Stockpunkt und die Kälteviskosität, durch Zusätze stark beeinflussen. Neuzeitliche Öle sind regelmäßig nicht nur durch Wahl der Provenienz und geschickte Zusammenfassung der Fraktionen, sondern auch durch Zusätze ihren Verwendungszwecken angepaßt.

Zentipoisen und Zentistokes

Mit Engler-Graden findet sich ein jeder zurecht. Zentipoisen messen die absolute Viskosität, Zentistokes die kinematische Viskosität, welche man aus den Zentipoisen erhält, wenn man mit der Wichte dividiert. Sehr langsam kommt man von den alten Engler-, Redwood-, Saybolt- usw. Graden, welche anschaulich sind, zu den etwas mageren Begriffen der Zentipoisen und Zentistokes.

SAE und Engler

Das Verhältnis zwischen SAE-Graden und Engler-Graden ist für Autoöle das folgende:

SAE 10 W (Winteröl)	entspricht etwa	3— 4° Engler/50° C
SAE 20/20 W (Winter- und Sommeröl) . . .	entspricht etwa	4— 6° Engler/50° C
SAE 30 (Sommeröl)	entspricht etwa	6— 9° Engler/50° C
SAE 40	entspricht etwa	9—13° Engler/50° C
SAE 50	entspricht etwa	13—20° Engler/50° C

Hierzu gibt es für die Arktis noch ein besonders dünnflüssiges Motorenöl vom Charakter des Dieselkraftstoffes SAE 5 W.

Für Getriebeöle gelten die folgenden Vergleichszahlen für SAE und Engler-Grade. Ganz allgemein sind auch für Getriebe niedrig viskose Öle modern (Bondern oder anders Phosphatieren erleichtert die schwierigen Schmierverhältnisse von Zahnradgetrieben):

SAE 80	entspricht etwa . . .	1,7—2,0° E/100° C	und	7—10° E/50° C
SAE 90	entspricht etwa . . .	2,0—3,2° E/100° C	und	12—25° E/50° C
SAE 140	entspricht etwa . . .	3,5—5,7° E/100° C	und	üb. 30° E/50° C
SAE 250	entspricht etwa . . .	über 6,0° E/100° C		
SAE 75	(neu seit 1952) entspricht etwa . . .	1,4 . . . 1,5° E/100° C		
	und etwa . . .	3,0 . . . 4,0° E/ 50° C		

Dünnflüssige Öle

Die Verwendung niedrig viskoser Motorenöle in USA ist verbreiteter als in Deutschland. Nach **Bokemüller** sind die Verhältnisse z. Z. wie folgt:

Vom Motorenölverbrauch 1949/50 entfielen auf	in USA[1])	in Deutschland[2])
SAE 10	10—15 %	0— 5 %
SAE 20	25—35 %	15—20 %
SAE 30	40—45 %	20—25 %
SAE 40	10—15 %	30—35 %
SAE 50	} 2— 5 % (SAE 50–70)	20—25 %
SAE 60		0— 2 %
SAE 70		—

Anilinpunkt und Viskositätsindex

Ein Gemisch von Öl und frisch destilliertem Anilin 1 + 1 wird hergestellt. Ein niedriger Trübungspunkt entspricht einem niedrigen Viskositätsindex (z. B. 73° C einem VI von 20), — ein hoher Trübungspunkt einem hohen Viskositätsindex (z. B. 125° C einem VI von 102).

[1]) Nach Georgi: „Motor Oils and Engine Lubrication", New York 1950.
[2]) Nach Mitteilungen der größten Mineralölfirmen zusammengestellt.

Neutralität

Meist soll ein Schmieröl neutral sein, d. h. $p_H = 7$. Ausnahmen sind manche Additives und Korrosionsschutzbestandteile.

Zur Vergewisserung der Azidität oder Alkalinität löst man eine abgewogene Menge des Öls in einem Gemisch aus 50 Teilen Benzol, 50 Teilen Isopropylalkohol und 5 Teilen Wasser. Durch Anwendung von Universalindikatorpapier oder eines $p_H =$ Meters erhält man den gesuchten Wert.

Säurezahl und Basenzahl

Die Säurezahl errechnet sich auf Grund der Titration in Milligrammen Kali je 1 g Öl, die Basenzahl umgekehrt in Milligrammen Schwefelsäure je 1 g Öl. Bei normalen Ölen sind Säure- und Basenzahlen von + — 0,1—0,2 heute üblich. Bei Ölen mit Additives kann das allerdings anders sein. Die Bestimmung von p_H — etwa mit der Elektrode oder dem p_H-Reagenzpapier — ist etwas anderes, weil sie wohl über die Schärfe, aber nicht über die Menge von Säuren oder Basen Auskunft gibt.

Unlösliches

Bei Unlöslichem sind fremder Schmutz und öleigener Asphalt zu unterscheiden. Man löst zweckmäßig eine gut gemischte Probe in der etwa zehnfachen Menge von Pentan oder Benzol, zentrifugiert das Feste ab, trocknet und wiegt das. Das gleiche Verfahren eignet sich dazu, Salz und wässerige Kondensate, welche gelegentlich in gebrauchtem Schmieröl vorkommen, zu bestimmen. Wässerige Kondensate mißt man nach dem Zentrifugieren natürlich nach dem Volumen.

Behelfsverfahren zur Prüfung des Ölzustandes im Kurbelgehäuse

Derartige Behelfsverfahren sind nicht unbedenklich, weil sie nur in sachkundiger Hand einigermaßen zuverlässige Aussagen machen können. Immerhin können sie häufig praktisch nützlich sein:

1. Verfahren von Prof. Dr. E. Graefe, Dresden

Von dem gebrauchten Öl wird — ev. nach Verdünnen mit $Benzin_1$ — ein Tropfen auf Filtrierpapier gebracht. Es zeigt sich ein Fettfleck mit einem dunklen Kreis in der Mitte, weil die meisten Verunreinigungen gebrauchten Öles im Filtrierpapier nicht weiter diffundieren. Durch Vergleich erhält man ein Urteil[1]). (In der Chemie werden ähnliche Diffusionsverfahren, z. B. die Goppelroedersche Kapillaranalyse mit senkrecht hängenden Filtrierpapierstreifen, oder die moderne Chromatographie, bei der als Diffusionskörper ein mit präparierter Tonerde gefülltes, senkrecht stehendes Glasrohr dient, viel und mit größtem Erfolg benutzt).

2. Talis-Gerät von Saft in Hannover

Das Talis-Gerät ist nichts anderes als ein zylindrischer Glasstab, welcher in einem zylindrischen Glasrohr mit sehr enger Passung beweglich ist. Bringt man gebrauchtes Öl in das Gerät, dann erhält man das gebrauchte Öl beim Bewegen des Glasstabes in ganz enger Schicht. Man kann dann seine Farbe und bis zu einem gewissen Grade sogar seine Zähflüssigkeit beurteilen. Wichtiger aber dürfte sein, daß man mechanische Verunreinigungen des Öls, also metallischen Abrieb, Staub usw., sofort sehr deutlich (als Kratzen) fühlt.

[1]) Neuerdings als „Tüpfeltest" entwickelt von Danninger und Pauli, München.

Neigung zur Rückstandsbildung

Das alte Untersuchungsverfahren nach Conradson (Abschwelen ohne Luft im Tiegel) befriedigt nicht. Hammerich hat es durch Luftzufuhr verbessert.

Aschebestimmung

Die übliche Aschebestimmung im Porzellantiegel ist heute angesichts der Additives unsicher. Manche Metallverbindungen und sogar Metalle sind flüchtig.

Schwefelbestimmung

Entweder in der Bombe oder in der Verbrennungslampe, wie bei Kraftstoffen. Man bedenke aber, daß manche Additives Schwefel enthalten.

Wasserbestimmung

Abdestillieren mit Xylol oder einem passenden Benzin, wie bei Kraftstoffen.

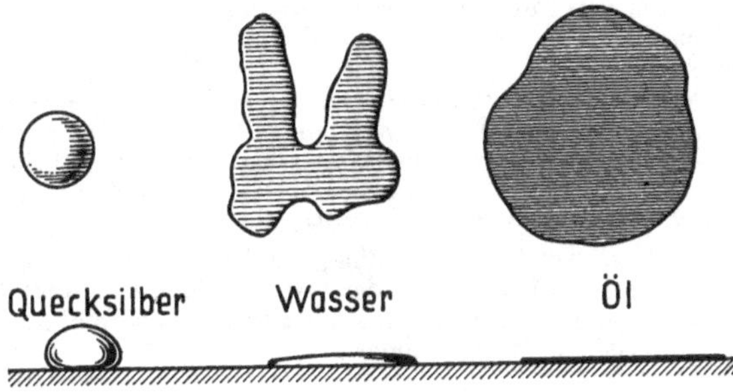

Bild 18

Benetzungsvermögen

Wie Bild 18 zeigt, ist der Randwinkel kennzeichnend für das Benetzungsvermögen (außerdem Tropfengewicht, kapillarer Aufstieg usw.). Netzmittel, welche das Benetzungsvermögen stark verändern können, gibt es heute in großer Zahl. Auch neuzeitliche Öle enthalten nicht selten solche Zusätze.

Ölverdünnung

Die sog. Ölverdünnung bestimmt man bekanntlich durch Wasserdampfdestillation. Statt Dampf durchzuleiten kann man auch Wasser zusetzen und dann erhitzen (Vorsicht vor dem Stoßen der siedenden Flüssigkeit). (ASTM D 322/35).

In ähnlicher Weise unterrichtet man sich über die Neigung von Schmierölen zum Emulgieren, also durch kondensierenden Wasserdampf, durch Einrühren von flüssigem Wasser und durch Bestimmung derjenigen Temperatur, bei welcher eine solchermaßen entstandene Emulsion sich entmischt.

Ölschlamm

Bestandteil	Kurbelgehäuseschlamm	Kolbenringschlamm
Öl	36—50	19
Wasser	1— 8	0
Ruß und Kohle	26—21	23
Bleiverbindungen	21—10	46
Asphalt, Harz	14—10	11
Eisen, Quarz usw.	2— 1	1

Ölwechsel

Ölwechsel sollte nach Bokemüller weniger nach Kilometerzahlen oder Motorumdrehungszahlen, sondern nach Kraftstoffverbrauch bestimmt werden, bei LKW z. B. nach einem Kraftstoffverbrauch von 900—1000 l.

Gebrauchte Öle

Die Untersuchung von 640 gebrauchten Ölen in USA 1950 ergab nach Georgi:

1. Ölverdünnung . . . . 0—12%, im Durchschnitt 4%.
2. Wässeriges Kondensat . . . . 0— 4%, meist 0%.
3. Asphalt und anderes Unlösliches bis 2%, im Durchschnitt 0,2%.
4. Feste Verunreinigungen . . . . bis über 5%, im Durchschnitt 2%.

Die richtige Schmieröltemperatur

Auf der Autobahn kann man die Grenze der für den Motor unschädlichen Temperatur nach oben bestimmen. Die untere wünschenswerte Grenze ist bekanntlich durch den Taupunkt der Verbrennungsgase, also 65—70°, gegeben. Die obere Grenze bestimmt sich durch diejenige Temperatur, bei welcher der Aschegehalt (Motorabrieb durch unvollkommene Schmierung) nicht mehr verhältig, sondern rascher zunimmt. Bei den meisten Motoren ist ausweislich der Ascheanalyse von Schmierölen diese Temperatur etwa 100° C. Mithin ist für höchste Lebensdauer der Motoren wichtig, daß die Einhaltung einer Öltemperatur zwischen 70° und 100° C unter allen erdenklichen Betriebsbedingungen vergewissert bleibt.

Bei Kaltstart ist das Schmieröl dick, bei Vollast könnte es zu dünnflüssig sein. Neuzeitliche Wagen, wie der Mercedes 300, haben infolgedessen eine Temperaturregelung nach beiden Richtungen, um sowohl zu große wie zu niedrige Zähflüssigkeit zu verhindern.

Ölverbrauch

Der spezifische Ölverbrauch (Ölverschleiß) liegt nach Bokemüller bei 0,7—0,8 g/PSh, bis 3—3,5 g/PSh, durchschnittlich bei 1,2—1,5 g/PSh. (Bei Viertaktmotoren rd. 2%, bei Zweitaktern 4% des Kraftstoffverbrauchs.)

Literatur

1. Hans Umstätter: „Strukturmechanik". Ein Beitrag zur Physik der Kolloide, 1948.
2. W. Frössel; Max-Planck-Institut für Strömungsforschung, Göttingen: „Beitrag zum Schmierproblem in Gleitlagern", „Erdöl und Kohle", 1952, S. 167ff.
3. Derselbe: „Mehrgleitflächenlager, Lagerspalt, Ölfilm, Schwimmzapfen", Technisches Handwerk, 1947, S. 175ff. Technische Rundschau (Bern), 40, Nr. 28.
4. Derselbe: „Rein hydrodynamisch geschmierte Gleitlager" (Mehrgleitflächenlager), „Stahl und Eisen", 1952, S. 125ff.
5. Walter Reuschle: „Schmierung", Karl Hauser Verlag, München 27.
6. E. Heidebroek: „Das Verhalten von zähen Flüssigkeiten, insbesondere Schmierflüssigkeiten in engen Spalten", Akademie-Verlag, Berlin 1950.
7. E. Heidebroek: „Die Beziehungen zwischen Härte, Schmierung und Verschleißfestigkeit", Heft 4, Bd. 100 der Berichte der mathematisch-naturwissenschaftlichen Klasse über die Verhandlungen der Sächsischen Akademie der Wissenschaften zu Leipzig.
8. „BV-Öl" (Werbeschrift des BV, bearbeitet vornehmlich von H. G. Bock).
9. E. Heidebroek: „Ölprüfungs-Ringversuche" in „Die Technik", 12. Heft, Dezember 1947.
10. K. Schwaiger: „Untersuchungen über den Einfluß der Schmiermittel auf den Anlaßvorgang bei Motoren" in Öl und Kohle, Heft 28, Juli 1937.
11. DIN 6530—6532, 6541—6573, 6579: „Schmierstoffe", Richtlinien, August 1948.
12. DIN 53651—53663: „Schmierstoffe", Prüfung, August 1948.
13. Carl Zerbe, Mineralöle.

Dieser Sonderdruck ist der 17. Auflage nachstehenden Werkes entnommen:

Bussien

Automobiltechnisches Handbuch

Herausgegeben von Richard Bussien

unter Mitarbeit von

M. Behr, Dipl.-Ing. / **G. Beyer**, Dr.-Ing. / **O. Cordier**, Dr.-Ing. / **Fr. Dausinger**, Ing. / **H. Dony**, Ing.† / **B. Eckert**, Dr.-Ing. / **W. E. Fauner**, Prof. Dr.-Ing. / **G. Feiler**, Ing. / **E. Finkelmann**, Dr.-Ing. / **R. Franke**, Oberregierungsbaurat, Dr.-Ing. / **Frank**, Dipl.-Ing. / **M. Frenzel**, Dipl.-Ing. / **E. Gropp**, Ing. / **E. Grotefend**, Dipl.-Ing. / **H. A. Hasche**, Dipl.-Ing. / **A. Haesner**, Dr.-Ing. / **A. Jante**, Professor / **H. Kalinowski**, Dipl.-Ing. / **K. Keck**, Obering. / **R. Kloss**, Dr.-Ing. / **H. Köhlmann**, Obering. / **F. M. Kovac**, Dipl.-Ing. / **A. Lentz**, Obering. / **A. Maier**, Direktor / **E. Marquard**, Oberregierungsbaurat, Prof. Dr.-Ing. / **H. Martin**, Dr.-Ing. / **H. Meyer-Hoberg**, Obering. / **Guido Müller**, Dr.-Ing. / **Helmut Müller**, Dr.-Ing. / **W.T. von der Null**, Prof. Dr.-Ing. / **Wa. Ostwald**, Ing. / **P. Pietsch**, techn. Leiter **H. F. Puchstein**, Ing.† / **W. Riedel**, Dipl.-Ing. / **H. Schwen**, Ing / **P. Sommer**, Dr.-Ing. / **K. Sutor**, Obering. / **H. Freiherr von Thüngen**, Dipl.-Ing. / **Veil**, Dipl.-Ing. / **H. J. Venediger**, Dr.-Ing. / **O. Voigt**, Dr.-Ing. / **H. Waldmann**, Dipl.-Ing. / **E. A. Wedemeyer**, Dipl.-Ing. / **E. Werminghoff**, Dipl.-Ing. **Fr. Westermann**, Ing.

Zwei Bände

17., durchgesehene und stark verbesserte Auflage. Oktav.
Mit etwa 2400 Abbildungen und Tafeln.

Band I: XVI, 927 Seiten. **Band II**: XVI, 1186 Seiten.

Ganzleinen DM 108,—

TECHNISCHER VERLAG HERBERT CRAM / BERLIN W 35